GUIDE OF STUDY AND
EXPERIMENT FOR
SIGNAL AND SYSTEM

信号与系统
学习指导与实验

GUIDE OF STUDY AND EXPERIMENT FOR SIGNAL AND SYSTEM

王 群 主 编
范哲意 副主编

北京理工大学出版社
BEIJING INSTITUTE OF TECHNOLOGY PRESS

内 容 简 介

全书共分 8 章。第 1 章为信号与系统分析导论；第 2、第 3 章分别为连续、离散时间信号与系统的时域分析；第 4、第 5 章分别为连续、离散时间信号与系统的频域分析；第 6 章为连续时间信号与系统的 s 域分析；第 7 章为离散时间信号与系统的 z 域分析；第 8 章为基于 MATLAB 的信号与系统实验；附录 A、B 为 MATLAB 的基础知识，分别为 MATLAB 基础、Simulink 建模与仿真基础。全书共包含了 144 道例题详解，其中很多例题选自国内各高校和北京理工大学历年来硕士研究生入学试题，同时包含 29 道实验例题及 10 个实验内容。

本书可供电子信息类各专业的教师和学生使用，也可作为本科生期末考试及研究生入学考试的辅导材料，以及本科生的实验教材。

版权专有　侵权必究

图书在版编目(CIP)数据

信号与系统学习指导与实验 / 王群主编 . —北京：北京理工大学出版社，2013.3
（2022.1 重印）
　　ISBN 978-7-5640-5942-2

Ⅰ.①信…　Ⅱ.①王…　Ⅲ.①信号系统-高等学校-教学参考资料　Ⅳ.①TN911.6

中国版本图书馆 CIP 数据核字（2012）第 095246 号

出版发行 /	北京理工大学出版社
社　　址 /	北京市海淀区中关村南大街 5 号
邮　　编 /	100081
电　　话 /	（010）68914775（办公室）　68944990（批销中心）　68911084（读者服务部）
网　　址 /	http://www.bitpress.com.cn
经　　销 /	全国各地新华书店
印　　刷 /	北京九州迅驰传媒文化有限公司
开　　本 /	787 毫米×1092 毫米　1/16
印　　张 /	16.5
字　　数 /	380 千字
版　　次 /	2013 年 3 月第 1 版　2022 年 1 月第 5 次印刷
定　　价 /	39.00 元

责任编辑 / 胡　静
王玲玲
责任校对 / 陈玉梅
责任印制 / 王美丽

图书出现印装质量问题，本社负责调换

前 言

"信号与系统"是高等学校电子信息类专业的一门重要专业基础课,也是国内各院校相关专业的考研课程。其研究的基本理论和基本方法已在许多不同学科里得到广泛的实际应用。

本书内容涵盖了"信号与系统"课程的主要内容,本书有详细的例题解答,注重解题方法和技巧的运用,一题多解,且实验与基本理论相结合,从而巩固所学的知识,达到融会贯通,提高分析和解决问题的能力。

全书共分8章,第1~第7章每章包括学习要求、学习要点和习题精解几个部分。第1章讨论基本信号、信号的基本运算及系统的基本特性;第2、第3章以并行方式讨论连续和离散时间信号与系统的信号运算、卷积和系统方程的求解;第4、第5章分别讨论连续和离散时间信号与系统的傅里叶分析;第6章讨论拉普拉斯变换;第7章讨论z变换;第8章给出10个基础型、设计型、综合型实验;附录A、B介绍实验内容所需MATLAB的基础知识。本书根据各章的重点、难点和考点,选择了144道例题、29道实验例题进行详细解答。

本书第1~第7章由王群老师编写,第8章和附录A、B由范哲意老师编写。在本书的编写过程中,参阅了相关的文献,在此向相关作者致以诚挚谢意;并得到所在研究所的教师、研究生的无私帮助,在此表示由衷的感谢。同时,感谢北京理工大学的大力支持。

限于编者水平,书中难免有不妥和错误之处,恳请读者指正。

编 者

目 录 Contents

第1章 信号与系统分析导论 ·· （1）

    1.1 学习要求 ·· （1）

    1.2 学习要点 ·· （1）

    1.3 习题精解 ·· （4）

第2章 连续时间信号与系统的时域分析 ·· （18）

    2.1 学习要求 ·· （18）

    2.2 学习要点 ·· （18）

    2.3 习题精解 ·· （22）

第3章 离散时间信号与系统的时域分析 ·· （30）

    3.1 学习要求 ·· （30）

    3.2 学习要点 ·· （30）

    3.3 习题精解 ·· （35）

第4章 连续时间信号与系统的频域分析 ·· （44）

    4.1 学习要求 ·· （44）

    4.2 学习要点 ·· （44）

    4.3 习题精解 ·· （49）

第5章 离散时间信号与系统的频域分析 ·· （74）

    5.1 学习要求 ·· （74）

    5.2 学习要点 ·· （74）

    5.3 习题精解 ·· （78）

第6章 连续时间信号与系统的 s 域分析 ·· （111）

    6.1 学习要求 ·· （111）

6.2　学习要点 …………………………………………………………………… (111)
　　6.3　习题精解 …………………………………………………………………… (114)

第 7 章　离散时间信号与系统的 z 域分析 …………………………………………… (129)
　　7.1　学习要求 …………………………………………………………………… (129)
　　7.2　学习要点 …………………………………………………………………… (129)
　　7.3　习题精解 …………………………………………………………………… (135)

第 8 章　基于 MATLAB 的信号与系统实验 …………………………………………… (154)
　　实验 1　信号的时域描述与运算 ……………………………………………… (154)
　　实验 2　LTI 系统的时域分析 ………………………………………………… (163)
　　实验 3　信号的频域分析 ……………………………………………………… (172)
　　实验 4　LTI 系统的频域分析 ………………………………………………… (183)
　　实验 5　连续时间系统的复频域分析 ………………………………………… (188)
　　实验 6　离散时间系统的 z 域分析 …………………………………………… (193)
　　实验 7　连续时间系统的建模与仿真 ………………………………………… (197)
　　实验 8　调制与解调 …………………………………………………………… (198)
　　实验 9　信号的采样与恢复 …………………………………………………… (202)
　　实验 10　无失真传输系统 …………………………………………………… (206)

附录 A　MATLAB 基础 ………………………………………………………………… (209)

附录 B　Simulink 建模与仿真基础 …………………………………………………… (249)

参考文献 ………………………………………………………………………………… (256)

第 1 章 信号与系统分析导论

1.1 学习要求

- 信号与典型信号
- 信号运算
- 冲激信号的定义及其基本性质
- 线性时不变系统特性的判定与应用

1.2 学习要点

1. 信号与系统的概念

消息：符号、数据、语音、图像的集合。
信息：消除受信者不确定性的消息，是消息的子集。
信号：携带或蕴含消息或信息的物理量。
系统：相互联系组成的、具有一定功能的整体。

2. 信号的分类

$$\begin{cases} 确定性信号：由确定的函数式描述 \\ 不确定信号 \begin{cases} 随机信号 \\ 模糊信号 \\ 混沌信号：由确定系统的确定机制产生 \end{cases} \end{cases}$$

$$\begin{cases} 周期信号：x(t)=x(t+nT), n\in \mathbf{Z}, t\in \mathbf{R}, T\text{ 周期} \\ 非周期信号 \end{cases}$$

$$\begin{cases} 连续的信号：模拟信号 \\ 离散的信号：数字信号及抽样信号 \end{cases}$$

3. 典型信号

① 指数信号：$x(t)=ke^{\alpha t}$，$k>0$
② 正弦信号：$x(t)=A\sin(\omega t+\theta)$
③ 指数衰减的正弦信号：$x(t)=Ae^{-\alpha t}\sin(\omega t+\theta)$
④ $x(t)=e^{j\omega t}=\cos\omega t+j\sin\omega t$

$$\sin\omega t = \frac{1}{2j}(e^{j\omega t} - e^{-j\omega t})$$

$$\cos\omega t = \frac{1}{2}(e^{j\omega t} + e^{-j\omega t})$$

⑤复指数信号：$x(t) = Ae^{st} = Ae^{(\sigma+j\omega)t} = Ae^{\sigma t}(\cos\omega t + j\sin\omega t)$

⑥ $x(t) = \text{sinc}(t) = \dfrac{\sin t}{t}$

性质：$\int_{-\infty}^{+\infty} \text{sinc}(t)\,dt = \pi$，$\int_{-\infty}^{+\infty} |\text{sinc}(t)|\,dt = +\infty$

⑦高斯函数：$x(t) = E \cdot e^{-(t/\tau)^2}$，$E > 0, \tau > 0$

⑧单位斜变函数：

$$R(t) = \begin{cases} 0, & t < 0 \\ t, & t \geq 0 \end{cases}$$

⑨单位阶跃信号：

$$u(t) = \begin{cases} 0, & t < 0 \\ 1, & t > 0 \end{cases}, t = 0 \text{ 处无定义或定义为 } 1/2$$

⑩矩形信号：$G(t) = u(t) - u(t - t_0)$

⑪符号函数：

$$\text{sgn}(t) = 2u(t) - 1 = \begin{cases} 1, & t > 0 \\ 0, & t = 0 \\ -1, & t < 0 \end{cases}$$

4. 广义函数——单位冲激函数

(1) $\delta(t)$ 的定义

① $\delta(t)$ 满足

$$\begin{cases} \int_{-\infty}^{+\infty} \delta(t)\,dt = 1 \\ \delta(t) = 0, \quad t \neq 0 \end{cases}$$

广义极限：即保持面积 S 不变，令 $\tau \to 0$

② $\delta(t) = \lim\limits_{\tau \to 0} \dfrac{1}{\tau}\left[u\left(t + \dfrac{\tau}{2}\right) - u\left(t - \dfrac{\tau}{2}\right)\right]$（矩形）

③ $\delta(t) = \lim\limits_{\tau \to 0}\left\{\dfrac{1}{2}\left(1 - \dfrac{|t|}{\tau}\right)[u(t+\tau) - u(t-\tau)]\right\}$（三角形）

④ $\delta(t) = \lim\limits_{\tau \to 0} \dfrac{1}{2\pi} e^{-\frac{|t|}{\tau}}$（指数）

⑤ $\delta(t) = \lim\limits_{\tau \to 0}\left[\dfrac{k}{\pi} \text{sinc}(k\tau)\right]$（抽样）

⑥ $\delta(t) = \dfrac{1}{2\pi} \int_{-\infty}^{+\infty} e^{-j\omega t}\,d\omega$

⑦ $\delta(t) = \lim\limits_{\tau \to 0} \dfrac{1}{\tau} e^{-\pi\left(\frac{t}{\tau}\right)^2}$（钟形）

⑧ $\delta(t) = \lim\limits_{k \to \infty} \dfrac{\sin^2 kt}{nkt^2}$

⑨$\delta(t)=\lim\limits_{n\to\infty}\dfrac{n}{\pi(1+n^2t^2)}$

(2) $\delta(t)$的性质

①若$f(t)$有界，且在$t=0$处连续，则$f(t)\delta(t)=f(0)\delta(t)$

②$\delta(at)=\dfrac{1}{|a|}\delta(t)$

③$\delta(t)=\delta(-t)$（偶函数）

④$u(t)=\int_{-\infty}^{t}\delta(\tau)\mathrm{d}\tau$

⑤$\delta(t)=\dfrac{\mathrm{d}u(t)}{\mathrm{d}t}$

⑥$<\delta(t),\varphi(t)>=\int_{\Omega}\delta(t)\varphi(t)\mathrm{d}t=\varphi(0)$

⑦$<\delta(t-t_0),\varphi(t)>=\int_{-\infty}^{+\infty}\delta(t-t_0)\varphi(t)\mathrm{d}t=\varphi(t_0)$

⑧若$x(t)$单调，且$x(x_0)=0,x'(x_0)\neq 0$，则$\delta(x(t))=|x'(x_0)|^{-1}\delta(t-x_0)$

⑨若光滑函数$x(t)|_{t=x_1,x_2,\cdots}=0$，且$x'(x_i)\neq 0$，则

$$\delta[x(t)]=\sum_{n}|x'(x_n)|^{-1}\delta(x-x_n)$$

(3) 冲激偶：$\dfrac{\mathrm{d}\delta(t)}{\mathrm{d}t}$

①$\langle\delta'(t),\phi(t)\rangle=\int_{-\infty}^{+\infty}\delta'(t)\phi(t)\mathrm{d}t=\delta(t)\phi(t)|_{-\infty}^{+\infty}-\int_{-\infty}^{+\infty}\delta(t)\phi'(t)\mathrm{d}t=-\phi'(0)$

②$\langle\delta^{(k)}(t),\phi(t)\rangle=\int_{-\infty}^{+\infty}\delta^{(k)}(t)\phi(t)\mathrm{d}t=(-1)^k\phi^{(k)}(0)$

③$x(t)\delta''(t)=x''(0)\delta(t)-2x'(0)\delta'(t)+x(0)\delta''(t)$

④$\delta'(t)=-\delta'(-t)$

⑤$\int_{-\infty}^{+\infty}\delta'(t)\mathrm{d}t=0$

⑥$\dfrac{\mathrm{d}}{\mathrm{d}t}[\delta(t)\phi(t)]=\dfrac{\mathrm{d}}{\mathrm{d}t}[\phi(0)\delta(t)]=\phi(0)\delta'(t)$

⑦$x(t)\delta'(t)=x(0)\delta'(t)-x'(0)\delta(t)$

⑧$x(t)\delta'(t-t_0)=x(t_0)\delta'(t-t_0)-x'(t_0)\delta(t-t_0)$

5. 信号的运算

信号的基本运算：加、减、乘、反转、位移、尺度运算。

$$x(t)\Leftrightarrow x(at+b)$$

注意：尺度与位移的顺序。当尺度先进行运算时，位移运算一定是尺度后的位移量。

6. 线性系统

(1) 线性系统

满足叠加性和齐次性。

线性系统要求初始储能为零（零状态）。

叠加性：$T[\alpha_1 x_1(t)+\alpha_2 x_2(t)]=\alpha_1 T[x_1(t)]+\alpha_2 T[x_2(t)]$

均匀性：$T[\alpha x_1(t)] = \alpha T[x_1(t)]$

零状态线性系统满足：$\sum\limits_{n}^{N} T(\alpha_n x_n) = \sum\limits_{n}^{N} \alpha_n \cdot T(x_n)$ （N 一般不为 $+\infty$）

(2) 时不变系统

定义：初始松弛(储能)为零时，若 $y(t) = Tx(t) \Leftrightarrow y(t-t_0) = Tx(t-t_0)$，或定义延时算子 $Q_\alpha x(t) \triangleq x(t-\alpha)$，则 $TQ_\alpha x(t) = Q_\alpha Tx(t)$

(3) 因果系统

因果信号：$x(t) = x(t)u(t)$，即 $x(t) = 0, t < 0$

因果系统：$x(t) \rightarrow \boxed{T} \rightarrow y(t)$

若 $y(t)$ 只与 $(-\infty, t)$ 上的 $x(t)$ 有关，则 $y(t) = Tx(-\infty, t)$（需在零状态下考察）。

1.3 习题精解

例 1-1 已知连续时间信号 $x(t) = 2\delta(t-1) + u(t-2) + u(t-3) - 2u(t-4)$，如图 1-1 所示，画出 $x(t)$ 的信号波形。

解：

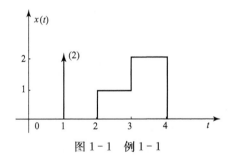

图 1-1 例 1-1

例 1-2 已知 $x(n) = (n+1)[u(n) - u(n-4)]$，如图 1-2 所示，画出下列函数的图形(图 1-3)：

$$y(n) = x(2n+1) + \delta(n-2)x(n)$$

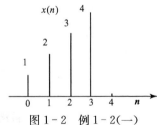

图 1-2 例 1-2(一)

对于 $x(2n+1)$，$n=0, x(2n+1) = 2$

$n=1, x(2n+1) = 4$

其他 $x(2n+1) = 0$

$\delta(n-2)x(n) = \delta(n-2)x(2) = 3\delta(n-2)$

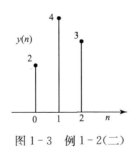

图 1-3 例 1-2(二)

例 1-3 计算下列积分的数值：

(1) $\int_{-\infty}^{+\infty} A\sin t \delta'(t) dt =$

(2) $\int_{-2}^{2} e^{2t} \delta(t-3) dt =$

(3) $\int_{-\infty}^{+\infty} \delta(t+t_0) u(t-t_0) dt \quad (t_0 > 0) =$

(4) $\int_{-\infty}^{+\infty} e^{5t} \delta(t-1) dt =$

(5) $\int_{-\infty}^{+\infty} (t^2 + 3t + 2) \delta(t-10) dt =$

(6) $\int_{-\infty}^{+\infty} \frac{\sin 2t}{t} \delta(t) dt =$

(7) $\int_{-\infty}^{+\infty} (t^2 + \cos \pi t) \delta(t-1) dt =$

(8) $\int_{-\infty}^{+\infty} (2t + \sin \pi t) \delta(2t-1) dt =$

解：

(1) $\int_{-\infty}^{+\infty} A\sin t \delta'(t) dt = -A$

(2) $\int_{-2}^{2} e^{2t} \delta(t-3) dt = 0$

(3) $\int_{-\infty}^{+\infty} \delta(t+t_0) u(t-t_0) dt \quad (t_0 > 0) = 0$

(4) $\int_{-\infty}^{+\infty} e^{5t} \delta(t-1) dt = e^5$

(5) $\int_{-\infty}^{+\infty} (t^2 + 3t + 2) \delta(t-10) dt = (t^2 + 3t + 2)|_{t=10} = 132$

(6) $\int_{-\infty}^{+\infty} \frac{\sin 2t}{t} \delta(t) dt = 2$

(7) $\int_{-\infty}^{+\infty} (t^2 + \cos \pi t) \delta(t-1) dt = 0$

(8) $\int_{-\infty}^{+\infty} (2t + \sin \pi t) \delta(2t-1) dt = \frac{1}{2} \int_{-\infty}^{+\infty} (2t + \sin \pi t) \delta\left(t - \frac{1}{2}\right) dt = \frac{1}{2} (2t + \sin \pi t)|_{t=\frac{1}{2}} = 1$

例 1-4 画出函数 $\delta(\cos t)$ 的波形（图 1-4），并计算积分值：$A = \int_{-\pi}^{\pi} (1+t) \delta(\cos t) dt$。

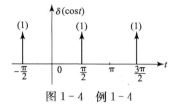

图 1-4 例 1-4

$\cos\left(\dfrac{\pi}{2}+k\pi\right)=0$,此时 $\delta(\cos t)=1$

$$A=\left[1+\left(-\dfrac{\pi}{2}\right)\right]+\left(1+\dfrac{\pi}{2}\right)=2$$

例 1-5 求函数 $x(t)=(\cos 2t)u(t)$ 的微分与积分。

解： $x'(t)=\delta(t)-2\sin(2t)u(t)$

$x^{(-1)}(t)=\dfrac{1}{2}\sin(2t)u(t)$

例 1-6 根据图 1-5,写出信号的数学表达式,并求信号 $x_1(t)$ 的微分和信号 $x_2(t)$ 的积分（图 1-6）。

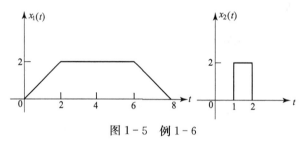

图 1-5 例 1-6

解： $x_1(t)=[tu(t)-(t-2)u(t-2)-(t-6)u(t-6)+(t-8)u(t-8)]$

$x'_1(t)=[u(t)-u(t-2)]-[u(t-6)-u(t-8)]$

$x_2(t)=\begin{cases}2,1\leqslant t\leqslant 2\\0,t>2,t<1\end{cases}$, $x_2^{(-1)}(t)=\begin{cases}\int_{-\infty}^t 2\mathrm{d}t=\int_1^t 2\mathrm{d}t=2(t-1),1\leqslant t\leqslant 2\\\int_{-\infty}^t 2\mathrm{d}t=\int_1^2 2\mathrm{d}t=2,\qquad t>2\end{cases}$

$x_2^{(-1)}(t)$ 的表达式为 $x_2^{(-1)}(t)=2(t-1)[u(t-1)-u(t-2)]+2u(t-2)$

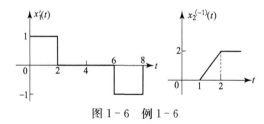

图 1-6 例 1-6

例 1-7 已知信号 $x(t)$ 如图 1-7(a)所示,试画出 $x(3-2t)$ 的波形。

解： 由 $x(t)$ 到 $x(3-2t)$ 的波形变换可以有 6 种方法,此题只给出其中一种,主要分三步：

(1) $t \to t+3$,左移 3,$x(t) \to x(t+3)$,如图 1-7(b)所示。

(2) $t \to -t$,反转,$x(t+3) \to x(-t+3)$,如图 1-7(c)所示。

(3) $t \to 2t$,压缩 2 倍,$x(-t+3) \to x(-2t+3)$,如图 1-7(d)所示。

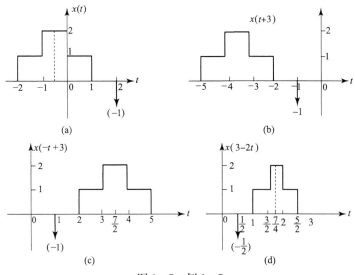

图 1-7 例 1-7

例 1-8 连续时间信号 $x(t)$ 如图 1-8(a)所示,请画出如下信号:

(1) $x\left(2-\dfrac{1}{3}t\right)$

(2) $x(t)u\left(\dfrac{1}{2}-t\right)$

(3) $x(t)\delta\left(t-\dfrac{3}{2}\right)$

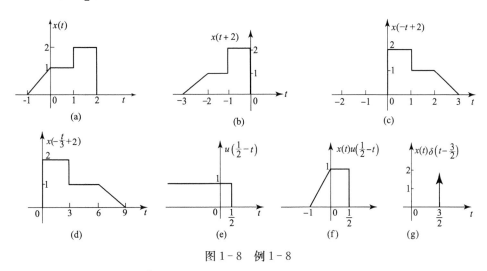

图 1-8 例 1-8

解:(1)由 $x(t)$ 到 $x\left(2-\dfrac{1}{3}t\right)$ 的波形变换可以有 6 种方法,此题只给出其中一种,主要分三步:

① $t \to t+2$,左移 2,$x(t) \to x(t+2)$,如图 1-8(b)所示;

② $t \to -t$,反转,$x(t+2) \to x(-t+2)$,如图 1-8(c)所示;

③ $t \to \dfrac{1}{2}t$,扩展 2 倍,$x(-t+2) \to x\left(-\dfrac{1}{2}t+2\right)$,如图 1-8(d)所示。

(2) $u\left(\frac{1}{2}-t\right)$ 如图 1-8(e), $x(t)u\left(\frac{1}{2}-t\right)$ 为 $x(t)$ 与 $u\left(\frac{1}{2}-t\right)$ 相乘, 如图 1-8(f)所示。

(3) $x(t)\delta\left(t-\frac{3}{2}\right)=x\left(\frac{3}{2}\right)\delta\left(t-\frac{3}{2}\right)=2\delta\left(t-\frac{3}{2}\right)$, 如图 1-8(g)所示。

例 1-9 已知信号 $x(t)$ 的波形如图 1-9(a)所示。画出 $x_1(t)$ 的波形, 其中 $x_1(t)=\int_{-\infty}^{t}x(2-2\tau)\mathrm{d}\tau$。

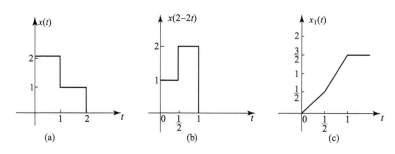

图 1-9 例 1-9

解: 首先画出 $x(2-2t)$ 的信号波形, 如图 1-9(b)所示。

$$x_1(t)=\int_{-\infty}^{t}x(2-2\tau)\mathrm{d}\tau=\begin{cases}\int_{0}^{t}\mathrm{d}t=t, & 0\leqslant t\leqslant\frac{1}{2}\\ \int_{0}^{\frac{1}{2}}\mathrm{d}t+\int_{\frac{1}{2}}^{t}2\mathrm{d}t=2\left(t-\frac{1}{4}\right), & \frac{1}{2}<t\leqslant 1\\ \int_{0}^{\frac{1}{2}}1\mathrm{d}t+\int_{\frac{1}{2}}^{1}2\mathrm{d}t=\frac{3}{2}, & t>1\end{cases}$$, 如图 1-9(c)所示

例 1-10 已知 $x(3-2t)$ 如图 1-10(a)所示, 画出 $x(t)$, $x(t)u(1-t)$ 的图形。

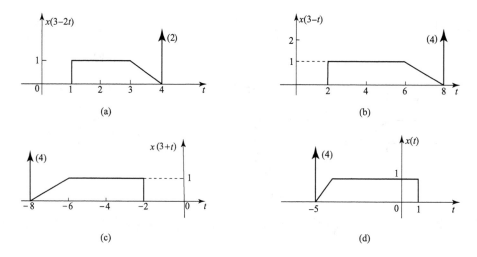

图 1-10 例 1-10

解: 此题为波形变换 $x(t)\to x(3-2t)$ 的逆过程; 可以有 6 种解法, 在此给出一种最简便的方法。

① $t \to \frac{1}{2}t$,扩展2倍,$x(3-2t) \to x(3-t)$,如图 1-10(b)所示;

② $t \to -t$,反转,$x(3-t) \to x(3+t)$,如图 1-10(c)所示;

③ $t \to t-3$,右移3,$x(3+t) \to x(t)$,如图 1-10(d)所示;

而 $x(t)u(1-t)=x(t)$

此题需注意冲激函数在尺度变化时的特点:

$$\delta(at)=\frac{1}{|a|}\delta(t)$$

例 1-11 判定下列连续时间信号的周期性;若是周期的,确定它的基本周期。

(1) $x(t)=3\cos\left(4t+\frac{\pi}{3}\right)$ (2) $x(t)=e^{j(\pi t-1)}$

(3) $x(t)=\left[\cos\left(2t-\frac{\pi}{3}\right)\right]^2$ (4) $x(t)=Ev[\cos(4\pi t)u(t)]$

(5) $x(t)=Ev[\sin(4\pi t)u(t)]$ (6) $x(t)=\sum\limits_{n=-\infty}^{+\infty}e^{-(2t-n)}$

解:(1) $x(t)$是周期的。因为 $\omega=4$,所以 $T=2\pi/4=\frac{\pi}{2}$。

(2) $x(t)$是周期的。因为 $\omega=\pi$,所以 $T=2\pi/\pi=2$。

(3) $x(t)=\frac{1}{2}\left[1+\cos\left(4t-\frac{2\pi}{3}\right)\right]$,$x(t)$是周期的。因为 $\omega=4$,所以 $T=\frac{\pi}{2}$。

(4) $x(t)=Ev[\cos(4\pi t)u(t)]=\frac{1}{2}\cos(4\pi t)u(t)+\frac{1}{2}\cos(-4\pi t)u(-t)$

$=\frac{1}{2}\cos(4\pi t)u(t)+\frac{1}{2}\cos(4\pi t)u(-t)=\frac{1}{2}\cos(4\pi t)$

故 $x(t)$是周期的。且周期为 $T=2\pi/4\pi=1/2$。

(5) $x(t)=Ev[\sin(4\pi t)u(t)]=\frac{1}{2}\sin(4\pi t)u(t)+\frac{1}{2}\sin(-4\pi t)u(-t)$

$=\frac{1}{2}\sin(4\pi t)u(t)-\frac{1}{2}\sin(4\pi t)u(-t)$

故 $x(t)$是非周期的。

(6) $x(t)$是周期的。因为

$$x(t+T)=\sum_{n=-\infty}^{+\infty}e^{-[2(t+T)-n]}=\sum_{n=-\infty}^{+\infty}e^{-(2t+2T-n)}\xrightarrow{\diamondsuit 2T=k}\sum_{n=-\infty}^{+\infty}e^{-(2t+k-n)}$$

$$\xrightarrow{n'=k-n}\sum_{n'=-\infty}^{+\infty}e^{-(2t-n')}=x(t)$$

若令 $2T=k=1$,则周期 $T=1/2$。

例 1-12 判定下列离散时间信号的周期性;若是周期的,确定它的基本周期。

(1) $x(n)=\sin\left(\frac{6\pi}{7}n+1\right)$ (2) $x(n)=\cos\left(\frac{n}{8}-\pi\right)$

(3) $x(n)=\cos\left(\frac{\pi}{8}n^2\right)$ (4) $x(n)=\cos\left(\frac{\pi}{2}n\right)\cos\left(\frac{\pi}{4}n\right)$

(5) $x(n) = 2\cos\left(\dfrac{\pi}{4}n\right) + \sin\left(\dfrac{\pi}{8}n\right) - 2\cos\left(\dfrac{\pi}{2}n + \dfrac{\pi}{6}\right)$

解：(1) 因 $\dfrac{\omega_0}{2\pi} = \dfrac{6\pi/7}{2\pi} = \dfrac{3}{7} = \dfrac{m}{N}$，故 $x(n)$ 是周期的，基波周期 $N=7$。

(2) 因 $\dfrac{\omega_0}{2\pi} = \dfrac{1/8}{2\pi} = \dfrac{1}{16\pi}$ 不是一个有理数，所以 $x(n)$ 是非周期的。

(3) $x(n+N) = \cos\left[\dfrac{\pi}{8}(n+N)^2\right] = \cos\left(\dfrac{\pi}{8}n^2 + \dfrac{\pi}{4}nN + \dfrac{\pi}{8}N^2\right)$

若 $\dfrac{\pi}{4}nN + \dfrac{\pi}{8}N^2 = 2k\pi$（$k$ 为整数）对所有的 n 成立，即 $2nN + N^2 = 16k$ 对所有 n 成立，则必须有 N^2 和 $2N$ 均为 16 的整数倍，此时 $x(n+N) = x(n)$，故 $x(n)$ 是周期的，基波周期 $N=8$。

(4) $x(n) = \cos\left(\dfrac{\pi}{2}n\right)\cos\left(\dfrac{\pi}{4}n\right) = \dfrac{1}{2}\left[\cos\left(\dfrac{3\pi}{4}n\right) + \cos\left(\dfrac{\pi}{4}n\right)\right]$

$\dfrac{\omega_{01}}{2\pi} = \dfrac{3\pi/4}{2\pi} = \dfrac{3}{8}, N_1 = 8; \dfrac{\omega_{02}}{2\pi} = \dfrac{\pi/4}{2\pi} = \dfrac{1}{8}, N_2 = 8$

故 $x(n)$ 是周期的，基波周期 $N=8$。

(5) $\dfrac{\omega_{01}}{2\pi} = \dfrac{\pi/4}{2\pi} = \dfrac{1}{8}, N_1 = 8; \dfrac{\omega_{02}}{2\pi} = \dfrac{\pi/8}{2\pi} = \dfrac{1}{16}, N_2 = 16; \dfrac{\omega_{03}}{2\pi} = \dfrac{\pi/2}{2\pi} = \dfrac{1}{4}, N_3 = 4$，

故 $x(n)$ 是周期的，基波周期为 N_1, N_2, N_3 的最小公倍数，即 $N=16$。

例 1-13 设 $y(t)$ 和 $x(t)$ 分别是连续时间系统的输出和输入，对于以下给定的连续时间系统，确定系统是否具备如下性质：

①无记忆　②时不变　③线性　④因果　⑤稳定

(1) $y(t) = x(t-2) + x(2-t)$　　　　(2) $y(t) = [\cos(3t)]x(t)$

(3) $y(t) = \displaystyle\int_{-\infty}^{2t} x(\tau)\,d\tau$　　　　(4) $y(t) = \begin{cases} 0, & t<0 \\ x(t) + x(t-2), & t \geq 0 \end{cases}$

(5) $y(t) = \begin{cases} 0, & x(t) < 0 \\ x(t) + x(t-2), & x(t) \geq 0 \end{cases}$　　(6) $y(t) = x(t/3)$

(7) $y(t) = \dfrac{dx(t)}{dt}$　　　　(8) $y(t) = \sin[x(t)]$

解：(1) $y(t) = x(t-2) + x(2-t)$

① 由于 $y(0) = x(-2) + x(2)$，即 $y(t)$ 不但取决于 $x(t)$ 的将来值，还与 $x(t)$ 的过去值有关，故系统是记忆系统。

② 令 $x_1(t) = x(t-t_0)$，则

$x_1(t) \to y_1(t) = x_1(t-2) + x_1(2-t) = x(t-2-t_0) + x(2-t-t_0)$
$\neq x(t-2-t_0) + x(2-t+t_0) = y(t-t_0)$

故系统是时变的。

③ 设　　$x_1(t) \to y_1(t) = x_1(t-2) + x_1(2-t)$
　　　　$x_2(t) \to y_2(t) = x_2(t-2) + x_2(2-t)$

令 $x_3(t) = ax_1(t) + bx_2(t)$，则

$$x_3(t) \to y_3(t) = x_3(t-2) + x_3(2-t) = ax_1(t-2) + ax_1(2-t) + bx_2(t-2) + bx_2(2-t)$$
$$= ay_1(t) + by_2(t)$$

故系统是线性的。

④因为当 $x(t)=0, t<t_0$ 时，有 $y(t) \neq 0, t<t_0$，故系统是非因果的。

⑤设 $|x(t)|<M$ (M 为有限大小的正数)，对所有 t，则 $|y(t)|<2M$，故系统是稳定的。

(2) $y(t) = [\cos(3t)]x(t)$

①由于 $y(t)$ 只与当前的 $x(t)$ 有关，故系统是无记忆；

②令 $x_1(t) = x(t-t_0)$，则
$$x_1(t) \to y_1(t) = (\cos 3t)x_1(t) = (\cos 3t)x(t-t_0)$$
而 $y(t-t_0) = [\cos 3(t-t_0)]x(t-t_0) \quad y_1(t) \neq y(t-t_0)$

故系统是时变的。

③设 $x_1(t) \to y_1(t) = (\cos 3t)x_1(t)$
$\quad\quad x_2(t) \to y_2(t) = (\cos 3t)x_2(t)$

令 $x_3(t) = ax_1(t) + bx_2(t)$，则
$$x_3(t) \to y_3(t) = (\cos 3t)x_3(t) = (\cos 3t)[ax_1(t) + bx_2(t)] = ay_1(t) + by_2(t)$$

故系统是线性的。

④$y(t)$ 只与 $x(t)$ 的过去值及当前值有关，与未来值无关，故系统是因果的。

⑤当 $x(t)$ 有界时，$y(t)$ 也是有界的，故系统是稳定的。

(3) $y(t) = \int_{-\infty}^{2t} x(\tau) d\tau$

①由于 $y(t)$ 由 $-\infty$ 到 $2t$ 时刻的 $x(t)$ 决定，即 $y(t)$ 取决于 $x(t)$ 由过去到未来 $2t$ 时刻的值，故系统是记忆的，也是非因果的。

②令 $x_1(t) = x(t-t_0)$，则
$$x_1(t) \to y_1(t) = \int_{-\infty}^{2t} x_1(\tau) d\tau = \int_{-\infty}^{2t} x(\tau - t_0) d\tau = \int_{-\infty}^{2t-t_0} x(\tau') d\tau'$$
$$\neq \int_{-\infty}^{2t-2t_0} x(\tau) d\tau = y(t-t_0)$$

故系统是时变的。

③设 $x_1(t) \to y_1(t) = \int_{-\infty}^{2t} x_1(\tau) d\tau$，$x_2(t) \to y_2(t) = \int_{-\infty}^{2t} x_2(\tau) d\tau$

令 $x_3(t) = ax_1(t) + bx_2(t)$，则
$$x_3(t) \to y_3(t) = \int_{-\infty}^{2t} x_3(\tau) d\tau = \int_{-\infty}^{2t} [ax_1(\tau) + bx_2(\tau)] d\tau$$
$$= a\int_{-\infty}^{2t} x_1(\tau) d\tau + b\int_{-\infty}^{2t} x_2(\tau) d\tau = ay_1(t) + by_2(t)$$

故系统是线性的。

④系统非因果的。

⑤设 $|x(t)|<M$ (M 为有限大小的正数)，对所有 t，如 $x(t) = u(t) = \begin{cases} 1, t>0 \\ 0, t<0 \end{cases}$，是有界的。但 $y(t) = \int_{-\infty}^{2t} u(\tau) d\tau = 2tu(t)$，$y(\infty) = \infty$ 不是有界的，故系统是不稳定的。

(4) $y(t) = \begin{cases} 0, & t<0 \\ x(t)+x(t-2), & t \geqslant 0 \end{cases}$

① 由于 $y(0) = x(0)+x(-2)$，即 $y(t)$ 与 $x(t)$ 的当前值及过去值有关，故系统是记忆的。

② 令 $x_1(t) = x(t-t_0)$，则

$$x_1(t) \to y_1(t) = \begin{cases} 0, & t<0 \\ x_1(t)+x_1(t-2) \end{cases} = \begin{cases} 0, & t<0 \\ x(t-t_0)+x(t-2-t_0), & t \geqslant 0 \end{cases}$$

而

$$y(t-t_0) = \begin{cases} 0, & t-t_0<0 \\ x(t-t_0)+x(t-2-t_0), & t-t_0 \geqslant 0 \end{cases} \neq y_1(t)$$

故系统是时变的。

③ 设

$$x_1(t) \to y_1(t) = \begin{cases} 0, & t<0 \\ x_1(t)+x_1(t-2), & t \geqslant 0 \end{cases}$$

$$x_2(t) \to y_2(t) = \begin{cases} 0, & t<0 \\ x_2(t)+x_2(t-2), & t \geqslant 0 \end{cases}$$

令 $x_3(t) = ax_1(t)+bx_2(t)$，则

$$x_3(t) \to y_3(t) = \begin{cases} 0 \\ x_3(t)+x_3(t-2) \end{cases}$$

$$= \begin{cases} 0, & t<0 \\ ax_1(t)+ax_1(t-2)+bx_2(t)+bx_2(t-2), & t \geqslant 0 \end{cases}$$

$$= ay_1(t)+by_2(t)$$

故系统是线性的。

④ $y(t)$ 只与 $x(t)$ 的过去值及当前值有关，与未来值无关，故系统是因果的。

⑤ 当 $x(t)$ 有界时，$y(t)$ 也是有界的，故系统是稳定的。

(5) $y(t) = \begin{cases} 0, & x(t)<0 \\ x(t)+x(t-2), & x(t) \geqslant 0 \end{cases}$

① 由于 $y(0) = \begin{cases} 0, & x(0)<0 \\ x(0)+x(-2), & x(0) \geqslant 0 \end{cases}$，即 $y(t)$ 与 $x(t)$ 的过去值有关，故系统是记忆的。

② 设 $x_1(t) = x(t-t_0)$，则

$$x_1(t) \to y_1(t) = \begin{cases} 0, & x_1(t)<0 \\ x_1(t)+x_1(t-2), & x_1(t) \geqslant 0 \end{cases}$$

$$= \begin{cases} 0, & x(t-t_0)<0 \\ x(t-t_0)+x(t-2-t_0), & x(t-t_0) \geqslant 0 \end{cases} = y(t-t_0)$$

故系统是时不变的。

③ 由系统方程可知，该系统的输出值为正，即 $y(t) \geqslant 0$。设

$$x_1(t) \to y_1(t) = \begin{cases} 0, & x_1(t)<0 \\ x_1(t)+x_1(t-2), & x_1(t) \geqslant 0 \end{cases}$$

若 $x_2(t) = -x_1(t)$，则显然

$$y_2(t) \neq -y_1(t)$$

故系统是非线性的。

④系统是因果的。
⑤系统是稳定的。

(6) $y(t) = x(t/3)$

①由于 $y(3) = x(1)$，即 $y(t)$ 取决于过去时刻的 $x(t)$，故系统是记忆的。
②设 $x_1(t) = x(t-t_0)$，则
$$x_1(t) \to y_1(t) = x_1(t/3) = x(t/3 - t_0) \neq x(t/3 - t_0/3) = y(t - t_0)$$
故系统是时变的。
③设 $x_1(t) \to y_1(t) = x_1(t/3)$，$x_2(t) \to y_2(t) = x_2(t/3)$
令 $x_3(t) = ax_1(t) + bx_2(t)$，则
$$x_3(t) \to y_3(t) = x_3(t/3) = ax_1(t/3) + bx_2(t/3) = ay_1(t) + by_2(t)$$
故系统是线性的。
④由于 $y(-1) = x\left(-\dfrac{1}{3}\right)$，即 $t=-1$ 时刻的输出取决于未来 $t=-\dfrac{1}{3}$ 时刻的输入，故系统是非因果的。
⑤设 $|x(t)| < M$（M 为有限大小的正数），对所有 t，$|y(t)| = |x(t/3)| < M$
故系统是稳定的。

(7) $y(t) = \dfrac{\mathrm{d}x(t)}{\mathrm{d}t}$

①由于 $y(t) = \lim\limits_{\Delta t \to 0} \dfrac{x(t) - x(t - \Delta t)}{\Delta t}$，即 $y(t)$ 与过去的输入 $x(t - \Delta t)$ 有关，故系统是记忆的。
②令 $x_1(t) = x(t - t_0)$，则
$$x_1(t) \to y_1(t) = \dfrac{\mathrm{d}x_1(t)}{\mathrm{d}t} = \dfrac{\mathrm{d}x(t-t_0)}{\mathrm{d}t} = \dfrac{\mathrm{d}x(t-t_0)}{\mathrm{d}(t-t_0)} = y(t-t_0)$$
故系统是时不变的。
③设 $x_1(t) \to y_1(t) = \dfrac{\mathrm{d}x_1(t)}{\mathrm{d}t}$，$x_2(t) \to y_2(t) = \dfrac{\mathrm{d}x_2(t)}{\mathrm{d}t}$
令 $x_3(t) = ax_1(t) + bx_2(t)$，则
$$x_3(t) \to y_3(t) = \dfrac{\mathrm{d}x_3(t)}{\mathrm{d}t} = a\dfrac{\mathrm{d}x_1(t)}{\mathrm{d}t} + b\dfrac{\mathrm{d}x_2(t)}{\mathrm{d}t} = ay_1(t) + by_2(t)$$
故系统是线性的。
④
$$y(t) = \dfrac{\mathrm{d}x(t)}{\mathrm{d}t} = \lim\limits_{\Delta t \to 0} \dfrac{x(t) - x(t - \Delta t)}{\Delta t}$$
由于 Δt 可正可负，即 $t - \Delta t$ 既可以表示 t 之前的时间，也可表示 t 之后的时间，所以系统是非因果的。
⑤当 $x(t) = u(t)$ 有界时，$y(t) = \delta(t)$ 无界，故系统不稳定。

(8) $y(t) = \sin[x(t)]$

①由于 $y(t)$ 只与当前的 $x(t)$ 有关，故系统是无记忆、因果的。
②令 $x_1(t) = x(t - t_0)$，则 $x_1(t) \to y_1(t) = \sin(x_1(t)) = \sin(x(t - t_0)) = y(t - t_0)$，所以，此系统为时不变的。

③设 $\quad x_1(t) \to y_1(t) = \sin(x_1(t)), x_2(t) \to y_2(t) = \sin(x_2(t))$
令 $x_3(t) = ax_1(t) + bx_2(t)$,则
$$x_3(t) \to y_3(t) = \sin(x_3(t)) = \sin(ax_1(t) + bx_2(t)) \neq ay_1(t) + by_2(t)$$
故系统不是线性的。

④系统是稳定的。

例 1-14 设 $y(n)$ 和 $x(n)$ 分别是离散时间系统的输出和输入,对于以下给定的离散时间系统,判断系统是否具备以下性质:

①无记忆 ②时不变 ③线性 ④因果 ⑤稳定

(1) $y(n) = x(-n)$ (2) $y(n) = x(n-2) - 2x(n-8)$

(3) $y(n) = nx(n)$ (4) $y(n) = Ev[x(n-1)]$

(5) $y(n) = \begin{cases} x(n), & n \geq 1 \\ 0, & n = 0 \\ x(n+1), & n \leq -1 \end{cases}$ (6) $y(n) = x(4n+1)$

解:(1) $y(n) = x(-n)$

①由于 $y(1) = x(-1)$,即输出 $y(n)$ 与过去的输入 $x(n)$ 有关,故系统是记忆的。

②设 $x_1(n) = x(n - n_0)$,则
$$x_1(n) \to y_1(n) = x_1(-n) = x(-n - n_0)$$
而
$$y(n - n_0) = x(-n + n_0) \neq y_1(n)$$
故系统是时变的。

③设 $\quad x_1(n) \to y_1(n) = x_1(-n), x_2(n) \to y_2(n) = x_2(-n)$
令 $x_3(n) = ax_1(n) + bx_2(n)$,则
$$x_3(n) \to y_3(n) = x_3(-n) = ax_1(-n) + bx_2(-n) = ay_1(n) + by_2(n)$$
故系统是线性的。

④由于 $y(-1) = x(1)$,即输出 $y(n)$ 与 $x(n)$ 的将来值有关,故系统是非因果的。

⑤当 $x(n)$ 有界时,$y(n)$ 也是有界的,故系统是稳定的。

(2) $y(n) = x(n-2) - 2x(n-8)$

①由于 $y(0) = x(-2) - 2x(-8)$,即输出 $y(n)$ 取决于过去的输入 $x(n)$,故系统是记忆的。

②设 $x_1(n) = x(n - n_0)$,则
$$x_1(n) \to y_1(n) = x_1(n-2) - 2x_1(n-8) = x(n-2-n_0) - 2x(n-8-n_0)$$
而
$$y(n - n_0) = x(n - n_0 - 2) - 2x(n - n_0 - 8) = y_1(n)$$
故系统是时不变的。

③设 $\quad x_1(n) \to y_1(n) = x_1(n-2) - 2x_1(n-8)$
$$x_2(n) \to y_2(n) = x_2(n-2) - 2x_2(n-8)$$
令 $x_3(n) = ax_1(n) + bx_2(n)$,则
$$x_3(n) \to y_3(n) = x_3(n-2) - 2x_3(n-8) = ax_1(n-2) + bx_2(n-2) - 2ax_1(n-8) - 2bx_2(n-8)$$
$$= ay_1(n) + by_2(n)$$
故系统是线性的。

④由于 $y(n)$ 不取决于未来的 $x(n)$，故系统是因果的。

⑤当 $x(n)$ 有界时，$y(n)$ 也是有界的，故系统是稳定的。

(3) $y(n) = nx(n)$

①可见任何时刻的输出只与当时的输入有关，故系统是无记忆的和因果的。

②设 $x_1(n) = x(n-n_0)$，则
$$x_1(n) \to y_1(n) = nx_1(n) = nx(n-n_0) \neq y(n-n_0) = (n-n_0)x(n-n_0)$$
故系统是时变的。

③设 $x_1(n) \to y_1(n) = nx_1(n), x_2(n) \to y_2(n) = nx_2(n)$

令 $x_3(n) = ax_1(n) + bx_2(n)$，则
$$x_3(n) \to y_3(n) = nx_3(n) = anx_1(n) + bnx_2(n) = ay_1(n) + by_2(n)$$
故系统是线性的。

④当 $x(n) = u(n)$ 为有界输入时，
$$\lim_{n \to \infty} y(n) = \lim_{n \to \infty} nx(n) = \infty$$
即输出无界，故系统不稳定。

(4) $y(n) = Ev[x(n-1)] = \frac{1}{2}x(n-1) + \frac{1}{2}x(-n-1)$

①由于 $y(0) = \frac{1}{2}x(-1) + \frac{1}{2}x(-1) = x(-1)$，即输出与过去的输入有关，故系统是记忆的。

②设 $x_1(n) = x(n-n_0)$，则
$$x_1(n) \to y_1(n) = \frac{1}{2}x_1(n-1) + \frac{1}{2}x_1(-n-1) = \frac{1}{2}x(n-1-n_0) + \frac{1}{2}x(-n-1-n_0)$$
而
$$y(n-n_0) = \frac{1}{2}x(n-1-n_0) + \frac{1}{2}x(-n-1+n_0) \neq y_1(n)$$
故系统是时变的。

③设
$$x_1(n) \to y_1(n) = \frac{1}{2}x_1(n-1) + \frac{1}{2}x_1(-n-1)$$
$$x_2(n) \to y_2(n) = \frac{1}{2}x_2(n-1) + \frac{1}{2}x_2(-n-1)$$

令 $x_3(n) = ax_1(n) + bx_2(n)$，则
$$x_3(n) \to y_3(n) = \frac{1}{2}x_3(n-1) + \frac{1}{2}x_3(-n-1)$$
$$= \frac{1}{2}ax_1(n-1) + \frac{1}{2}bx_2(n-1) + \frac{1}{2}ax_1(-n-1) + \frac{1}{2}bx_2(-n-1)$$
$$= ay_1(n) + by_2(n)$$
故系统是线性的。

④由于 $y(-2) = \frac{1}{2}x(-3) + \frac{1}{2}x(1)$，即 $y(n)$ 与未来的 $x(n)$ 有关，故系统是非因果的。

⑤当 $x(n)$ 有界时，$y(n)$ 也是有界的，故系统是稳定的。

(5) $y(n) = \begin{cases} x(n), & n \geq 1 \\ 0, & n = 0 \\ x(n+1), & n \leq -1 \end{cases}$

① 由于 $y(n)$ 与当前及未来的 $x(n)$ 有关,故系统是有记忆的,且是非因果的。

② 设 $x_1(n) = x(n-n_0)$,则

$$x_1(n) \to y_1(n) = \begin{cases} x_1(n), & n \geq 1 \\ 0, & n = 0 \\ x_1(n+1), & n \leq -1 \end{cases} = \begin{cases} x(n-n_0), & n \geq 1 \\ 0, & n = 0 \\ x(n+1-n_0), & n \leq -1 \end{cases}$$

而

$$y(n-n_0) = \begin{cases} x(n-n_0), & n-n_0 \geq 1 \\ 0, & n-n_0 = 0 \\ x(n+1-n_0), & n-n_0 \leq -1 \end{cases} \neq y_1(n)$$

故系统是时变的。

③ 设

$$x_1(n) \to y_1(n) = \begin{cases} x_1(n), & n \geq 1 \\ 0, & n = 0 \\ x_1(n+1), & n \leq -1 \end{cases}$$

$$x_2(n) \to y_2(n) = \begin{cases} x_2(n), & n \geq 1 \\ 0, & n = 0 \\ x_2(n+1), & n \leq -1 \end{cases}$$

令 $x_3(n) = ax_1(n) + bx_2(n)$,则

$$x_3(n) \to y_3(n) = \begin{cases} x_3(n), & n \geq 1 \\ 0, & n = 0 \\ x_3(n+1), & n \leq -1 \end{cases} = \begin{cases} ax_1(n) + bx_2(n), & n \geq 1 \\ 0, & n = 0 \\ ax_1(n+1) + bx_2(n+1), & n \leq -1 \end{cases}$$

$$= ay_1(n) + by_2(n)$$

故系统是线性的。

④ 当 $x(n)$ 有界时,$y(n)$ 也是有界的,故系统是稳定的。

(6) $y(n) = x(4n+1)$

① 由于 $y(0) = x(1)$ 及 $y(-1) = x(-3)$,即输出与过去和未来的输入都有关,故系统是记忆的、非因果的。

② 设 $x_1(n) = x(n-n_0)$,则

$$x_1(n) \to y_1(n) = x_1(4n+1) = x(4n+1-n_0)$$

而

$$y(n-n_0) = x(4n+1-4n_0) \neq y_1(n)$$

故系统是时变的。

③ 设 $x_1(n) \to y_1(n) = x_1(4n+1), x_2(n) \to y_2(n) = x_2(4n+1)$

令 $x_3(n) = ax_1(n) + bx_2(n)$,则

$$x_3(n) \to y_3(n) = x_3(4n+1) = ax_1(4n+1) + bx_2(4n+1) = ay_1(n) + by_2(n)$$

故系统是线性的。

④ 当 $x(n)$ 有界时,$y(n)$ 也是有界的,故系统是稳定的。

例 1-15 已知某离散时间系统 $y(n) = nx(n) + 1$,$x(n)$ 为系统输入,$y(n)$ 为输出。试判断该系统是否是线性的、时不变的、因果的和稳定的。

(1) $x_1(n) \to y_1(n), x_2(n) \to y_2(n)$
$$ax_1(n)+bx_2(n) \to y(n) = n(ax_1(n)+bx_2(n))+1 = anx_1(n)+bnx_2(n)+1$$
$$\neq -anx_1(n)+1+(bnx_2(n)+1) = ay_1(n)+by_2(n)$$

所以,该系统是非线性系统。

(2) 若 $x(n-n_0)$ 为输入,则输出 $y(n) = nx(n-n_0)+1 \neq y(n-n_0) = (n-n_0)x(n-n_0)+1$,所以是时变系统。

(3) 若 $n<0, x(n)=0$,则 $y(n)=1$,所以不是因果系统。

(4) 若 $|x(n)| \leq 1$,令特例 $x(n)=1$,则 $y(n)=n+1$ 无界,所以不是稳定系统。

例 1-16 已知系统输入 $x(n)$ 和输出 $y(n)$ 的关系为: $y(n)=x(n)[f(n)+f(n-1)]$。试判断下列三种情况该系统的线性、时不变性:

(1) 若对所有 $n, f(n)=a, a$ 为常数;
(2) 若 $f(n)=n$;
(3) 若 $f(n)=1+(-1)^n$。

解: (1) 若对所有 $n, f(n)=a, a$ 为常数,则有 $y(n)=2ax(n)$,系统是线性、时不变的。

(2) 若 $f(n)=n, y(n)=x(n)(2n-1)$,系统是线性、时变的;证明:针对 $nx(n)$,用反证法。

设 $x_1(n)=\delta(n) \to y_1(n)=n\delta(n)=0$
$x_2(n)=\delta(n-1) \to y_2(n)=n\delta(n-1)=\delta(n-1) \neq y_1(n-1)$

所以系统是时变的。

(3) 若 $f(n)=1+(-1)^n, y(n)=2x(n)$,系统是线性、时不变的。

例 1-17 时间序列 $x(n)=\cos\omega_0 n, -\infty<n<+\infty$ 一定是周期的吗? 为什么?

解: 不一定是周期的。当 $\dfrac{2\pi}{\omega_0}=\dfrac{q}{p}, p, q$ 为整数 ($p \neq 0$) 时是周期的。

分析: 当 $\dfrac{2\pi}{\omega_0}$ 为有理数 $\dfrac{q}{p}$ 时为周期序列,其中 q 是周期。其意义可解释为每当 $2\pi p$ 时间内恰好采样了 q 个间隔为 ω_0 的余弦波,图 1-11 为 $\dfrac{2\pi}{\omega_0}=\dfrac{5}{2}$ 时的情况。

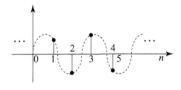

图 1-11 例 1-17

第 2 章

连续时间信号与系统的时域分析

2.1 学习要求

- 微分方程的建立
- 零输入响应与零状态响应
- 冲激响应与阶跃响应
- 卷积积分性质
- 求卷积的几种方法
- 利用卷积求零状态响应
- 系统模拟

2.2 学习要点

1. 系统的数学模型

(1) 基本知识

① R, L, C 的基本关系

$R: i(t) = \dfrac{1}{R} e(t) \qquad e(t) = Ri(t)$

$L: e(t) = L \cdot \dfrac{\mathrm{d}i(t)}{\mathrm{d}t}$

定义算子 $P = \dfrac{\mathrm{d}}{\mathrm{d}t}$,则 $e(t) = LPi(t)$

定义算子 $\dfrac{1}{P} = \displaystyle\int_{-\infty}^{t} \mathrm{d}t$,则 $i(t) = \dfrac{1}{LP} e(t)$

$C: i(t) = CPe(t) \qquad e(t) = \dfrac{1}{CP} i(t)$

② 加减运算的表示

第 2 章 连续时间信号与系统的时域分析

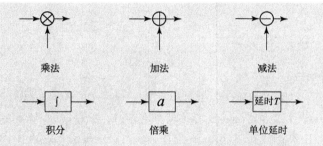

(2) 系统的数学模型

① 系统的数学模型一般地可表示为微分方程

$$y^{(n)}(t)+a_{n-1}y^{(n-1)}(t)+\cdots+a_0y(t)=b_mx^{(m)}(t)+b_{m-1}x^{(m-1)}(t)+\cdots+b_0x(t)$$

② 定义 $P=\dfrac{d}{dt}, P^2=\dfrac{d^2}{dt^2}, \cdots, P^n=\dfrac{d^n}{dt^n}$，得

$$\underbrace{(P^n+a_{n-1}P^{n-1}+\cdots+a_1P+a_0)}_{D(P)}y(t)=\underbrace{(b_mP^m+b_{m-1}P^{m-1}+\cdots+b_1P^1+b_0)}_{N(P)}x(t)$$

则有 $D(P)y(t)=N(P)x(t), y(t)=\dfrac{N(P)}{D(P)}x(t)\triangleq H(P)x(t)$

$H(P)$ 称为系统的传输算子

$D(P)$ 与 $N(P)$ 的公因式一般不能相消，作用的顺序也不能交换，即 $P\cdot\dfrac{1}{P}x\neq\dfrac{1}{P}\cdot Px$，

因为 $P\cdot\dfrac{1}{P}x=\dfrac{d}{dt}\int_{-\infty}^{t}x(\tau)d\tau=x(t)$，而 $\dfrac{1}{P}\cdot Px=\int_{-\infty}^{t}\left(\dfrac{d}{dt}x\right)d\tau=x(t)+C$，其中 $C=x(-\infty)$，
即系统的初始储能。在零状态下，就可以交换了。

③ 可以表示为状态空间模型

$$\begin{cases}\dot{\boldsymbol{x}}(t)=\boldsymbol{A}\boldsymbol{x}(t)+\boldsymbol{B}\boldsymbol{f}(t) & \text{状态方程}\\ \boldsymbol{y}(t)=\boldsymbol{C}\boldsymbol{x}(t)+\boldsymbol{D}\boldsymbol{f}(t) & \text{输出方程}\end{cases}$$

状态：L 上的电流，C 上的电压，选择不是唯一的。

状态变量的数量(状态空间的维数)：独立储能的元件个数(不能再合并的 L、C 的个数)。

2. 系统的响应

考察一般系统 $y^{(n)}(t)+a_{n-1}y^{(n-1)}(t)+\cdots+a_0y(t)=b_mx^{(m)}(t)+b_{m-1}x^{(m-1)}(t)+\cdots+b_0x(t)$。

(1) 经典解法

根据此方程可写出特征方程、求出特征根，得到齐次解的表达式，再确定特解的形式，最后用初始条件确定待定系数。

系统分析只关心 $t\in[0_+,+\infty)$ 范围内的系统响应。

(2) 系统的全响应=系统的零输入响应+系统的零状态响应

① 0_- 时刻：信号刚好接入前；0_+ 时刻：信号刚好接入。

② 起始状态 $(y(0_-),y'(0_-),\cdots,y^{(n-1)}(0_-))$

初始状态(初始条件) $(y(0_+),y'(0_+),\cdots,y^{(n-1)}(0_+))$

③ 系统的零输入响应：$x(t)=0$，由初始储能引起的响应，对稳定的系统应有

$$y(0_-)=y(0_+),y'(0_-)=y'(0_+),\cdots,y^{(n-1)}(0_-)=y^{(n-1)}(0_+)$$

零输入响应:
$$y_0(t) = \sum_{i=1}^{n} B_i e^{\alpha_i t}\Big|_{y(0_+)=y(0_-),y'(0_+)=y'(0_-),\cdots,y^{(n-1)}(0_+)=y^{(n-1)}(0_-)}$$

系统的零状态响应:
$$x(0_-)=0, y(0_-)=y'(0_-)=\cdots=y^{(n-1)}(0_-)=0$$

由 $x(t)$ 决定的;当方程右端 $x(t)$ 或其导数含有 $\delta(t)$,在 $t\in[0_+,+\infty)$ 这种情形下,一般有
$$y(0_-)\neq y(0_+), y'(0_-)\neq y'(0_+),\cdots,y^{(n-1)}(0_-)\neq y^{(n-1)}(0_+)$$

零状态响应:
$$y_x(t) = \sum_{i=1}^{n} C_i e^{\alpha_i t} + B(t)\Big|_{y(0_+),y'(0_+),\cdots,y^{(n-1)}(0_+)}, \text{其中 } B(t) \text{ 为特解,当方程右端 } x(t) \text{ 或其}$$
导数没有含 $\delta(t)$ 时
$$y(0_+)=y(0_-)=0, y'(0_+)=y'(0_-)=0,\cdots,y^{(n-1)}(0_+)=y^{(n-1)}(0_-)=0$$
否则要考虑初始条件的跃变。

④零状态线性: $T\left[\sum_{i=1}^{n}\alpha_i x_i(t)\right] = \sum_{i=1}^{n}\alpha_i T(x_i(t))$

非零状态线性:对系统 $T, x(0_-)\neq 0$,若

起始: $\{x_1(0_-), \nu_1(t)\}$, 得到 $\{x_1(t), y_1(t)\}$

起始: $\{x_2(0_-), \nu_2(t)\}$, 得到 $\{x_2(t), y_2(t)\}$

则 $\alpha\{x_1(0_-),\nu_1(t)\}+\beta\{x_2(0_-),\nu_2(t)\}$, 得到 $\alpha\{x_1(t),y_1(t)\}+\beta\{x_2(t),y_2(t)\}$
则为零状态线性系统。

⑤自由响应,强迫响应

对系统 $D(P)y(t)=N(P)x(t)$

$$y(t) = \underbrace{\sum_{i=1}^{n} A_i e^{\alpha_i t}}_{\substack{\text{齐次解}\\\text{自由响应}}} + \underbrace{B(t)}_{\substack{\text{特解}\\\text{强迫响应}}}\Bigg|_{y(0_+),y'(0_+),\cdots,y^{(n-1)}(0_+)}$$

系统完全响应=自由响应+强迫响应。

3. 冲激响应和阶跃响应

(1)冲激响应与阶跃响应的定义

定义:初始松弛下(零状态)的线性时不变运算 T,冲激响应定义为 $h(t)=T\delta(t)$;

初始松弛下的 T,阶跃响应定义为 $S(t)=Tu(t)$;

单位阶跃响应与单位冲激响应的关系: $h(t)=\dfrac{dS(t)}{dt}$;

对于定常系统(时不变系统),应有 $h(t-\tau)=T\delta(t-\tau)$;

对于时变系统,应有 $h(t,\tau)=T\delta(t,\tau)$;

对于因果定常系统,应有 $h(t)=h(t)u(t)$;

对于因果时变系统,应有 $h(t,\tau)=h(t,\tau)u(t-\tau)$。

(2)信号 $x(t)$ 通过冲激响应为 $h(t)$ 的 LTI 系统
$$x(t) = \int_{-\infty}^{+\infty} x(\tau)\delta(t-\tau)d\tau = x(t)*\delta(t)$$

输出 $y(t) = Tx(t) = T[x(t) * \delta(t)] = T\int_{-\infty}^{+\infty} x(\tau)\delta(t-\tau)d\tau$

$\xrightarrow[\text{时不变}]{\text{线性}} = \int_{-\infty}^{+\infty} x(\tau)T\delta(t-\tau)d\tau = \int_{-\infty}^{+\infty} x(\tau)h(t-\tau)d\tau = x(t) * h(t)$

综合以上可知,在线性时不变系统中,初始松弛(零状态)情形下,零状态响应

$$y(t) = x(t) * h(t) = \int_{-\infty}^{+\infty} x(\tau)h(t-\tau)d\tau$$

若因果信号通过因果系统,则输出 $y(t) = \int_0^t x(\tau)h(t-\tau)d\tau$;

对于线性时变系统,零状态响应 $y(t) = \int_{-\infty}^{+\infty} x(\tau)h(t,\tau)d\tau$。

(3)冲激响应的计算方法

①冲激匹配方法

由冲激响应定义 $D(P)h(t) = N(P)\delta(t) = 0 \quad t \in (0_+, +\infty)$

$$h(t) = \sum_{i=1}^n A_i e^{\alpha_i t} u(t) \quad t \in [0_+, +\infty)$$

在 $t = 0_+$ 时,冲激响应的表达式中是否有 $\delta(t)$ 及其导数的线性组合。

当 $M(N(P)$ 的阶次$) < N(D(P)$ 的阶次$)$ 时,$y(t)$ 中不可能含有 $\delta(t)$ 及其导数。因此,系统的冲激响应写为

$$h(t) = \sum_{i=1}^n A_i e^{\alpha_i t} u(t)$$

当 $M \geq N$ 时

$$H(P) = \frac{N(P)}{D(P)} = (B_q P^q + \cdots + B_1 P + B_0) + H_1(P)$$

$$h(t) = H(P)\delta(t) = B_q\delta^{(q)}(t) + \cdots + B_1\delta'(t) + B_0\delta(t) + H_1(P)\delta(t)$$

因此,系统的冲激响应写为

$$h(t) = \sum_{i=1}^n A_i e^{\alpha_i t} u(t) + \sum_{i=0}^q B_i \delta^{(q)}(t)$$

②等效初始条件法

a) $a_n \frac{d^n}{dt^n} h(t) + a_{n-1} \frac{d^{n-1}}{dt^{n-1}} h(t) + \cdots + a_1 \frac{d}{dt} h(t) + a_0 h(t) = \delta(t)$

$h(0_-) = h'(0_-) = \cdots h^{(n-1)}(0_-) = 0$

等效为

$$(a_n D^n + a_{n-1} D^{n-1} + \cdots + a_0)h(t) = 0$$

$$h(0_+) = h'(0_+) = \cdots = h^{(n-2)}(0_+) = 0$$

$$h^{(n-1)}_{(0_+)} = \frac{1}{a_n}$$

b)当等式右端有 $\delta(t)$ 的求导数项

$(D^n + a_{n-1}D^{n-1} + \cdots + a_0)h(t) = (b_m D^m + b_{m-1}D^{m-1} + \cdots + b_0)\delta(t)$

$(D^n + a_{n-1}D^{n-1} + \cdots + a_0)h_1(t) = \delta(t)$

$h(t) = (b_m D^m + b_{m-1}D^{m-1} + \cdots + b_0)h_1(t)$

注意:当 $n > m$ 时,$h_1(t)$ 在进行求导时可不带 $u(t)$;

当 $n \leq m$ 时,$h_1(t)$ 在进行求导时必须带 $u(t)$。

4. 卷积积分
(1) 卷积积分概念
对线性时不变系统
$$y(t) = h(t) * x(t) = \int_{-\infty}^{+\infty} x(\tau) h(t-\tau) d\tau$$

(2) 性质
$$s(t) = x_1(t) * x_2(t) = \int_{-\infty}^{+\infty} x_1(\tau) x_2(t-\tau) d\tau$$

① 代数性质

a) $\quad x_1(t) * x_2(t) = x_2(t) * x_1(t)$

b) $\quad x_1(t) * [x_2(t) * x_3(t)] = [x_1(t) * x_2(t)] * x_3(t)$

c) $\quad x_1(t) * [x_2(t) + x_3(t)] = x_1(t) * x_2(t) + x_1(t) * x_3(t)$

d) $\quad x_1(t) * \delta(t) = \int_{-\infty}^{+\infty} x_1(\tau) \delta(t-\tau) d\tau = x_1(t)$

② 拓扑性质

a) 微分
$$\frac{d}{dt}[x_1(t) * x_2(t)] = x_1(t) * \frac{d}{dt} x_2(t) = x_2(t) * \frac{d}{dt} x_1(t)$$

b) 积分
$$\int_{-\infty}^{t} [x_1(\tau) * x_2(\tau)] d\tau = x_1(t) * \int_{-\infty}^{t} x_2(\tau) d\tau = x_2(t) * \int_{-\infty}^{t} x_1(\tau) d\tau$$

c) $x(t) * \delta^{(k)}(t) = x^{(k)}(t)$

d) $x(t) = x_1^{(k)}(t) * x_2^{(-k)}(t)$

③ 任意函数与 $\delta(t)$ 的卷积

a) $\quad x(t) * \delta(t) = \int_{-\infty}^{+\infty} x(\tau) \delta(t-\tau) d\tau = x(t)$

b) $\quad x(t) * \delta(t-T) = x(t-T)$

c) $\quad x(t-T_1) * \delta(t-T_2) = x(t-T_1-T_2)$

d) $\quad x(t) * u(t) = \int_{-\infty}^{+\infty} x(\tau) u(t-\tau) d\tau = \int_{-\infty}^{t} x(\tau) d\tau$

e) $\quad r(t) = \int_{-\infty}^{t} u(\tau) d\tau = t \quad (t > 0) = t u(t)$

$$r(t) = u(t) * u(t)$$

f) 令 $\quad x_1(t_1) * x_2(t) = x(t)$
$$x_1(t-T_1) * x_2(t-T_2) = x(t-T_1-T_2)$$

2.3 习题精解

例 2-1 已知微分方程 $\dfrac{d^2}{dt^2} y(t) + \dfrac{3}{2} \dfrac{d}{dt} y(t) + \dfrac{1}{2} y(t) = x(t)$

$y(0_+) = 1, y'(0_+) = 0 \quad x(t) = e^{-t} u(t)$ 或 $5e^{-3t} u(t)$，求系统全响应。

解：(1) 先求齐次解

特征方程 $\lambda^2 + \dfrac{3}{2}\lambda + \dfrac{1}{2} = 0$

特征根 $\lambda_1 = -1, \lambda_2 = -1/2$,齐次解:$y_h(t) = c_1 e^{-t} + c_2 e^{-(1/2)t}$

(2) 再求特解

① 当 $x(t) = 5e^{-3t}u(t)$ 时,令特解 $y_p(t) = ce^{-3t}$,代入原方程得 $c=1$,则 $y_p(t) = e^{-3t}$,所以系统完全响应 $y(t) = y_h(t) + y_p(t) = c_1 e^{-t} + c_2 e^{-(1/2)t} + e^{-3t}, t \geqslant 0$。

代入初始条件 $\begin{cases} y(0_+) = c_1 + c_2 + 1 = 1 \\ y'(0_+) = -c_1 - (1/2)c_2 - 3 = 0 \end{cases}$,得 $\begin{cases} c_1 = -5 \\ c_2 = 6 \end{cases}$

$$y(t) = \underbrace{-6e^{-t} + 6e^{-(1/2)t}}_{\text{自由响应}} + \underbrace{e^{-3t}}_{\text{受迫响应}} \quad t \geqslant 0$$

② 当 $x(t) = e^{-t}u(t)$ 时,令 $y_p(t) = c_3 te^{-t}$,代入原方程得 $c_3 = -2$,$y_p(t) = -2te^{-t}$,所以系统完全响应 $y(t) = y_h(t) + y_p(t) = c_1 e^{-t} + c_2 e^{-(1/2)t} - 2te^{-t}, t \geqslant 0$。

代入初始条件 $\begin{cases} y(0_+) = c_1 + c_2 = 1 \\ y'(0_+) = -c_1 - (1/2)c_2 - 2 = 0 \end{cases}$,得 $\begin{cases} c_1 = -5 \\ c_2 = 6 \end{cases}$

$$y(t) = \underbrace{-5e^{-t} + 6e^{-(1/2)t}}_{\text{自由响应}} - \underbrace{2te^{-t}}_{\text{受迫响应}} \quad t \geqslant 0$$

例 2-2 计算 $e^{3t}u(t) * u(t)$

解:采用卷积积分公式 $s(t) = x_1(t) * x_2(t) = \int_{-\infty}^{+\infty} x_1(\tau)x_2(t-\tau)d\tau$,则

$$e^{3t}u(t) * u(t) = \int_{-\infty}^{+\infty} e^{3\tau}u(\tau)u(t-\tau)d\tau = \int_0^t e^{3\tau}d\tau = (e^{3t} - 1)u(t)$$

例 2-3 计算 $f_1(t)$ 与 $f_2(t)$ 的卷积积分 $y(t)$,如图 2-1 所示,并画出 $y(t)$ 的波形。

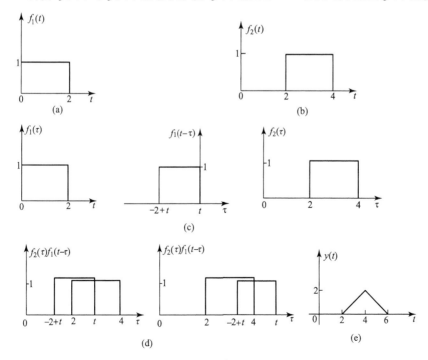

图 2-1 例 2-3

解：方法1：图解法

$y(t) = f_1(t) * f_2(t) = \int_{-\infty}^{+\infty} f_1(t-\tau) f_2(\tau) d\tau$，$f_2(\tau)$、$f_1(t-\tau)$波形如图2-1(c)所示。

当$t \leq 2$或$t > 6$时，$f_2(\tau) f_1(t-\tau) = 0$，$y(t) = 0$

$2 < t \leq 4$时，$y(t) = \int_2^t dt = t - 2$

$4 < t \leq 6$时，$y(t) = \int_{-2+t}^4 dt = 6 - t$，$y(t)$的波形如图2-1(e)所示

方法2：公式法

$$y(t) = f_1(t) * f_2(t) = (u(t) - u(t-2)) * (u(t-2) - u(t-4))$$
$$= (u(t) - u(t-2)) * (u(t) - u(t-2)) * \delta(t-2)$$
$$= (tu(t) - 2(t-2)u(t-2) - (t-4)u(t-4)) * \delta(t-2)$$
$$= (t-2)u(t-2) - 2(t-4)u(t-4) - (t-6)u(t-6)$$

注：应用公式 $u(t) * u(t) = tu(t)$

方法3：应用性质

$$y(t) = f_1^{(-1)}(t) * f_2'(t) = (tu(t) - (t-2)u(t-2)) * (\delta(t-2) - \delta(t-4))$$
$$= (tu(t) - (t-2)u(t-2)) * (\delta(t-2) - \delta(t-4))$$
$$= ((t-2)u(t-2) - (t-4)u(t-4)) - ((t-4)u(t-4) - (t-6)u(t-6))$$
$$= (t-2)u(t-2) - 2(t-4)u(t-4) - (t-6)u(t-6)$$

例2-4 已知信号$x_1(t)$，$x_2(t)$如图2-2所示，画出$x_1(-2t-1) * \dfrac{dx_2(t)}{dt}$的波形。

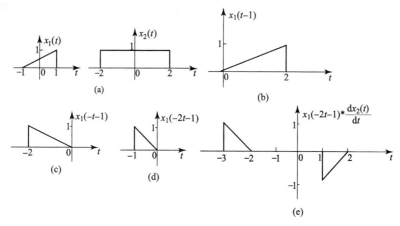

图2-2 例2-4

解：首先依次求出$x_1(-2t-1)$，$\dfrac{dx_2(t)}{dt}$的信号波形；

$x_1(-2t-1) = x(t)$的波形变换依次为：

① $t \to t-1$，右移1，$x(t) \to x(t-1)$，如图2-2(b)所示；

② $t \to -t$，反转，$x(t-1) \to x(-t-1)$，如图2-2(c)所示；

③ $t \to 2t$，压缩2倍，$x(-t-1) \to x(-2t-1)$，如图2-2(d)所示；

$$\dfrac{dx_2(t)}{dt} = \delta(t+2) - \delta(t-2)$$

则 $x_1(-2t-1) * \dfrac{\mathrm{d}x_2(t)}{\mathrm{d}t} = x(t) * (\delta(t+2) - \delta(t-2)) = x(t+2) - x(t-2)$，如图 2-2(e)所示。

例 2-5 已知 $x(t)$ 为周期 $T=2$ 的连续时间信号，在一个周期内的表达式 $x_T(t)$ 为

$$x_T(t) = \begin{cases} 2, & 0 \leqslant t \leqslant 1 \\ -1, & 1 < t < 2 \end{cases}$$

画出 $\mathrm{d}x(t)/\mathrm{d}t$ 的波形，并写出表达式；

另有连续时间信号 $f(t)$ 为 $f(t) = \begin{cases} -t+1, & 0 < t < 1 \\ t+1, & -1 < t < 0 \end{cases}$，画出 $f(t) * \dfrac{\mathrm{d}x(t)}{\mathrm{d}t}$ 的波形。

解： $\dfrac{\mathrm{d}x(t)}{\mathrm{d}t} = 3\displaystyle\sum_{n=-\infty}^{+\infty}(\delta(t-2n) - \delta(t-1-2n))$

$f(t) * \dfrac{\mathrm{d}x(t)}{\mathrm{d}t} = f(t) * \left\{3\displaystyle\sum_{n=-\infty}^{+\infty}[\delta(t-2n) - \delta(t-1-2n)]\right\}$，其波形如图 2-3(b)所示

$= 3\displaystyle\sum_{n=-\infty}^{+\infty}[f(t-2n) - f(t-1-2n)]$

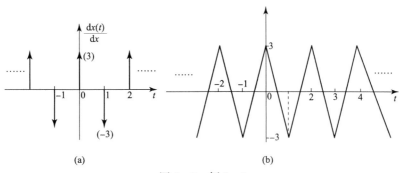

图 2-3 例 2-5

例 2-6 求下列 LTI 系统的零状态响应。

(1) 输入如图 2-4(a)所示，$h(t) = (\mathrm{e}^{-(t+1)})u(t+1)$

(2) 输入如图 2-4(b)所示，$h(t) = 2[u(t+1) - u(t-1)]$

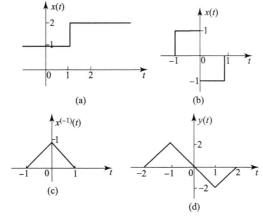

图 2-4 例 2-6

解：(1) $y(t) = x(t) * h(t) = (1 + u(t-1)) * ((\mathrm{e}^{-(t+1)})u(t+1))$

$= 1 * (\mathrm{e}^{-(t+1)})u(t+1) + u(t-1) * (\mathrm{e}^{-(t+1)})u(t+1)$

$$= \int_{-1}^{+\infty} e^{-(\tau+1)} d\tau + u(t) * e^{-t}u(t)$$
$$= 1 + (1-e^{-t})u(t)$$

注：信号 $x(t)$ 的特点为 $x(-\infty) \neq 0$，对其作微分运算后，再不能积分复原，所以在用卷积微积分性质时要注意。

(2) $y(t) = x(t) * h(t) = x^{(-1)}(t) * h'(t)$
$= 2[\delta(t+1) - \delta(t-1)] * x^{(-1)}(t) = 2x^{(-1)}(t+1) - 2x^{(-1)}(t-1)$
$x^{(-1)}(t) = (t+1)u(t+1) - 2tu(t) + (t-1)u(t-1)$，如图 2-4(c)所示。
$y(t) = 2x^{(-1)}(t+1) - 2x^{(-1)}(t-1)$
$= [2(t+2)u(t+2) - 4(t+1)u(t+1) + 2tu(t)] - [2tu(t) - 4(t-1)u(t-1) + 2(t-2)u(t-2)]$
$= [2(t+2)u(t+2) - 4(t+1)u(t+1) + 2tu(t)] - [2tu(t) - 4(t-1)u(t-1) + 2(t-2)u(t-2)]$
$= 2(t+2)u(t+2) - 4(t+1)u(t+1) + 4(t-1)u(t-1) - 2(t-2)u(t-2)$

如图 2-4(d)所示。

例 2-7 已知以下几个子系统的单位冲激响应（图 2-5）为
$$h_1(t) = tu(t), h_2(t) = \delta(t-2), h_3(t) = -\delta(t)$$
求出系统的总的单位冲激响应 $h(t)$。

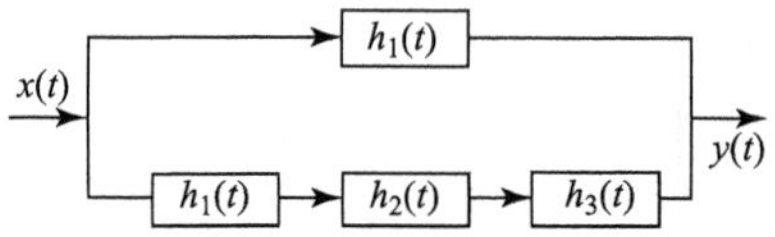

图 2-5 例 2-7

解：系统的总的单位冲激响应 $h(t) = h_1(t) * h_2(t) * h_3(t) + h_1(t)$
$h(t) = h_1(t) * h_2(t) * h_3(t) + h_1(t) = tu(t) * \delta(t-2) * (-\delta(t)) + tu(t)$
$h(t) = tu(t) - (t-2)u(t-2)$

例 2-8 已知 LTI 系统，给定初始状态不变，当输入为 $x(t) = u(t)$，系统全响应为 $y(t) = (2e^{-2t} - 3e^{-3t})u(t)$；当输入为 $x(t) = 3u(t)$ 时，系统全响应为 $y(t) = (4e^{-2t} - 5e^{-3t})u(t)$。问给定初始状态下的零输入响应 $y_0(t)$ 为何？

解：由题意可写成 $\begin{matrix} y_1(t) = y_o(t) + y_x(t) \\ y_2(t) = y_o(t) + 3y_x(t) \end{matrix}$，其中

$y_x(t)$ 代表输入为 $x(t) = u(t)$ 时的系统零状态响应；$y_o(t)$ 代表系统零输入响应；则
$2y_x(t) = y_2(t) - y_1(t) = [(4e^{-2t} - 5e^{-3t}) - (2e^{-2t} - 3e^{-3t})]u(t) = (2e^{-2t} - 2e^{-3t})u(t)$
$y_x(t) = (e^{-2t} - e^{-3t})u(t)$
$y_o(t) = y_1(t) - y_x(t) = (e^{-2t} - 2e^{-3t})u(t)$

例 2-9 已知某线性时不变系统如图 2-6(a)所示，其各子系统单位冲激响应 $h_2(t) = \delta(t+1) - \delta(t)$，$h_3(t) = \delta(t) - \delta(t-2)$，$h_4(t) = u(t)$，单位冲激响应为 $h_1(t)$ 的子系统的输入与输出如图 2-6(b)所示，求出（采用时域解法）：

(1) $h_1(t)$；
(2) 整个系统的单位冲激响应 $h(t)$，并画出其波形图；
(3) 当 $x(t) = u(t)$ 时，写出系统的零状态响应 $y(t)$ 分段时间的表示式。

解：(1) 由题意 $y_1(t) = x_1(t) * h_1(t)$，依据卷积性质 $y'_1(t) = x'_1(t) * h_1(t)$

$y'_1(t)=u(t-2)-u(t-3)$ $x_1'(t)=\delta(t-1)-\delta(t-2)$,则
$$u(t-2)-u(t-3)=h_1(t-1)-h_1(t-2)$$
故
$$h_1(t)=u(t-1)$$

(2) $h(t)=h_1(t)*h_2(t)+h_4(t)*h_3(t)$
$=(\delta(t+1)-\delta(t))*u(t-1)+u(t)*(\delta(t)-\delta(t-2))$
$=2u(t)-u(t-1)-u(t-2)$

(3) 当 $x(t)=u(t)$,
$$y(t)=x(t)*h(t)=u(t)*(2u(t)-u(t-1)-u(t-2))$$
$$=2tu(t)-(t-1)u(t-1)-(t-2)u(t-2)$$
$$y(t)=\begin{cases}2t, & 0\leqslant t\leqslant 1\\ 1+t, & 1\leqslant t\leqslant 2\\ 3, & 2\leqslant t\end{cases}$$

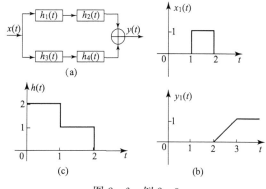

图 2-6 例 2-9

例 2-10 已知某系统的单位冲激响应 $h(t)=e^{-2t}u(t)$,输入为 $x(t)=f(t)[u(t)-u(t-2)]+\beta\delta(t-2)$,其中 $f(t)$ 为 t 的任意函数,如图 2-7 所示。

(1) 求 $t>2$ 时系统的输出 $y(t)$。
(2) 若要求系统在 $t>2$ 的输出为零,试确定 β 值。

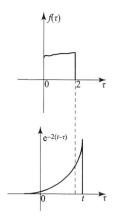

图 2-7 例 2-10

解：$y(t)=x(t)*h(t)=f(t)[u(t)-u(t-2)]*e^{-2t}u(t)+\beta e^{-2(t-2)}u(t-2)$

$$f(t)[u(t)-u(t-2)]*e^{-2t}u(t)=\begin{cases}\int_0^2 f(\tau)\cdot e^{-2(t-\tau)}d\tau=e^{-2t}\int_0^2 f(\tau)\cdot e^{2\tau}d\tau, t\geqslant 2\\ \int_0^t f(\tau)\cdot e^{-2(t-\tau)}d\tau=e^{-2t}\int_0^t f(\tau)\cdot e^{2\tau}d\tau, 0<t<2\\ 0, \qquad\qquad\qquad\qquad\qquad\qquad\qquad\qquad t<0\end{cases}$$

欲在 $t>2$ 时，输出 $y(t)=0$，即

$$e^{-2t}\int_0^2 f(\tau)\cdot e^{2\tau}d\tau+\beta e^{-2(t-2)}=0$$

$$\beta=-e^{-4}\int_0^2 e^{2\tau}f(\tau)d\tau$$

例 2-11 已知某线性时不变系统，当其输入为图 2-8(a)时，其输出如图 2-8(b)所示，求其单位冲激响应 $h(t)$。

解：由题意，$y(t)=x(t)*h(t)$，依据卷积性质有 $x'(t)*h(t)=y'(t)$，$x'(t)$，$y'(t)$ 如图 2-8(c)、(d)所示；则有

$$h(t)*[\delta(t)-\delta(t-1)]=u(t)-\frac{3}{2}u(t-1)+\frac{1}{2}u(t-3)$$

$$=u(t)-u(t-1)-\frac{1}{2}(u(t-1)-u(t-2))-\frac{1}{2}(u(t-2)-u(t-3))$$

$$h(t)=u(t)-\frac{1}{2}u(t-1)-\frac{1}{2}u(t-2)$$

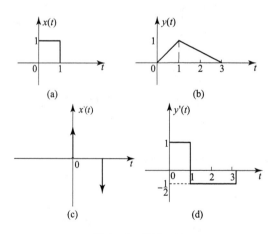

图 2-8 例 2-11

例 2-12 已知 LTI 系统的输入输出关系为 $y(t)=\int_{-\infty}^t e^{-(t-\tau)}x(\tau-2)d\tau$，求

(1) 该系统的单位冲激响应；

(2) 当激励信号为 $u(t)$ 时的输出 $y(t)$。

解：(1) 方法 1

系统的单位冲激响应为输入是 $\delta(t)$ 的零状态响应；令 $x(t)=\delta(t)$，

$$h(t)=\int_{-\infty}^t e^{-(t-\tau)}\delta(\tau-2)d\tau=e^{-(t-2)}\int_{-\infty}^t \delta(\tau-2)d\tau=e^{-(t-2)}\int_{-\infty}^{t-2}\delta(\tau)d\tau=e^{-(t-2)}u(t-2)$$

方法 2

$$y(t) = \int_{-\infty}^{t} e^{-(t-\tau)} x(\tau-2) d\tau = \int_{-\infty}^{t-2} e^{-(t-2-\tau)} x(\tau) d\tau = x(t) * e^{-(t-2)} u(t-2)$$

$$h(t) = e^{-(t-2)} u(t-2)$$

(2) $y(t) = x(t) * h(t) = u(t) * e^{-(t-2)} u(t-2) = u(t) * e^{-t} u(t) * \delta(t-2)$
$= (1-e^{-t}) u(t) * \delta(t-2) = [1-e^{-(t-2)}] u(t-2)$

第 3 章

离散时间信号与系统的时域分析

3.1 学习要求

- 离散时间系统的零输入响应与零状态响应的运算
- 离散信号卷积运算的几种求法
- 系统模拟

3.2 学习要点

1. 离散时间系统的描述

(1) 数学模型

离散线性时不变系统输入与输出关系,即系统的数学模型可以用 n 阶常系数线性差分方程描述,有两种形式:

① n 阶离散时间系统的前向差分方程一般形式为

$$a_N y(n+N) + a_{N-1} y(n+N-1) + \cdots + a_1 y(n+1) + a_0 y(n)$$
$$= b_M x(n+M) + b_{M-1} x(n+M-1) + \cdots + b_1 x(n+1) + b_0 x(n)$$

或简写为: $\sum_{i=0}^{N} a_i y(n+i) = \sum_{j=0}^{M} b_j x(n+j)$

其中, $a_i(i=0,1,\cdots,N)$, $b_j(j=0,1,\cdots,M)$ 为各项系数。

前向差分方程多用于状态变量分析中。

② n 阶离散时间系统的后向差分方程一般形式为

$$a_0 y(n) + a_1 y(n-1) + \cdots + a_{N-1} y(n-N+1) + a_N y(n-N)$$
$$= b_0 x(n) + b_1 x(n-1) + \cdots + b_{N-1} x(n-N+1) + b_N x(n-N)$$

或简写为: $\sum_{i=0}^{N} a_i y(n-i) = \sum_{j=0}^{M} b_j x(n-j)$,其中, a_i, b_j 为各项系数。

后向差分方程多用于因果系统与数字滤波器分析中。

(2) 离散时间系统的模拟框图(图 3-1)

① 离散时间系统模拟中所用到的三种基本功能单元为加法器、乘法器和延时器延时器的功能与表达式如下:

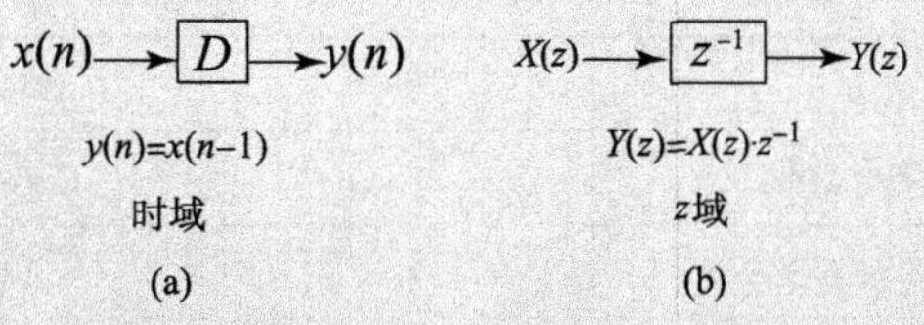

第3章 离散时间信号与系统的时域分析

$$x(n) \longrightarrow \boxed{D} \longrightarrow y(n) \qquad X(z) \longrightarrow \boxed{z^{-1}} \longrightarrow Y(z)$$
$$y(n)=x(n-1) \qquad\qquad\qquad Y(z)=X(z)\cdot z^{-1}$$
时域 $\qquad\qquad\qquad\qquad\qquad\qquad$ z域
(a) $\qquad\qquad\qquad\qquad\qquad\qquad$ (b)

图 3-1 离散系统模拟框图

② 分类

直接Ⅰ型；直接Ⅱ型；正准型。

2. 差分方程的求解

差分方程的求解方法有如下几种：迭代法、经典法、零输入－零状态分解法和变换域方法，本课重点掌握零输入－零状态分解法和变换域方法，其中零状态响应的求法重点掌握用卷积求和法求系统零状态响应。

(1) 迭代法

后向差分方程 $\sum_{k=0}^{N} a_k y(n-k) = \sum_{r=0}^{M} b_r x(n-r)$ 可表示成

$$y(n) = \frac{1}{a_0}\Big[\sum_{r=0}^{M} b_r x(n-r) - \sum_{k=1}^{N} a_k y(n-k)\Big]$$

利用初始条件 $y(0),y(1),\cdots,y(N-1)$ 或初始状态 $y(-1),y(-2),\cdots,y(-N)$ 及输入信号 $x(n)$ 可求解 $n \geqslant N$ 或 $n \geqslant 0$ 时方程的全解。该方法适用于阶数少的差分方程。

(2) 差分方程的经典解法

N 阶离散线性时不变系统的后向差分方程为

$$\sum_{k=0}^{N} a_k y(n-k) = \sum_{r=0}^{M} b_r x(n-r)$$

其特征方程为

$$\sum_{k=0}^{N} a_k \alpha^{N-k} = 0$$

差分方程的全解由齐次解 $y_h(n)$ 和特解 $y_p(n)$ 两个部分组成，即 $y(n)=y_h(n)+y_p(n)$

齐次解 $y_h(n)$ 的求法：

① 求解特征方程，得到系统的特征根

② 若为 N 个单根 $\alpha_1,\alpha_2,\cdots,\alpha_N$，则方程齐次解为

$$y_h(n)=c_1\alpha_1^n+c_2\alpha_2^n+\cdots+c_N\alpha_N^n \tag{3.1}$$

若 α_1 为 r 阶重根，其余为单根 $\alpha_{r+1},\alpha_{r+2},\cdots,\alpha_N$，则

$$y_h(n)=(c_0+c_1 n+\cdots+c_{r-1} n^{r-1})\alpha_1^n+c_r\alpha_{r+1}^n+\cdots+c_N\alpha_N^n \tag{3.2}$$

特解 $y_p(n)$ 的求法：

特解的函数形式与输入信号的函数形式有关，表 3-1 列出了几个常用输入信号对应的特解 $y_p(n)$。选定特解后，将它代入到原差分方程，求其特定系数，即可得出方程的特解。

全响应 $y(n)$ 中的待定系数 c_i 由初始条件确定。如果输入信号是在 $n=0$ 时接入的，差分方程的解适合于 $n \geqslant 0$。对于 N 阶差分方程，用给定的 N 个初始条件 $y(0),y(1),y(2),\cdots,y(N-1)$ 就可确定全部待定系数。

表 3-1　常用输入信号对应的特解形式

$x(n)$	$y_p(n)$
a^n（a 不是差分方程的特征根）	Aa^n
a^n（a 是差分方程的特征根）	Ana^n
n^k	$A_k n^k + A_{k-1} n^{k-1} + \cdots + A_1 n + A_0$
$a^n \cdot n^k$	$a^n(A_k n^k + A_{k-1} n^{k-1} + \cdots + A_1 n + A_0)$
$\sin(n\Omega_0)$ 或 $\cos(n\Omega_0)$	$A_1 \cos(n\Omega_0) + A_2 \sin(n\Omega_0)$
$a^n \sin(n\Omega_0)$ 或 $a^n \cos(n\Omega_0)$	$a^n [A_1 \cos(n\Omega_0) + A_2 \sin(n\Omega_0)]$

3. 零输入-零状态分解法

(1) 离散时间系统的初始(起始)状态和初始条件(初始值)

在没有任何外加激励信号情况下系统所处的状态称为初始状态。系统的初始条件为全响应信号在初始时刻的值。

零输入响应是激励为零,仅由初始状态所引起的响应,用 $y_0(n)$ 表示。零状态响应是系统的初始状态为零,仅由输入信号所引起的响应,用 $y_x(n)$ 表示。系统的全响应 $y(n) = y_0(n) + y_x(n)$。

在用经典法求解系统的零输入和零状态响应时,需要已知各响应的初始值(初始条件)$y_0(k), y_x(k)(k = 0, 1, \cdots, N-1)$。

对于因果系统,若输入是在 $n=0$ 时输入的,通常以 $y(-1), y(-2), \cdots, y(-n)$ 描述系统的初始状态。因为在 $n < 0$ 时输入未接入,零状态响应在这些时刻为零,即
$$y_x(-1) = y_x(-2) = \cdots = y_x(-n) = 0$$
则 $y(-1) = y_0(-1), y(-2) = y_0(-2), \cdots, y(-n) = y_0(-n)$,

用迭代法分别可求得零输入响应和零状态响应的初始条件。

(2) 零输入响应

① 差分方程等号右端为零,为齐次方程;求系统的特征根;写出特征方程

② 由所求特征根写出 $y_0(n)$,解的形式与 $y_h(n)$ 相同,参见式(3.1)、式(3.2)

③ 代入初始状态或 $y_0(k)$ 确定待定系数

(3) 零状态响应

① 经典法:系统的初始状态为零,方程为非齐次方程,分别求出系统的齐次解和特解,代入零初始状态或 $y_x(k)$ 确定待定系数

② 卷积和法:$y_x(n) = x(n) * h(n) = \sum_{m=-\infty}^{+\infty} x(m)h(n-m) = \sum_{m=-\infty}^{+\infty} h(m)x(n-m)$

③ 变换域法:利用 z 变换法求解,详见第八章

(4) 系统全响应

① 全响应 = 零输入响应 + 零状态响应

② 全响应 = 自由响应 + 强迫响应

③ 全响应 = 瞬态响应 + 稳态响应

利用 z 变换法求解全响应,详见第 8 章。

第3章 离散时间信号与系统的时域分析

4. 离散时间系统的单位抽样响应与单位阶跃响应

(1)单位抽样响应与单位阶跃响应的定义

单位抽样响应：系统在单位抽样序列 $\delta(n)$ 作用下的零状态响应称为离散时间系统的单位抽样响应，记作 $h(n)$，有时也称为单位样值响应、单位脉冲响应。

单位阶跃响应：单位阶跃响应是单位阶跃序列 $u(n)$ 在系统中产生的零状态响应，用 $s(n)$ 表示。

$h(n)$ 与 $s(n)$ 的关系：$h(n) = \nabla s(n) = s(n) - s(n-1)$，$s(n) = \sum\limits_{i=-\infty}^{n} h(i) = \sum\limits_{i=0}^{+\infty} h(n-i)$

(2)求解方法

①等效初始条件法

若单位抽样响应 $h_1(n)$ 满足 $\sum\limits_{k=0}^{N} a_k h_1(n-k) = \delta(n)$，可化为齐次方程 $\sum\limits_{k=0}^{N} a_k h_1(n-k) = 0$，此方法相当于把 $\delta(n)$ 的作用转化为 $h_1(0) = \dfrac{1}{a_0}$ 的初始条件。

若差分方程为 $\sum\limits_{k=0}^{N} a_k y(n-k) = \sum\limits_{r=0}^{M} b_r x(n-r)$

根据LTI系统的线性时不变性，可知 $h(n) = \sum\limits_{r=0}^{M} b_r h_1(n-r)$。

②z变换法

详见第八章系统函数，单位脉冲响应 $h(n)$ 也是系统函数的反z变换，即 $h(n) = z^{-1}[H(z)]$

(3)由单位抽样响应判定LTI系统的特性

单位抽样响应从时域反映了LTI系统的特性，具体如下：

①因果性：若 $n<0$ 时，$h(n)=0$，则该系统为因果系统

②稳定性：若 $\sum\limits_{n=-\infty}^{+\infty} |h(n)| < +\infty$，即 $h(n)$ 满足绝对可和，则该系统称为稳定系统

③记忆性：若 $h(n) = k\delta(n)$，则该系统称为无记忆系统，否则为有记忆系统

④可逆性：若 $h(n) * h_1(n) = \delta(n)$，则该系统称为可逆系统，$h_1(n)$ 为其逆系统

⑤LTI系统的级联和并联

(a)级联：$h(n) = h_1(n) * h_2(n) * \cdots * h_m(n)$

(b)并联：$h(n) = h_1(n) + h_2(n) + \cdots + h_m(n)$

5. 卷积和

(1)定义

$$y(n) = x(n) * h(n) = \sum\limits_{m=-\infty}^{+\infty} x(m) h(n-m) = \sum\limits_{m=-\infty}^{+\infty} h(m) x(n-m)$$

LTI离散时间系统的零状态响应就是系统输入信号与单位抽样响应的卷积和。

(2)卷积和的计算

①公式法(解析法)

利用卷积和的定义直接进行计算。注意：$x(n)$，$h(n)$ 表达式中的 $u(n)$ 不要去掉，一并代入卷积和公式中为 $u(m)$ 或 $u(n-m)$，以便利用 $u(m)$ 及 $u(n-m)$ 确定上下限。

②图解法

③阵列法:适用于有限序列,结果序列的起始序号等于已知两序列的起始序号之和,长度等于已知两序列的长度之和减1

④z 变换法:详见第八章

⑤查表法:利用已有常用基本序列的卷积和表

⑥利用性质:可将序列用 $\delta(n)$ 的移位加权来表达,再利用性质求解

(3)卷积和性质

①交换律:$y(n)=x(n)*h(n)=h(n)*x(n)$

②分配律:$x(n)*[h_1(n)+h_2(n)]=x(n)*h_1(n)+x(n)*h_2(n)$ 适用于系统并联

③结合律:$x(n)*[h_1(n)*h_2(n)]=[x(n)*h_1(n)]*h_2(n)=[x(n)*h_2(n)]*h_1(n)$
适用于系统的级联。

④$\delta(n)$ 的卷积:$x(n)*\delta(n)=x(n)$ $x(n)*\delta(n-m)=x(n-m)$

⑤与 $u(n)$ 的卷积:$x(n)*u(n)=\sum_{m=-\infty}^{n}x(m)$

若 $x(n)$ 为因果序列,则 $x(n)*u(n)=\sum_{m=0}^{n}x(m)u(n)$

⑥位移序列的卷积和

$x(n)*h(n-m)=x(n-m)*h(n)=y(n-m)$

$x(n)*h(n+m)=x(n+m)*h(n)=y(n+m)$

$x(n-m)*h(n+m)=x(n)*h(n)=y(n)$

$x(n-m)*h(n-k)=y(n-m+k)$

(4)常用基本序列的卷积和

$x(n)*\delta(n)=x(n)$

$u(n)*u(n)=(n+1)u(n)$

$a^n u(n)*u(n)=\dfrac{1-a^{n+1}}{1-a}u(n)$

$a_1^n u(n)*a_2^n u(n)=\dfrac{a_1^{n+1}-a_2^{n+1}}{a_1-a_2}u(n),(a_1\neq a_2)$

$a^n u(n)*a^n u(n)=(n+1)a^n$

$a^n u(n)*nu(n)=\left[\dfrac{n}{n+1}+\dfrac{a(a^n-1)}{(1-a)^2}\right]u(n)$

$nu(n)*nu(n)=\dfrac{1}{6}n(n+1)(n-1)u(n)$

(5)解卷积(反卷积)

$y(n)=x(n)*h(n)$,已知 $y(n)$ 与 $x(n)$ 求解 $h(n)$,或已知 $y(n)$ 与 $h(n)$ 求解 $x(n)$。

①阵列法

②变换域法(z 变换法)

③变换域法(傅里叶变换法)

3.3 习题精解

例 3-1 一个累加器系统 $y(n) = \sum_{k=-\infty}^{n} x(k)$，$x(n)$ 为输入，$y(n)$ 为输出，写出该系统的差分方程。

解：$y(n) = \sum_{k=-\infty}^{n} x(k)$，$y(n-1) = \sum_{k=-\infty}^{n-1} x(k)$

$y(n) = \sum_{k=-\infty}^{n-1} x(k) + x(n) = y(n-1) + x(n)$，故 $y(n) - y(n-1) = x(n)$

例 3-2 由下式描述的系统是时不变的吗？为什么？（式中的 $x(n)$、$y(n)$ 分别表示系统的输入和输出）

$$y(n) = \sum_{-\infty}^{+\infty} 3^{-n} \left(\frac{1}{3}\right)^{n-k} x(k)$$

解：当 $x(n)$ 变为 $x(n-t_d)$ 时

$$y_1(n) = \sum_{k=-\infty}^{+\infty} 3^{-n} \left(\frac{1}{3}\right)^{n-k} x(k-t_d) \xrightarrow{\diamondsuit k-t_d = p} \sum_{p=-\infty}^{+\infty} 3^{-n} \left(\frac{1}{3}\right)^{n-(t_d+p)} x(p)$$

$$= \sum_{p=-\infty}^{+\infty} 3^{-n} \left(\frac{1}{3}\right)^{n-p} x(p) \left(\frac{1}{3}\right)^{-t_d} = \sum_{k=-\infty}^{+\infty} 3^{-n} \left(\frac{1}{3}\right)^{n-k} x(k) \left(\frac{1}{3}\right)^{-t_d}$$

$$y(n-t_d) = \sum_{k=-\infty}^{+\infty} 3^{-(n-t_d)} \left(\frac{1}{3}\right)^{n-t_d-k} x(k) = \sum_{k=-\infty}^{+\infty} 3^{-n} \left(\frac{1}{3}\right)^{n-k} x(k) 3^{t_d} \left(\frac{1}{3}\right)^{-t_d} \neq y_1(n)$$

所以是时变的。

亦可如下理解：$y(n) = 3^{-n} \left[x(n) * \left(\frac{1}{3}\right)^n \right]$，当 $x(n-t_d)$ 为输入时，有

$$y_1(n) = 3^{-n} \left[x(n-n_d) * \left(\frac{1}{3}\right)^n \right]$$

而 $y(n-t_d) = 3^{-(n-t_d)} \left[x(n-t_d) * \left(\frac{1}{3}\right)^{n-t_d} \right] = 3^{-n} 3^{t_d} 3^{t_d} \left[x(n-n_d) * \left(\frac{1}{3}\right)^n \right] \neq y(n-n_d)$

所以是时变的。

例 3-3 对于离散 LTI 系统，其输入为 $x(n)$，单位抽样响应为 $h(n)$，输出为 $y(n)$，已知：$x(n) \neq 0, 3 \leq n \leq 7$，则有 $y(n) \neq 0, 4 \leq n \leq 10$，且 $h(n)$ 的有效序列幅值等于其相应坐标位置值。

求：(1) 根据已知条件判断并写出系统的单位抽样响应 $h(n)$ 的表示式；

(2) 当 $x(n) = \left(\frac{1}{2}\right)^n u(n)$ 时，求系统的零状态响应 $y(n)$；

(3) 判断系统的稳定性。

解：(1) 根据已知条件，$h(n) = \delta(n-1) + 2\delta(n-2) + 3\delta(n-3)$

(2) $y(n) = x(n) * h(n) = \left(\frac{1}{2}\right)^{n-1} u(n-1) + 2\left(\frac{1}{2}\right)^{n-2} u(n-2) + 3\left(\frac{1}{2}\right)^{n-3} u(n-3)$

(3) 因 $h(n)$ 绝对可和，所以系统是稳定的。

例 3-4 一个稳定 LTI 系统，其输入 $x_0(n)$，输出 $y_0(n)$ 如图 3-2(a) 所示，求

(1) 该系统的单位脉冲响应 $h(n)$，画出 $h(n)$ 的图形；

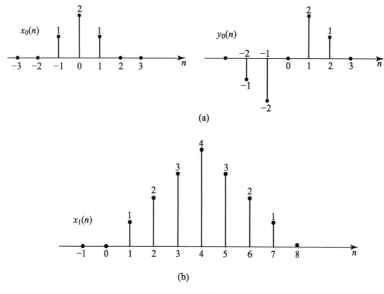

图 3-2 例 3-4

(2)当对系统施加如图 3-2(b)所示的输入 $x_1(n)$ 时,求系统响应 $y_1(n)$。

解:(1)应用阵列法求反卷积的步骤:已知 $x(n)y(n)$,首先确定 $h(n)$ 的长度,对有限序列,一般有 $L_y=L_x+L_h$;确定 $h(n)$ 的起始点。

$$x_0(n)=\{1,\underset{\uparrow}{2},1\}, y_0(n)=\{-1,-2,\underset{\uparrow}{0},2,1\}$$

根据 $x_0(n),y_0(n)$ 的长度得到 $h(n)$ 的长度 $L_h=3$;由 $x_0(n),y_0(n)$ 的起始点确定 $h(n)$ 的起始点 $n=-1$;设 $h(n)=\{h(-1),h(0),h(1)\}$,则 $y_0(n)=x_0(n)*h(n)$ 可表示成表 3-2。

表 3-2 卷积求和的阵列法

	$h(-1)$	$h(0)$	$h(1)$
1	$h(-1)$	$h(0)$	$h(1)$
2	$2h(-1)$	$2h(0)$	$2h(1)$
1	$h(-1)$	$h(0)$	$h(1)$

$$\begin{cases} -1=h(-1) \\ -2=2h(-1)+h(0) \\ 0=h(-1)+2h(0)+h(1) \\ 2=h(0)+2h(1) \\ 1=h(1) \end{cases},故\begin{cases} h(-1)=-1 \\ h(0)=0 \\ h(1)=1 \end{cases},即 h(n)=\{-1,0,1\}$$

(2) $x_1(n)=x_0(n-2)+2x_0(n-4)+x_0(n-6)$

应用系统的线性性质:

$$y_1(n)=y_0(n-2)+2y_0(n-4)+y_0(n-6)$$
$$=-\delta(n)-2\delta(n-1)-2\delta(n-2)-2\delta(n-3)+$$
$$2\delta(n-5)+2\delta(n-6)+2\delta(n-7)+\delta(n-8)$$

(此题亦可利用 z 域求解)

例 3-5 已知某线性时不变系统如图 3-3 所示，其各子系统单位抽样响应 $h_2(n) = \delta(n) - \alpha\delta(n-1)$，$h_3(n) = \sin 8n$，$h_4(n) = \alpha^n u(n)$，单位抽样响应为 $h_1(n)$ 的子系统的输入与输出分别为 $x_1(n) = \{1, 2, 1\}$，$y_1(n) = \{1, \overset{\uparrow}{3}, 3, 1\}$。

要求计算：（采用时域解法）

(1) $h_1(n)$；

(2) 整个系统的单位抽样响应 $h(n)$ 与各子系统的单位抽样响应的关系；

(3) $h(n)$。

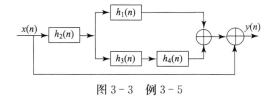

图 3-3 例 3-5

解：(1) 已知 $x_1(n) = \{1, 2, 1\}$ $y_1(n) = \{1, \overset{\uparrow}{3}, 3, 1\}$，应用阵列法求反卷积的方法，得 $h_1(n) = \{1, \overset{\uparrow}{1}\}$。

(2) $h(n) = h_2(n) * [h_1(n) + h_3(n) * h_4(n)] + \delta(n)$。

(3) 应用卷积积分性质中的交换律和结合律，得

$h(n) = h_2(n) * h_1(n) + h_2(n) * h_3(n) * h_4(n) + \delta(n)$

$h_2(n) * h_1(n) = [\delta(n) - \alpha\delta(n-1)] * [\delta(n) + \delta(n+1)] = \delta(n) + \delta(n+1) - \alpha\delta(n-1) - \alpha\delta(n)$

$h_2(n) * h_3(n) * h_4(n) = [\delta(n) - \alpha\delta(n-1)] * (\sin 8n) * [\alpha^n u(n)]$

$\qquad = \{[\delta(n) - \alpha\delta(n-1)] * [\alpha^n u(n)]\} * (\sin 8n)$

$\qquad = \sin 8n$

$h(n) = 2\delta(n) + \delta(n+1) - \alpha\delta(n-1) - \alpha\delta(n) + \sin 8n$

例 3-6 计算 $x_1(n)$ 和 $x_2(n)$ 的卷积，其中

$$x_1(n) = u(n+1) - u(n-2), \quad x_2(n) = u(n-4) - u(n-7)$$

解：(1) 方法 1：单位序列卷积法

卷积和的计算可直接利用卷积和公式求解。特别是当其中一个信号可以用有限单位脉冲序列 $\delta(n), \delta(n-1)$ …… 表示时，则可以利用卷积和性质直接求得卷积和结果。

$$x_1(n) = u(n+1) - u(n-2) = \delta(n+1) + \delta(n) + \delta(n-1)$$

则

$x_1(n) * x_2(n) = [\delta(n+1) + \delta(n) + \delta(n-1)] * [u(n-4) - u(n-7)]$

$\qquad = [u(n-3) - u(n-6)] + [u(n-4) - u(n-7)] + [u(n-5) - u(n-8)]$

$\qquad = [u(n-3) + u(n-4) + u(n-5)] - [u(n-6) + u(n-7) + u(n-8)]$

或者因 $x(n) = \delta(n) + \delta(n-1) + \delta(n-2)$，$h(n) = \delta(n-1) + 2\delta(n-2) + 3\delta(n-3)$

$x(n) * h(n) = [\delta(n+1) + \delta(n) + \delta(n-1)] * [\delta(n-4) + \delta(n-5) + \delta(n-6)]$

$\qquad = \delta(n-3) + \delta(n-4) + \delta(n-5) + \delta(n-4) + \delta(n-5) + \delta(n-6) +$

$\qquad\quad \delta(n-5) + \delta(n-6) + \delta(n-7)$

$\qquad = \delta(n-3) + 2\delta(n-4) + 3\delta(n-5) + 2\delta(n-6) + \delta(n-7)$

即

$$y(n) = \{\underset{n=3}{1}, 2, 3, 2, 1\}$$

此方法的优点是计算简单,但只适用于较短的有限序列,且不易写出 $y(n)$ 的表达式的闭合形式。

(2) 方法 2:阵列法(排表法)

阵列法就是在一个矩阵表中,在表的上方从左到右按序列 $x(n)$ 中 n 的增长数值逐个排列,在表的左侧从上到下按序列 $h(n)$ 中 n 的增长数值排列,表中的每一个元素即为相应的 $x(n)$ 和 $h(n)$ 的乘积。

表中每一条对角线上的元素的代数和即为相应的卷积和序列值。

此题为两个时限序列的卷积,其结果也是一个有限序列,其序列的长度即序列值不为零的个数为两个序列的长度之和减 1,即 $x(n)$ 的长度 $L_x=3$,$h(n)$ 的长度 $L_h=3$,$y(n)$ 的长度 $L_y=3+3-1=5$。

$y(3)=1 \quad y(4)=2 \quad y(5)=3 \quad y(6)=2 \quad y(7)=1$

(3) 方法 3:按定义计算

将 $x_1(n)$ 和 $x_2(n)$ 直接代入卷积和公式,计算过程如下

$$y(n) = x_1(n) * x_2(n) = \sum_{m=-\infty}^{+\infty} x_1(m) x_2(n-m)$$
$$= \sum_{m=-\infty}^{+\infty} [u(m+1) - u(m-2)][u(n-m-4) - u(n-m-7)]$$

上式中相乘的部分可分为 4 项,每项乘积的计算如下

$$\sum_{m=-\infty}^{+\infty} u(m+1) u(n-m-4) = \sum_{m=-1}^{n-4} 1 = \sum_{m=0}^{n-3} 1 = (n-2) u(n-3)$$

注意,由于 $m<-1$ 时,$u(m+1)=0$,而 $m>n-4$ 时,$u(n-m-4)=0$,故求和的下限为 $m=-1$,上限为 $m=n-4$,此外值得注意的是,求和后的结果需要带上一个阶跃信号,以表示求和结果所存在的区间。通常,求和的上限应大于求和的下限,这样,对上式而言,就有 $n-3\geqslant 0$,所以,上式求和的结果仅存在于 $n\geqslant 3$ 的区间。

同理,可求得

$$\sum_{m=-\infty}^{+\infty} u(m-2) u(n-m-7) = (n-8) u(n-9)$$

$$\sum_{m=-\infty}^{+\infty} u(m+1) u(n-m-7) = (n-5) u(n-6)$$

$$\sum_{m=-\infty}^{+\infty} u(m-2) u(n-m-4) = (n-5) u(n-6)$$

将上述 4 项相加可求得

$$y(n) = (n-2)[u(n-3) - u(n-6)] - (n-8)[u(n-6) - u(n-9)]$$

(4) 方法 4:借助图解,分段卷积

这一方法是按照卷积运算的 4 个步骤,并利用信号的波形图分段(区间)进行卷积。具体求解过程如下。

第 1 步,反转:将 $x_2(m)$ 的波形反转而得 $x_2(-m)$。

第 2 步,平移:将 $x_2(-m)$ 在时间轴 m 上平移 n,而得 $x_2(n-m)$。这一步是关键的一步,其重要性在于确定了移动信号 $x_2(n-m)$ 波形两端的坐标变量。对本例而言,根据 $x_2(n-m)$

的波形,并通过变量置换,不难确定 $x_2(n-m)$ 两端边界的坐标变量分别为 $n-6$ 和 $n-4$。

第 3 步,分区间相乘,求和:卷积是 $x_1(m)$ 和 $x_2(n-m)$ 的乘积之和,随着 $x_2(n-m)$ 的移动,$x_1(m)$ 和 $x_2(n-m)$ 的波形之间可能会出现:无重叠;有重叠;重叠区间内信号函数表达式有变化,从而导致求和运算的上限和下限发生变化,而使得在图解方法中需要进行分段卷积。

根据上述几种划分卷积区间的基本原则,本例可分为下述 4 个区间进行计算:

区间 1,$n-4<-1$ 即 $n<3$,$x_1(m)$ 和 $x_2(n-m)$ 的波形无重叠部分,卷积结果为 0,即 $y(n)=0$,$n<3$;

区间 2,$n-4\geqslant-1$ 且 $n-4\leqslant1$,即 $3\leqslant n\leqslant5$,此时,$x_1(m)$ 和 $x_2(n-m)$ 的波形有重叠,重叠区间的下限由 $x_1(m)$ 波形的边界点坐标 $m=-1$ 确定,上限由 $x_2(n-m)$ 的边界点坐标 $m=n-4$ 确定,$y(n)=\sum_{m=-1}^{n-4}1=n-2$,$3\leqslant n\leqslant5$;

区间 3,$6\leqslant n\leqslant7$,当 $x_2(n-m)$ 继续向右移动,以至 $n-4\geqslant2$,且 $n-6\leqslant1$,$y(n)=\sum_{m=n-6}^{1}1=\sum_{m=0}^{7-n}1=8-n$,$6\leqslant n\leqslant7$;

区间 4,$n-6>1$,即 $n>7$,$y(n)=0$,$n>7$。

综合,得

$$y(n)=\begin{cases}0 & ,n<3\\ n-2 & ,3\leqslant n\leqslant5\\ 8-n & ,6\leqslant n\leqslant7\\ 0 & ,n>7\end{cases}$$

例 3-7 已知图 3-4 所示系统,求

(1)系统的差分方程;

(2)若激励 $x(n)=u(n)$,全响应的初始条件 $y(0)=9$,$y(1)=13.9$,求系统的零输入响应 $y_0(n)$;

(3)求系统的零状态响应 $y_x(n)$;

(4)求全响应 $y(n)$。

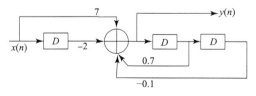

图 3-4 例 3-7

解:(1)$y(n)=0.7y(n-1)-0.1y(n-2)-2x(n-1)+7x(n)$

即

$$y(n)-0.7y(n-1)+0.1y(n-2)=7x(n)-2x(n-1)$$

(2)系统的特征方程为

$$\alpha^2-0.7\alpha+0.1=0,\alpha_1=0.2,\alpha_2=0.5$$

$y_0(n)$ 的通解为
$$y_0(n) = c_1(0.2)^n + c_2(0.5)^n$$

待定系数应由系统的初始状态确定，又由于激励 $x(n)=u(n)$ 是在 $n=0$ 时刻作用于系统，故初始状态应为 $y(-1), y(-2)$。

令 $n=1, y(1) - 0.7y(0) + 0.1y(-1) = 7x(1) - 2x(0) = 7u(1) - 2u(0) = 5$
$$y(-1) = [5 - y(1) + 0.7y(0)]/0.1 = -26$$
$n=0, y(0) - 0.7y(-1) + 0.1y(-2) = 7x(0) - 2x(-1) = 7u(0) = 7$
$$y(-2) = -202$$

将初始条件 $y(-1), y(-2)$ 代入得

$$\begin{cases} y_0(-1) = c_1(0.5)^{-1} + c_2(0.2)^{-1} = -26 \\ y_0(-2) = c_1(0.5)^{-2} + c_2(0.2)^{-2} = -202 \end{cases}, 解得 \begin{cases} c_1 = 12 \\ c_2 = -10 \end{cases}$$

则
$$y_0(n) = \underbrace{12 \cdot (0.5)^n - 10 \cdot (0.2)^n}_{\text{自由响应（瞬态响应）}}, n \geq 0$$

(3) 当 $x(n) = \delta(n), y(n) = h(n)$，方程变为
$$h(n) - 0.7h(n-1) + 0.1h(n-2) = 7\delta(n) - 2\delta(n-1)$$

令 $\delta(n)$ 单独作用时，其响应为 $h_1(n)$，等效初始条件为 $h_1(0) = 1, h_1(-1) = 0$，则特征方程为 $\alpha^2 - 0.7\alpha + 0.1 = 0, \alpha_1 = 0.2, \alpha_2 = 0.5$，即
$$h_1(n) = c_1(0.2)^n + c_2(0.5)^n, n \geq 0$$

代入 $h_1(0), h_1(-1)$ 得

$$\begin{cases} c_1 + c_2 = 1 \\ c_1(0.2)^{-1} + c_2(0.5)^{-1} = 0 \end{cases}, 得 \begin{cases} c_1 = -\dfrac{2}{3} \\ c_2 = \dfrac{5}{3} \end{cases}$$

则 $h_1(n) = -\dfrac{2}{3}(0.2)^n + \dfrac{5}{3}(0.5)^n, n \geq 0$

由线性时不变系统的移不变性，得
$$h(n) = 7h_1(n) - 2h_1(n-1)$$
$$= \left[-\frac{14}{3}(0.2)^n + \frac{35}{3}(0.5)^n\right]u(n) - \left[-\frac{4}{3}(0.2)^{n-1} + \frac{10}{3}(0.5)^{n-1}\right]u(n-1)$$
$$= [2 \cdot (0.2)^n + 5 \cdot (0.5)^n]u(n)$$

零状态响应为
$$y_x(n) = x(n) * h(n) = u(n) * [2 \cdot (0.2)^n + 5 \cdot (0.5)^n]u(n)$$
$$= 5 \cdot \left(\frac{1 - 0.5^{n+1}}{1 - 0.5}\right)u(n) + 2 \cdot \left(\frac{1 - 0.2^{n+1}}{1 - 0.2}\right)u(n)$$
$$= [\underbrace{12.5}_{\substack{\text{稳态响应}\\\text{（强迫响应）}}} \underbrace{-(5 \cdot (0.5)^n + 0.5 \cdot (0.2)^n)}_{\text{瞬态响应（自由响应）}}]u(n)$$

(4) 全响应
$$y(n) = y_0(n) + y_x(n)$$

$$= \underbrace{12.5}_{\text{稳态响应}\atop\text{(强迫响应)}} + \underbrace{7 \cdot (0.5)^n - 10.5 \cdot (0.2)^n}_{\text{瞬态响应(自由响应)}}, n \geq 0$$

例 3-8 已知因果系统的阶跃响应为 $s(n) = (2^n + 3 \cdot 5^n + 10)u(n)$，求
(1) 系统的差分方程；
(2) 若输入 $x(n) = 2R_{10}(n) = 2[u(n) - u(n-10)]$，求零状态响应 $y_x(n)$。

解：方法 1：
(1) 由阶跃响应 $s(n)$ 的表达式可知特征方程有两个特征根：$\alpha_1 = 2, \alpha_2 = 5$，故知该系统一定是二阶的，可设子系统的差分方程为

$$y(n) + a_1 y(n-1) + a_2 y(n-2) = \sum_{i=0}^{m} b_i x(n-i) \quad (i=0,1,\cdots,m)$$

故得系统的特征多项式为

$$a^2 + a_1 a + a_2 = (a-2)(a-5) = a^2 - 7a + 10,$$

得 $a_1 = -7, a_2 = 10$，故差分方程为

$$y(n) - 7y(n-1) + 10y(n-2) = \sum_{i=0}^{m} b_i x(n-i) \quad (i=0,1,\cdots,m)$$

又因输入 $x(n) = u(n)$ 时，系统差分方程可写为

$$s(n) - 7s(n-1) + 10s(n-2) = \sum_{i=0}^{m} b_i u(n-i) \quad (i=0,1,\cdots,m)$$

对于因果系统有 $s(-1) = s(-2) = \cdots = 0$
令 $n=0, s(0) - 7s(-1) + 10s(-2) = b_0 = s(0) = 14$
$n=1, s(1) - 7s(0) + 10s(-1) = b_0 + b_1 = s(1) - 7s(0)$，则 $b_1 = -85$
$n=2, s(2) - 7s(1) + 10s(0) = b_0 + b_1 + b_2$，则 $b_2 = 111$
$n=3, s(3) - 7s(2) + 10s(1) = b_0 + b_1 + b_2 + b_3$，则 $b_3 = 0$

实际上，由于因果系统总是有 $M \leq N$，令 $N=2$ 阶，故必有 $b_3 = b_4 = \cdots = b_m = 0$
最后得差分方程为
$$y(n) - 7y(n-1) + 10y(n-2) = 14x(n) - 85x(n-1) + 111x(n-2)$$

方法 2：
根据系统的移不变特性，必有
$$h(n) = s(n) - s(n-1)$$
$$= (2^n + 3 \cdot 5^n + 10)u(n) - (2^{n-1} + 3 \cdot 5^{n-1} + 10)u(n-1)$$
$$= (2^{n-1} + 12 \cdot 5^{n-1})u(n) + \frac{111}{10}\delta(n)$$

由方法 1 已得差分方程为

$$y(n) - 7y(n-1) + 10y(n-2) = \sum_{i=0}^{m} b_i x(n-i) \quad (i=0,1,\cdots,m)$$

令 $x(n) = \delta(n)$，系统的差分方程为

$$h(n) - 7h(n-1) + 10h(n-2) = \sum_{i=0}^{m} b_i \delta(n-i)$$

对于零状态的因果系统，必有 $h(-1) = h(-2) = 0$
由 $h(n)$ 的表达式得 $h(0) = 14 \quad h(1) = 13 \quad h(2) = 62 \quad h(3) = 304$，由方程得

$$n=0 \quad h(0)-7h(-1)+10h(-2)=\sum_{i=0}^{m}b_i\delta(-i)=b_0=14$$

$$n=1 \quad h(1)-7h(0)+10h(-1)=\sum_{i=0}^{m}b_i\delta(1-i)=b_1=-85$$

$$n=2 \quad h(2)-7h(1)+10h(0)=b_2=111$$

$$n\geqslant 3 \quad h(i)-7h(i-1)+10h(i-2)=b_i=0$$

最后，得差分方程为

$$y(n)-7y(n-1)+10y(n-2)=14x(n)-85x(n-1)+111x(n-2),$$

实际上，由于因果系统总是有 $M\leqslant N$，令 $N=2$ 阶，故必有 $b_3=b_4=\cdots=b_m=0$

(2) 由于系统对 $u(n)$ 的响应为 $y_1(n)=(2^n+3\cdot 5^n+10)u(n)$，因此对 $u(n-10)$ 的响应为 $y_1(n-10)$，故当输入为 $x(n)=u(n)-u(n-10)$ 时，根据 LTI 系统的齐次性和移序不变性可得

$$y(n)=2[s(n)-s(n-10)]$$
$$=2[(2^n+3\cdot 5^n+10)u(n)-(2^{n-10}+3\cdot 5^{n-10}+10)u(n-10)]$$

例 3-9 已知某系统在 $x_1(n)=u(n)$ 激励下的完全响应 $y_1(n)=\left(\dfrac{9}{2}\cdot 3^n-\dfrac{1}{2}\right)u(n)$，在 $x_2(n)=u(n-1)$ 激励下的完全响应 $y_2(n)=\left(\dfrac{7}{2}\cdot 3^n-\dfrac{1}{2}\right)u(n)$，求

(1) 系统的单位抽样响应；

(2) 系统的零输入响应；

(3) 系统在 $x_3(n)=(-1)^n u(n)$ 作用下的零状态响应。

解：系统的单位抽样响应 $h(n)$ 与单位阶跃响应 $s(n)$ 都是零状态响应，而且它们之间满足

$$h(n)=\nabla s(n)=s(n)-s(n-1),\quad s(n)=\sum_{k=0}^{n}h(k)$$

系统的零输入响应是由系统起始状态确定，而本例并没有给出起始状态。但是可利用系统起始状态不变时，系统的零输入响应也保持不变。

系统输入 $x_2(n)$ 是单位阶跃序列的延迟，而系统的零状态响应满足线性时不变性，这表明，在 $x_2(n)$ 作用下，系统的零状态响应是系统阶跃响应的相应延迟，为此可得

(1) 设系统的零输入响应为 $y_0(n)$，则有

$$y_1(n)=y_0(n)+s(n)=\left(\dfrac{9}{2}\cdot 3^n-\dfrac{1}{2}\right)u(n)$$

$$y_2(n)=y_0(n)+s(n-1)=\left(\dfrac{7}{2}\cdot 3^n-\dfrac{1}{2}\right)u(n)$$

则 $y_1(n)-y_2(n)=s(n)-s(n-1)$，

$$h(n)=\left(\dfrac{9}{2}\cdot 3^n-\dfrac{1}{2}\right)u(n)-\left(\dfrac{7}{2}\cdot 3^n-\dfrac{1}{2}\right)u(n)=3^n u(n)$$

(2) $s(n)=\sum_{k=0}^{n}h(k)=\sum_{k=0}^{n}3^k=\dfrac{1-3^{n+1}}{1-3}=\dfrac{1}{2}(3^{n+1}-2)u(n)$

$$y_0(n)=y_1(n)-s(n)=\left(\dfrac{9}{2}\cdot 3^n-\dfrac{1}{2}\right)u(n)-\left(\dfrac{3}{2}\cdot 3^n-\dfrac{1}{2}\right)u(n)=3^{n+1}u(n)$$

(3) 利用输入信号和单位抽样信号的卷积可求得系统在 $x_3(n)=(-1)^n u(n)$ 下的零状态

响应 $y(n)$。

$$y(n) = [(-1)^n u(n)] * [3^n u(n)] = \sum_{m=-\infty}^{+\infty} (-1)^m u(m) \cdot 3^{n-m} \cdot u(n-m)$$

$$= \sum_{m=0}^{n} (-1)^m \cdot 3^{n-m} = 3^n \cdot \sum_{m=0}^{n} \left(-\frac{1}{3}\right)^m$$

$$= 3^n \cdot \frac{1-\left(-\frac{1}{3}\right)^{n+1}}{1+\frac{1}{3}} = \frac{1}{4}[3^{n+1} + (-1)^n]u(n)$$

第 4 章

连续时间信号与系统的频域分析

4.1 学习要求

- 利用傅里叶级数的定义计算周期信号的频谱,绘频谱图
- 计算周期矩形波信号的频谱,掌握其频谱特性,绘频谱图
- 灵活运用傅里叶变换有关性质对信号进行正、逆变换
- 利用傅里叶变换与傅里叶级数系数的关系简化周期信号频谱分析
- 正确理解与运用傅里叶变换的某些性质,如时移—尺度变换、频移性质、微分积分性质及卷积定理

4.2 学习要点

1. 傅里叶级数

(1) 傅里叶级数表达式

限定 $x(t) \in L[t_0, t_0+T]$,满足 Dirichlet 条件: $\int_{t_0}^{t_0+T} |x(t)| \mathrm{d}t < +\infty$;在 $[t_0, t_0+T]$ 上有有限极大、极小值点;至多有有限第一类间断点(左右极限都存在)。

① 复指数函数形式的 Fourier Series

指数函数集: $\{\cdots, \mathrm{e}^{-jn\omega_0 t}, \cdots, \mathrm{e}^{-j\omega_0 t}, 1, \mathrm{e}^{j\omega_0 t}, \cdots, \mathrm{e}^{jn\omega_0 t}, \cdots\}$ 是 $[t_0, t_0+T]$ 上的完备正交集

$$<x_i(t), x_j(t)> = \int_{t_0}^{t_0+T} x_i^*(t) x_j(t) \mathrm{d}t = T\delta_{ij}$$

$\forall x(t) \in L[t_0, t_0+T]$ 可表示为 $x(t) = \sum_{k=-\infty}^{\infty} c_k \mathrm{e}^{jk\omega_0 t}$

其中, $c_k = \dfrac{1}{T} \int_{t_0}^{t_0+T} x(t) \mathrm{e}^{-jk\omega_0 t} \mathrm{d}t$

② 三角函数形式的 Fourier Series

三角函数集: $\left\{\dfrac{1}{\sqrt{2}}, \cos\omega_0 t, \sin\omega_0 t, \cos 2\omega_0 t, \sin 2\omega_0 t, \cdots\right\}$ 是一个无穷完备正交集,其中 $\omega = \dfrac{2\pi}{T}$,定义 $<x_i(t), x_j(t)> = \int_{t_0}^{t_0+T} x_i(t) x_j(t) \mathrm{d}t = \dfrac{\pi}{2}\delta_{ij}$

第4章 连续时间信号与系统的频域分析

若 $x(t)$ 为实函数,满足 Dirichlet 条件,则 $x(t) = c_0 + \sum_{k=1}^{+\infty} a_k \cos k\omega_0 t + b_k \sin k\omega_0 t$, $t_0 < t < t_0 + T$, $\omega_0 = \frac{2\pi}{T}$, 其中 $c_0 = \int_{t_0}^{t_0+T} x(t) dt$, $b_k = \int_{t_0}^{t_0+T} x(t) \sin k\omega_0 t dt$, $a_k = \int_{t_0}^{t_0+T} x(t) \cos k\omega_0 t dt$

③准正弦表达式

$$x(t) = c_0 + \sum_{k=1}^{+\infty} A_k \cos(k\omega_0 t - \phi_k) = c_0 + \sum_{k=1}^{+\infty} A_k \sin(k\omega_0 t + \phi_k),\text{其中}$$

$$A_k = (a_k^2 + b_k^2)^{\frac{1}{2}}, \phi_k = \arctan\left(\frac{b_k}{a_k}\right)$$

④向周期函数延拓

$$\tilde{x}(t) = \sum_{n=-\infty}^{+\infty} x(t+nT) \quad x(t) = \sum_{k=-\infty}^{+\infty} c_k e^{jk\omega_0 t}$$

①②③仍成立,只是 $-\infty < t < +\infty$

⑤函数对称性与 Fourier Series

$$x(t) = c_0 + \sum_{k=1}^{+\infty} a_k \cos k\omega_0 t + \sum_{k=1}^{+\infty} b_k \sin k\omega_0 t$$

a)若 $x(t) = x(-t)$, 则只含有 $a_k(k \geq 0)$ 项
b)若 $x(t) = -x(-t)$, 则只含有 $b_k(k \geq 1)$ 项
c)若 $x\left(t + \frac{2}{T}\right) = -x(-t)$ (奇谐函数),则只含有奇次谐波项
d)若 $x(t) = x\left(t - \frac{T}{2}\right)$ (偶谐函数),则只含有偶次谐波

(2)典型信号的频谱

脉宽为 τ, 脉幅为 A 的周期矩形信号

$$c_0 = \frac{A\tau}{T} \quad c_k = \frac{A\tau}{T} \text{sinc}\left(\frac{k\omega_0 \tau}{2}\right)$$

2. $L(-\infty, +\infty)$ 上的傅里叶变换

(1)定义

$X(\omega) = \int_{-\infty}^{+\infty} x(t) e^{-j\omega t} dt$, 称为频谱密度函数

$$\mathscr{F}^{-1}[X(\omega)] = \frac{1}{2\pi} \int_{-\infty}^{+\infty} x(t) e^{-j\omega t} d\omega$$

(2)典型信号傅里叶变换

①单边指数: $x(t) = e^{-at} u(t)$ $\quad X(\omega) = 1/(a+j\omega)$
$\quad |X(\omega)| = 1/\sqrt{a^2 + \omega^2} \quad \phi(\omega) = -\arctan(\omega/a)$
②双边指数: $x(t) = e^{-a|t|} \quad X(\omega) = 2a/(a^2 + \omega^2)$
③矩形脉冲: $x(t) = A[u(t+\tau/2) - u(t-\tau/2)] \quad X(\omega) = A\tau \text{sinc}(\omega\tau/2)$
④符号函数 $\text{sgn}(x): X(\omega) = 2/j\omega$

$$X(\omega) = \mathscr{F}[\mathrm{sgn}(t)] = \lim_{a \to 0} \int_{-\infty}^{+\infty} \mathrm{sgn}(t) \mathrm{e}^{-|a|t} \mathrm{e}^{\mathrm{j}\omega t} \mathrm{d}t$$

$$= \lim_{a \to 0} \left[\int_{-\infty}^{0} -\mathrm{e}^{at} \mathrm{e}^{-\mathrm{j}\omega t} \mathrm{d}t + \int_{-\infty}^{0} \mathrm{e}^{-at} \mathrm{e}^{-\mathrm{j}\omega t} \mathrm{d}t \right] = \lim_{a \to 0} \frac{-2\mathrm{j}\omega}{a^2 + \omega^2} = \frac{-2\mathrm{j}}{\omega} = \frac{2}{|\omega|} \mathrm{e}^{-\mathrm{j}\frac{\pi}{2}\mathrm{sgn}(\omega)}$$

⑤ $\delta(t)$：$\mathscr{F}[\delta(t)] = \int_{-\infty}^{+\infty} \delta(t) \mathrm{e}^{-\mathrm{j}\omega t} \mathrm{d}t = 1$

$\mathscr{F}^{-1}(\delta(\omega)) = \frac{1}{2\pi} \int_{-\infty}^{+\infty} \delta(\omega) \mathrm{e}^{\mathrm{j}\omega t} \mathrm{d}\omega = \frac{1}{2\pi}$

⑥ $u(t) = \frac{1}{2} + \frac{1}{2}\mathrm{sgn}(t)$：$\mathscr{F}[u(t)] = \frac{1}{2}\mathscr{F}[1] + \frac{1}{2}\mathscr{F}[\mathrm{sgn}(t)] = \pi\delta(\omega) + \frac{1}{\mathrm{j}\omega}$

⑦ 复指数函数 $\mathrm{e}^{\mathrm{j}\omega_0 t}$：$\mathscr{F}[\mathrm{e}^{\mathrm{j}\omega_0 t}] = 2\pi\delta(\omega - \omega_0)$

⑧ 三角函数：$\mathscr{F}[\cos\omega_0 t] = \mathscr{F}\left[\frac{1}{2}\mathrm{e}^{\mathrm{j}\omega_0 t} + \frac{1}{2}\mathrm{e}^{-\mathrm{j}\omega_0 t}\right] = \pi[\delta(\omega - \omega_0) + \delta(\omega + \omega_0)]$

$$\mathscr{F}[\sin\omega_0 t] = -\mathrm{j}\pi[\delta(\omega - \omega_0) - \delta(\omega + \omega_0)]$$

(3) 傅里叶变换的性质

以下设定 $\mathscr{F}[x(t)] = X(\omega)$，$\mathscr{F}^{-1}[X(\omega)] = x(t)$

① 对偶性：$\mathscr{F}[X(t)] = 2\pi x(-\omega)$

② 共轭：$\mathscr{F}[x^*(t)] = X*(-\omega)$

若 $x(t)$ 是实函数，则 $x(t) = x^*(t)$ $X(\omega) = X^*(-\omega)$

而 $X(\omega) = |X(\omega)|\mathrm{e}^{\mathrm{j}\phi(\omega)}$，$X^*(-\omega) = |X(-\omega)|\mathrm{e}^{-\mathrm{j}\phi(-\omega)}$

$$|X(\omega)| = |X(-\omega)|, \phi(\omega) = -\phi(-\omega)$$

对实数信号，幅度谱是偶函数，相位谱是奇函数；

对实偶信号，$X(\omega)$ 实偶函数；对实奇信号，$X(\omega)$ 实奇函数，即

$x_{ev}(t) = (x(t) + x(-t))/2 \leftrightarrow \mathrm{Re}\{X(\omega)\}$ $x_{od}(t) = (x(t) - x(-t))/2 \leftrightarrow \mathrm{jIm}\{X(\omega)\}$

③ 尺度伸缩：$\mathscr{F}[x(at)] = \frac{1}{|a|} X\left(\frac{\omega}{a}\right)$

当 $a = -1$ 时，$\mathscr{F}[x(-t)] = X(-\omega)$

④ 时移与频移：$\mathscr{F}[x(t-t_0)] = \mathrm{e}^{-\mathrm{j}\omega t_0} X(\omega)$ $\mathscr{F}[x(t)\mathrm{e}^{\mathrm{j}\omega_0 t}] = X(\omega - \omega_0)$

$$\mathscr{F}[x(t)\cos\omega_0 t] = \mathscr{F}\left[x(t)\left(\frac{\mathrm{e}^{\mathrm{j}\omega_0 t} + \mathrm{e}^{-\mathrm{j}\omega_0 t}}{2}\right)\right] = \frac{1}{2} X(\omega - \omega_0) + \frac{1}{2} X(\omega + \omega_0)$$

⑤ 卷积：$\mathscr{F}[x_1(t) * x_2(t)] = X_1(\omega) \cdot X_2(\omega)$，$\mathscr{F}[x_1(t) \cdot x_2(t)] = \frac{1}{2\pi} X_1(\omega) * X_2(\omega)$

⑥ 内积不变性（Parsval 定理）

$$\int_{-\infty}^{+\infty} x_1(t) x_2^*(t) \mathrm{d}t = \frac{1}{2\pi} \int_{-\infty}^{+\infty} X_1(\omega) X_2^*(\omega) \mathrm{d}\omega$$

若 $x_1(t) = x_2^*(t)$，则 $\int_{-\infty}^{+\infty} |x_1(t)|^2 \mathrm{d}t = \frac{1}{2\pi} \int_{-\infty}^{+\infty} |X_1(\omega)|^2 \mathrm{d}\omega$

第4章 连续时间信号与系统的频域分析

⑦ 微分性质:$\dfrac{\mathrm{d}^n x(t)}{\mathrm{d}t^n} \leftrightarrow (\mathrm{j}\omega)^n X(\omega)$

推广:$\mathscr{F}^{-1}\left[\dfrac{\mathrm{d}^n X(\omega)}{\mathrm{d}\omega^n}\right] = (-\mathrm{j}t)^n x(t)$

(4) 周期信号的傅里叶变换

对一般周期函数 $\tilde{x}(t) = \sum x(t+nT)$,$\omega_0 = \dfrac{2\pi}{T}$

① $x(t) = \sum\limits_{k=-\infty}^{+\infty} c_k \mathrm{e}^{\mathrm{j}k\omega_0 t}$,其中 $c_k = \dfrac{1}{T}\int_{-T/2}^{T/2} x(t)\mathrm{e}^{-\mathrm{j}k\omega_0 t}\mathrm{d}t$

则 $\mathscr{F}[x(t)] = \sum\limits_{k=-\infty}^{+\infty} c_k \mathscr{F}[\mathrm{e}^{\mathrm{j}k\omega_0 t}] = 2\pi \sum\limits_{k=-\infty}^{+\infty} c_k \delta(\omega - k\omega_0)$

周期函数的傅里叶变换由若干加权的 δ 函数叠加而成。

② 周期信号的 Fourier Series 与主周期的 Fourier Transform

周期信号:$\tilde{x}(t) = \sum x(t-nT)$,主周期:$x(t) = \tilde{x}(t)\left[u\left(t+\dfrac{T}{2}\right) - u\left(t-\dfrac{T}{2}\right)\right]$

则 $c_k = \dfrac{1}{T}X(\omega)\big|_{\omega=n\omega_0}$

③ 常用周期信号的傅里叶变换

a) $\delta_T(t) = \sum\limits_{n=-\infty}^{+\infty} \delta(t-nT_0)$

$$\mathscr{F}[\delta_T(t)] \leftrightarrow \dfrac{2\pi}{T_0}\sum\limits_{n=-\infty}^{+\infty} \delta(\omega - n\omega_0) = \omega_0 \sum\limits_{n=-\infty}^{+\infty} \delta(\omega - n\omega_0)$$

b) 周期方波信号

$$\sum\limits_{k=-\infty}^{+\infty} 2\pi c_k \delta(\omega - k\omega_0) = \sum\limits_{k=-\infty}^{+\infty} 2\pi \dfrac{A\tau}{T} \mathrm{sinc}\left(\dfrac{k\omega_0 \tau}{2}\right)\delta(\omega - k\omega_0)$$

(5) 抽样信号的傅里叶变换

对连续信号而言,抽样的基本类型有三种:冲激抽样,自然抽样和平顶抽样。

① 冲激抽样:用一个周期冲激信号 $p(t)$ 乘以连续信号 $x(t)$,得到抽样信号 $x_s(t)$ 为 $x_s(t) = x(t)p(t) = x(t)\sum\limits_{n=-\infty}^{+\infty} \delta(t-nT_s) = \sum\limits_{n=-\infty}^{+\infty} x(nT_s)\delta(t-nT_s)$,式中 T_s 为抽样间隔。

$$X_s(\omega) = \dfrac{1}{T_s}\sum\limits_{n=-\infty}^{+\infty} X(\omega - n\omega_s),\text{ 这里},\omega_s = 2\pi/T_s$$

抽样定理:如果要从抽样信号中恢复出原信号,则必须满足的条件是:

a) 被抽样的信号 $x(t)$ 必须是最高频率为 ω_m 的带限信号;

b) 抽样频率 ω_s 必须大于两倍的 ω_m,即 $\omega_s > 2\omega_m$

② 自然抽样:用一个周期矩形脉冲信号 $p(t)$ 乘以连续信号 $x(t)$,得到抽样信号 $x_s(t)$,$p(t)$ 的脉宽为 τ,周期为 T_s,$\omega_s = 2\pi/T_s$,得到已调信号的频谱为

$$X_s(\mathrm{j}\omega) = \dfrac{\tau}{T_s}\sum\limits_{n=-\infty}^{+\infty} \mathrm{sinc}\left(\dfrac{n\omega_s \tau}{2}\right) X(\omega - n\omega_s)$$

③平顶抽样:将已调信号看作是一个理想抽样信号与一个矩形脉冲卷积的结果。

$$x_s(t) = x(t)p(t) * h(t) = \left[\sum_{n=-\infty}^{\infty} x(nT_s)\delta(t-nT_s)\right] * [u(t)-u(t-\tau)]$$

$$X_s(\omega) = \frac{\tau}{T_s}\sum_{n=-\infty}^{\infty}\operatorname{sinc}\left(\frac{\omega\tau}{2}\right)e^{-j\omega\frac{\tau}{2}}X(\omega-n\omega_s)$$

3. 傅里叶变换的应用

(1)连续时间系统的傅里叶模型

系统频率响应:$H(\omega) = \mathscr{F}[h(t)]$

$H(\omega)$是$H(s)$的特殊情形(收敛域包含虚轴)

对于有界输入—有界输出(BIBO)稳定系统,$H(s)$收敛域包含虚轴,即$H(\omega) = H(s)|_{s=j\omega}$

对信号$x(t)$,$\int_{-\infty}^{+\infty}|x(t)|\,\mathrm{d}t < \infty$

$$X(\omega) = X(s)|_{s=j\omega}$$

(2)信号通过系统的响应

① $x(t) = \sum_{k=-\infty}^{+\infty} c_k e^{jk\omega_0 t}$, $\omega_0 = \frac{2\pi}{T}$

则 $Tx(t) = \sum_{n=-\infty}^{+\infty} c_k T e^{jk\omega_0 t} = \sum_{k=-\infty}^{+\infty} c_k H(k\omega_0)e^{jk\omega_0 t}$

② $Tx(t) = \int_{-\infty}^{+\infty} X(\omega)Te^{j\omega t}\,\mathrm{d}f = \int_{-\infty}^{+\infty} X(\omega)H(\omega)e^{j\omega t}\,\mathrm{d}f$

(3)无失真传输

①无失真传输

对于所有的t,$y(t) = kx(t-t_0)$则无失真;不妨取$x(t) = \delta(t)$,则$h(t) = k\delta(t-t_0)$

$H(\omega) = ke^{-j\omega t_0}$,因而$|H(\omega)| = k$,$\phi(\omega) = -\omega t_0$

②无失真传输,基带带限信号的准系统

$$H(\omega) = ke^{-j\omega t_0}[u(\omega+\omega_c) - u(\omega-\omega_c)], h(t) = \mathscr{F}^{-1}[H(\omega)] = \frac{\omega_c}{\pi}\operatorname{sinc}[\omega_c(t-t_0)]$$

这是一个非因果系统

无失真传输系统一定是全通系统

(4)理想低通滤波器

① $H(\omega) = e^{-j\omega t_0}$,$|\omega| \leqslant \omega_c$

② $H(\omega) = e^{-j\omega t_0}$,$\omega \geqslant \omega_c$,$\omega \leqslant -\omega_c$

③ $H(\omega) = e^{-j\omega t_0}$,$\omega_2 \leqslant |\omega| \leqslant \omega_1$

(5)调制与解调

①正弦幅度调制

$$y(t) = x(t)\cos(\omega_0 t) \qquad Y(\omega) = \frac{1}{2}[X(\omega+\omega_0) + X(\omega-\omega_0)]$$

② 单边带正弦幅度调制
a) 利用一个较为理想的高通滤波器对双边带信号进行过滤得到一个上边带信号；
b) 利用一个较为理想的低通滤波器对双边带信号进行过滤得到一个下边带信号；
c) 利用移相技术。

③ 脉冲幅度调制
a) 使用周期脉冲信号作为载波，称为自然抽样的脉冲幅度调制；
b) 已调信号看作是理想抽样信号和一个矩形脉冲卷积的结果。具体分析详见 2(5)：抽样信号的傅里叶变换。

④ 多路复用
a) 频分复用；
b) 时分复用。

4.3 习题精解

例 4-1 已知 $x(t) \longleftrightarrow X(\omega)$，利用傅里叶变换的性质求：
$x_1(t) = x(1-2t)$ 的傅里叶变换 $X_1(\omega)$

解：$x_1(t) = x\left[-2\left(t - \frac{1}{2}\right)\right]$，利用傅里叶变换的时延和尺度变换性质

$$X_1(\omega) = \frac{1}{2} X\left(-\frac{\omega}{2}\right) \cdot e^{-j\frac{\omega}{2}}$$

例 4-2 已知信号 $x(t) = 2\mathrm{sinc}(\pi t)\mathrm{sinc}(2\pi t)$，求 $\int_{-\infty}^{+\infty} x^2(t)\mathrm{d}t$

解：根据 Parsval 定理，$\int_{-\infty}^{+\infty} x^2(t)\mathrm{d}t = \frac{1}{2\pi}\int_{-\infty}^{+\infty} |X(\omega)|^2 \mathrm{d}\omega$

$$x(t) = 2\mathrm{sinc}(\pi t)\mathrm{sinc}(2\pi t) \longleftrightarrow X(\omega) = \frac{1}{2\pi}[G_{2\pi}(\omega) * G_{4\pi}(\omega)]$$

式中 $G_{2\omega_0}(\omega) = u(\omega+\omega_0) - u(\omega-\omega_0)$，$G_{4\omega_0}(\omega) = u(\omega+2\omega_0) - u(\omega-2\omega_0)$

则
$$\int_{-\infty}^{+\infty} x^2(t)\mathrm{d}t = 2$$

例 4-3 已知信号 $x_0(t)$ 如图 4-1(a)所示，其傅里叶变换为 $X_0(\omega)$，求图 4-1(b)所示信号 $x(t)$ 的傅里叶变换[用 $X_0(\omega)$ 表示]。

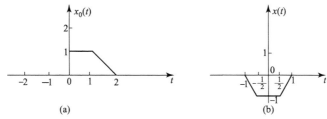

图 4-1 例 4-3

解:$x(t)$ 与 $x_0(t)$ 的关系可写为 $x(t)=-(x_0(2t)+x_0(-2t))$,根据傅里叶变换的尺度和线性性质,有 $X(\omega)=-\dfrac{1}{2}\left(X_0\left(\dfrac{j\omega}{2}\right)+X_0\left(-\dfrac{j\omega}{2}\right)\right)$。

分析:本题应用傅里叶变换的性质①$x(at)\longleftrightarrow\dfrac{1}{|a|}X\left(\dfrac{j\omega}{a}\right)$;②$x(-t)\longleftrightarrow X(-j\omega)$;③线性叠加。

例 4-4 已知 $x(t),x_1(t),x_2(t)$ 的波形如图 4-2 所示,$x(t)$ 的傅里叶变换为 $2\text{sinc}(\omega)$,$x_1(t)$ 的傅里叶变换为 $2\text{sinc}(\omega)(e^{j\omega}-e^{-j\omega})$,$x_2(t)$ 的傅里叶变换为 $4\text{sinc}\left(\dfrac{\omega}{2}\right)(e^{j\frac{\omega}{2}}-e^{-j\frac{\omega}{2}})$。

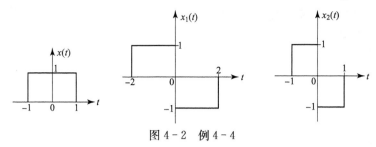

图 4-2 例 4-4

解:$x(t)$ 为标准门函数,其时域表达式 $x(t)=u(t+1)-u(t-1)$,傅里叶变换 $X(\omega)=2\text{sinc}(\omega)$;

$x_1(t)$ 与 $x(t)$ 的关系可表示为 $x_1(t)=x(t+1)-x(t-1)$,根据傅里叶变换的时延性质,$X_1(\omega)=X(\omega)(e^{j\omega}-e^{-j\omega})=2\text{sinc}(\omega)(e^{j\omega}-e^{-j\omega})=4j\dfrac{\sin^2(\omega)}{\omega}$

$x_2(t)$ 与 $x(t)$ 的关系可表示为 $x_2(t)=x(2t+1)-x(2t-1)$,根据傅里叶变换的时延与尺度性质,

$$X_2(\omega)=\dfrac{1}{2}X\left(\dfrac{\omega}{2}\right)(e^{j\frac{\omega}{2}}-e^{-j\frac{\omega}{2}})=2j\text{sinc}\left(\dfrac{\omega}{2}\right)\cdot\sin\left(\dfrac{\omega}{2}\right)$$

例 4-5 已知信号频谱如图 4-3 所示,其原函数为( )。

A. $\dfrac{\omega_c A}{\pi}\text{sinc}[\omega_c(t-t_0)]$
B. $\dfrac{\omega_c A}{\pi}\text{sinc}[\omega_c(t+t_0)]$
C. $\dfrac{2\omega_c A}{\pi}\text{sinc}[\omega_c(t-t_0)]$
D. $\dfrac{2\omega_c A}{\pi}\text{sinc}[\omega_c(t+t_0)]$

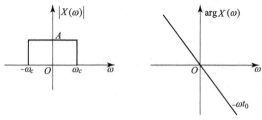

图 4-3 例 4-5

解:由图 4-3 知,$|X(\omega)|=u(\omega+\omega_c)-u(\omega-\omega_c)$,$X(\omega)=[u(\omega+\omega_c)-u(\omega-\omega_c)]e^{-j\omega t_0}$

$|X(\omega)|=u(\omega+\omega_c)-u(\omega-\omega_c)$ 的反傅里叶变换为 $\dfrac{\sin\omega_c t}{\pi t}$,根据傅里叶变换的时延性质,$x(t)=\dfrac{\sin\omega_c(t-t_0)}{\pi(t-t_0)}$,所以选 A。

例 4-6 已知信号 $x(t)$ 如图 4-4(a)所示,将 $x(t)$ 通过图 4-4(b)所示系统,则输出 $y(t)$ 中会有哪些频率成分?

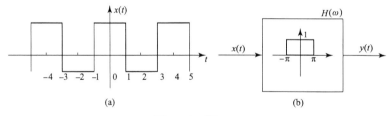

图 4-4 例 4-6

解:由图 4-4 已知 $x(t)$ 是周期信号,$T=4$,$\omega_0=\dfrac{\pi}{2}$

$x(t)$ 奇半波偶函数,所以其频谱包含奇次谐波的余弦表达式,即只含 $\pm\omega_0,\pm3\omega_0,\pm5\omega_0,\cdots$ 频率成分;

但通过截止频率为 $\omega_c=\pi$ rad/s 的 $H(\omega)$ 时,有 $|k\omega_0|\leqslant\pi$,即 $|k|\leqslant 2$,又 k 为奇数,所以输出频率中含有 $\pm\dfrac{\pi}{2}$ 频率成分。

例 4-7 已知单周期脉冲信号 $x_0(t)\left(-\dfrac{T}{2}\leqslant t\leqslant\dfrac{T}{2}\right)$ 的傅里叶变换为 $X_0(\omega)$,设 $\omega_s=\dfrac{2\pi}{T}$,则信号 $x(t)=x_0(t)*\left[\sum\limits_{n=-\infty}^{+\infty}\delta(t-nT)\right]$ 的傅里叶级数系数 c_k 为_____,傅里叶变换为_____。

解:信号 $x(t)=x_0(t)*\left[\sum\limits_{n=-\infty}^{+\infty}\delta(t-nT)\right]$ 是对单周期脉冲信号 $x_0(t)$ 的周期延拓,根据傅里叶级数系数与傅里叶变换的关系,$c_k=\dfrac{X_0(\omega)|_{\omega=k\omega_s}}{T}$。

周期信号的傅里叶变换为 $X(\omega)=\sum\limits_{-\infty}^{+\infty}2\pi c_k\delta(\omega-k\omega_s)$

例 4-8 已知信号 $x(t)=\begin{cases}1+\cos t,&|t|\leqslant\pi\\0,&|t|>\pi\end{cases}$,求该信号的傅里叶变换 $X(\omega)$。

解:信号 $x(t)=\begin{cases}1+\cos t,&|t|\leqslant\pi\\0,&|t|>\pi\end{cases}$ 可表示为

$x(t)=(1+\cos t)(u(t+\pi)-u(t-\pi))=u(t+\pi)-u(t-\pi)+(u(t+\pi)-u(t-\pi))\cos t$

令 $x_1(t)=u(t+\pi)-u(t-\pi)$,$x_2(t)=(u(t+\pi)-u(t-\pi))\cos t=x_1(t)\cos t$

依据傅里叶变换的频移性质和矩形脉冲信号的傅里叶变换形式,则

$X_1(\omega)=2\pi\mathrm{sinc}(\pi\omega)$,$X_2(\omega)=\pi\{\mathrm{sinc}[\pi(\omega+1)]+\mathrm{sinc}[\pi(\omega-1)]\}$

$X(\omega)=2\pi\mathrm{sinc}(\pi\omega)+\pi\{\mathrm{sinc}[\pi(\omega+1)]+\mathrm{sinc}[\pi(\omega-1)]\}$

例 4-9 已知信号 $x(t)$ 如图 4-5(a)所示,其傅里叶变换为 $X(\omega)=|X(\omega)|\mathrm{e}^{\mathrm{j}\varphi(\omega)}$。求

(1)该信号频谱的相位 $\varphi(\omega)$;

(2)$X(0)$ 之值;

(3) $\int_{-\infty}^{+\infty} X(\omega) \mathrm{d}\omega$ 之值；

(4) $\int_{-\infty}^{+\infty} X(\omega) \mathrm{e}^{\mathrm{j}3\omega} \mathrm{d}\omega$ 之值；

(5) 画出 $\mathrm{Re}[X(\mathrm{j}\omega)]$ 的逆变换式的波形。

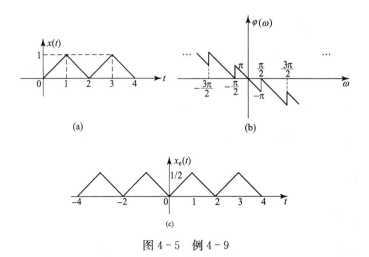

图 4-5　例 4-9

解：虽然本例可以先求解信号 $x(t)$ 的傅里叶变换，然后根据傅里叶变换式求得各小题之解，但这样做需要进行比较繁琐的计算。而根据本例题意要求的特殊性，可以直接利用傅里叶变换的性质求解，从而简化求解过程。

(1) 从 $x(t)$ 的信号波形可以看到，这是一个将三角形脉冲信号进行平移后所得到的信号，即

$$x(t) = x_1(t-1) + x_1(t-3)$$

其中三角形脉冲信号 $x_1(t) = \begin{cases} t+1, & -1 < t < 0 \\ 1-t, & 0 < t < 1 \end{cases}$

利用傅里叶变换的时移性质可得

$$\begin{aligned} X(\omega) &= X_1(\omega)\mathrm{e}^{-\mathrm{j}\omega} + X_1(\omega)\mathrm{e}^{-\mathrm{j}3\omega} \\ &= X_1(\omega) \cdot \mathrm{e}^{-\mathrm{j}2\omega}(\mathrm{e}^{\mathrm{j}\omega} + \mathrm{e}^{-\mathrm{j}\omega}) \\ &= 2\cos(\omega) X_1(\omega) \cdot \mathrm{e}^{-\mathrm{j}2\omega} \end{aligned}$$

由于三角形脉冲信号的频谱的相位特性为零，而实偶函数 $\cos(\omega)$ 的相位特性将依据其函数值的正负而为零或为 π，故 $X(\omega)$ 的相位特性如图 4-5(b) 所示，其表达式为

$$\begin{cases} \varphi(\omega) = -2\omega, & \dfrac{(4n-1)\pi}{2} < \omega < \dfrac{(4n+1)\pi}{2} \\ \varphi(\omega) = \pi - 2\omega, & \dfrac{(4n+1)\pi}{2} < \omega < \dfrac{(4n+3)\pi}{2} \end{cases}$$

(2) 由于

$$X(\omega) = \int_{-\infty}^{+\infty} x(t) \mathrm{e}^{-\mathrm{j}\omega t} \mathrm{d}t$$

故 $X(0)$ 就是信号 $x(t)$ 波形的面积，即

$$X(0) = \int_{-\infty}^{+\infty} x(t) \mathrm{d}t = 2$$

(3) 由于
$$x(t) = \frac{1}{2\pi}\int_{-\infty}^{+\infty} X(\omega) e^{j\omega t} d\omega$$

所以
$$x(0) = \frac{1}{2\pi}\int_{-\infty}^{+\infty} X(\omega) d\omega$$

故
$$\int_{-\infty}^{+\infty} X(\omega) d\omega = 2\pi \cdot x(0) = 0$$

(4) 由于 $\quad x(t+3) \longleftrightarrow X(\omega) e^{j3\omega}$

因此,根据傅里叶变换的定义可得
$$x(t+3) = \frac{1}{2\pi}\int_{-\infty}^{+\infty} X(\omega) e^{j3\omega} e^{j\omega t} d\omega$$

令 $t=0$,则有
$$\int_{-\infty}^{+\infty} X(\omega) e^{j3\omega} d\omega = 2\pi \cdot x(3) = 2\pi$$

(5) 由傅里叶变换的共轭对称性可知,当 $x(t)$ 是实函数时,$X(\omega)$ 的实部是偶函数,虚部是奇函数,即
$$\text{Re}[X(-\omega)] = \text{Re}[X(\omega)]$$
$$\text{Im}[X(-\omega)] = -\text{Im}[X(\omega)]$$

而且,当 $x(t)$ 为实函数时,$x(-t)$ 的傅里叶变换是 $X(-\omega)$,因此,如果将 $X(\omega)$ 以实部、虚部频谱表示,并利用上述对称性,就可以求得 $\text{Re}[X(\omega)]$ 的逆变换式,过程如下。

由于
$$x(t) \longleftrightarrow X(\omega) = \text{Re}[X(\omega)] + j\text{Im}[X(\omega)]$$
$$x(-t) \longleftrightarrow X(-\omega) = \text{Re}[X(-\omega)] + j\text{Im}[X(-\omega)]$$
$$= \text{Re}[X(\omega)] - j\text{Im}[X(\omega)]$$

于是
$$x_e(t) = \frac{1}{2}[x(t) + x(-t)] \longleftrightarrow \text{Re}[X(\omega)]$$

由此式可画出 $\text{Re}[X(j\omega)]$ 的逆变换式波形 $x_e(t)$ 如图 4-5(c)所示。

例 4-10 已知图 4-6 中三角形频谱 $X_1(\omega)$ 的逆变换式 $x_1(t) = \frac{\pi}{8}\left[\text{sinc}\left(\frac{\pi}{4}t\right)\right]^2$,若以 $X_1(\omega)$ 构成如图中所示的周期频谱 $X_2(\omega)$,求 $X_2(\omega)$ 的逆变换式 $x_2(t)$,并粗略画出 $x_1(t)$ 和 $x_2(t)$ 的波形图。

解 本例子主要说明如何利用傅里叶变换的性质求周期频谱的逆变换。

从图 4-6 可以看到
$$X_2(\omega) = \sum_{k=-\infty}^{+\infty} (-1)^k \cdot X_1(\omega - k\pi)$$

即
$$X_2(\omega) = X_1(\omega) * \sum_{k=-\infty}^{+\infty} (-1)^k \cdot \delta(\omega - k\pi)$$

这里将 $X_2(\omega)$ 表示成卷积是很重要的一步,可以利用频域卷积性质进行求解。

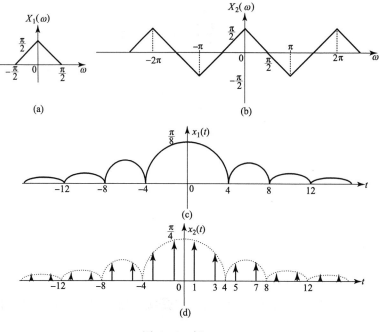

图 4-6 例 4-10

由冲激信号的变换可知

$$\mathscr{F}^{-1}\Big[\sum_{k=-\infty}^{+\infty}\delta(\omega-k\pi)\Big]=\frac{1}{\pi}\sum_{k=-\infty}^{+\infty}\delta(t-2k)$$

于是有

$$\sum_{k=-\infty}^{+\infty}(-1)^k\cdot\delta(\omega-k\pi)=\sum_{k=-\infty}^{+\infty}(e^{j\pi})^k\cdot\delta(\omega-k\pi)=\sum_{k=-\infty}^{+\infty}e^{j\omega}\cdot\delta(\omega-k\pi)$$

再由时移性质得

$$\mathscr{F}^{-1}\Big[\sum_{k=-\infty}^{+\infty}(-1)^k\delta(\omega-k\pi)\Big]=\frac{1}{\pi}\sum_{k=-\infty}^{+\infty}\delta(t+1-2k)$$

最后,利用频域卷积性质求得

$$\begin{aligned}x_2(t)&=2\pi\cdot x_1(t)\cdot\frac{1}{\pi}\sum_{k=-\infty}^{+\infty}\delta(t+1-2n)\\&=\frac{\pi}{4}\Big[\operatorname{sinc}\Big(\frac{\pi}{4}t\Big)\Big]^2\cdot\sum_{k=-\infty}^{+\infty}\delta(t+1-2n)\\&=\frac{\pi}{4}\sum_{k=-\infty}^{+\infty}\Big\{\operatorname{sinc}\Big[\frac{\pi}{4}(2n-1)\Big]\Big\}^2\cdot\delta(t+1-2n)\end{aligned}$$

此式表明,$x_2(t)$ 是以周期冲激序列 $\dfrac{1}{\pi}\sum\limits_{k=-\infty}^{+\infty}\delta(t+1-2n)$ 对 $x_1(t)$ 进行抽样的结果,故而其频谱具有周期性。图 4-6 分别给出了 $x_1(t)$ 和 $x_2(t)$ 的波形。

例 4-11 已知信号 $x_1(t)=u(t+1)-u(t-1)$,设其傅里叶变换为 $X_1(\omega)$,$X_2(\omega)=\operatorname{sinc}(\omega)$,$X(\omega)=2X_1(\omega)\operatorname{sinc}(\omega)$,利用傅里叶变换的性质求

(1) $x_2(t)$;

(2) $x(t)$;

(3) 积分 $\int_{-\infty}^{+\infty} 2X_1(\omega)\mathrm{sinc}(\omega)e^{j2\omega}d\omega$。

解：由 $X_2(\omega)=\mathrm{sinc}(\omega)$，利用门函数的傅里叶变换公式得，$x_2(t)=\dfrac{1}{2}(u(t+1)-u(t-1))$

由傅里叶变换的卷积性质 $x(t)=2x_1(t)*x_2(t)$，则

$$x(t)=2[u(t+1)-u(t-1)]*\dfrac{1}{2}[u(t+1)-u(t-1)]=\begin{cases}2-t,&0<t<2\\t-2,&-2<t<0\end{cases}$$

由傅里叶变换的反变换公式，$\int_{-\infty}^{+\infty} 2X_1(j\omega)\mathrm{sinc}(\omega)e^{j2\omega}d\omega=2\pi x(2)=0$

例 4 - 12 某 LTI 系统的频率响应 $H(\omega)=\begin{cases}e^{j\frac{\pi}{2}},&-4\leqslant\omega<0\\e^{-j\frac{\pi}{2}},&0<\omega\leqslant 4\\0,&\omega<-4,\omega>4\end{cases}$，当输入 $x(t)=\dfrac{\sin 2t}{t}\cos(4t)$ 时，求系统的输出 $y(t)$。

解：令 $x_1(t)=\dfrac{\sin 2t}{t}$，则 $X_1(\omega)=\pi[u(\omega+2)-u(\omega-2)]$；

而 $x(t)=x_1(t)\cos(4t)$，依据傅里叶变换的频移性质

$$X(\omega)=\dfrac{1}{2}(X_1(\omega+4)+X_1(\omega-4))$$

$$X(\omega)=\dfrac{\pi}{2}\{[u(\omega+6)-u(\omega+2)]+[u(\omega-2)-u(\omega-6)]\}$$

$$Y(\omega)=X(\omega)H(\omega)=\begin{cases}\dfrac{\pi}{2}e^{j\frac{\pi}{2}},&-4\leqslant\omega<-2\\\dfrac{\pi}{2}e^{-j\frac{\pi}{2}},&2<\omega<4\end{cases}$$，其反傅里叶变换为

$$y(t)=\dfrac{\pi j}{2}\dfrac{\sin t}{\pi t}e^{-j3t}-\dfrac{\pi j}{2}\dfrac{\sin t}{\pi t}e^{j3t}=\dfrac{\pi j}{2}\dfrac{\sin t}{\pi t}(e^{-j3t}-e^{j3t})=\dfrac{\sin t\cdot\sin 3t}{t}$$

例 4 - 13 系统的单位冲激响应为 $h(t)=\dfrac{\sin(4(t-1))}{\pi(t-1)}$，若输入为 $x(t)=\left(\dfrac{\sin 2t}{\pi t}\right)^2$，求系统的零状态响应 $y(t)$。

解：令 $x_1(t)=\dfrac{\sin 2t}{\pi t}$，$X_1(\omega)=u(\omega+2)-u(\omega-2)$

根据傅里叶变换的频域卷积性质

$$X(\omega)=\dfrac{1}{2\pi}(X_1(\omega)*X_1(\omega))=\dfrac{1}{2\pi}\{[u(\omega+2)-u(\omega-2)]*[u(\omega+2)-u(\omega-2)]\}$$，其频谱图如图 4 - 7 所示；

$$H(\omega)=[u(\omega+4)-u(\omega-4)]e^{-j\omega}$$

零状态响应 $y(t)$ 的频谱 $Y(\omega)=X(\omega)H(\omega)=X(\omega)e^{-j\omega}$，其反傅里叶变换变换得系统的零状态响应 $y(t)=x(t-1)=\left[\dfrac{\sin 2(t-1)}{\pi(t-1)}\right]^2$。

例 4 - 14 已知系统如图 4 - 8 所示，其中 $h_1(t)=\dfrac{d}{dt}\left(\dfrac{\sin(4\pi t)}{\pi t}\right)$，$H_2(j\omega)=e^{-j\omega}$，$h_3(t)=$

$\dfrac{\sin(6\pi t)}{\pi t}$, $h_4(t) = \dfrac{\sin(2\pi t)}{\pi t}$。

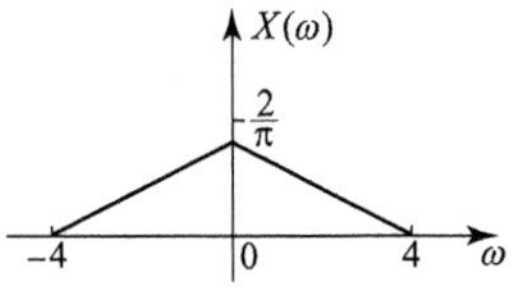

图 4-7 例 4-13

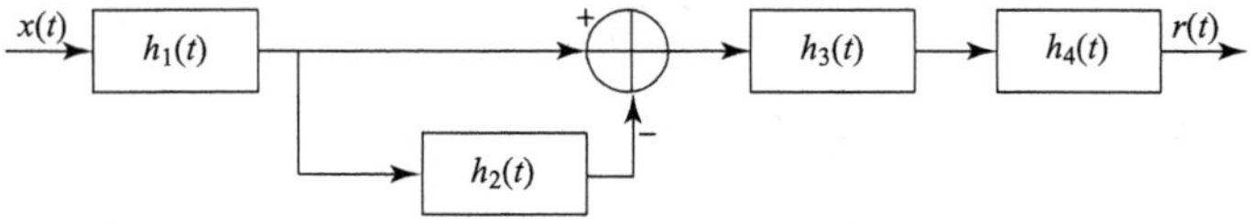

图 4-8 例 4-14

(1) 写出 $h_1(t), h_3(t), h_4(t)$ 的频谱表达式；
(2) 求整个系统的频率响应；
(3) 求整个系统的单位冲激响应；
(4) 求输入为 $x(t) = \sin(4\pi t) + \cos(\pi t)$ 时的输出。

解：(1) 根据傅里叶变换的对称性 $\dfrac{\sin(4\pi t)}{\pi t} \longleftrightarrow G_{8\pi}(\omega)$，$h_3(t) = \dfrac{\sin(6\pi t)}{\pi t} \longleftrightarrow H_3(\omega) = G_{12\pi}(\omega)$，$h_4(t) = \dfrac{\sin(2\pi t)}{\pi t} \longleftrightarrow H(\omega) = G_{4\pi}(\omega)$

再根据傅里叶变换的微分特性得

$$H_1(\omega) = j\omega G_{8\pi}(\omega)$$

(2) $H(\omega) = H_1(\omega)(1 - H_2(\omega))H_3(\omega)H_4(\omega)$
$= j\omega G_{8\pi}(\omega)(1 - e^{-j\omega})G_{12\pi}(\omega)G_{4\pi}(\omega)$
$= j\omega(1 - e^{-j\omega})G_{4\pi}(\omega)$

(3) $h(t) = \dfrac{d}{dt}\left(\dfrac{\sin(2\pi t)}{\pi t} - \dfrac{\sin(2\pi(t-1))}{\pi(t-1)}\right)$

(4) $y(t) = h(t) * x(t)$
$= \dfrac{d}{dt}\left(\left(\dfrac{\sin(2\pi t)}{\pi t} - \dfrac{\sin(2\pi(t-1))}{\pi(t-1)}\right) * (\sin(4\pi t) + \cos(\pi t))\right)$
$= \dfrac{d}{dt}(\cos(\pi t) - \cos(\pi(t-1)))$
$= \pi\sin(\pi(t-1)) - \pi\sin(\pi t)$

例 4-15 信号 $x(t)$ 作用于一个连续时间 LTI 系统，其输出 $y(t)$ 的卷积形式给出如下：

$$y(t) = \int_{-\infty}^{+\infty} x(\tau) w\left(\dfrac{\tau - t}{a}\right) d\tau$$

(1) 写出系统单位冲激响应 $h(t)$ 和频率响应 $H(\omega)$ 的表达式（设 $w(t)$ 的傅里叶变换为 $W(\omega)$）；

(2) 当 $w(t) = \dfrac{\sin \pi t}{\pi t} \cos 5\pi t$，求出傅里叶变换 $W(\omega)$ 和 $H(\omega)$，画出二者的频域图形并注明主要频率参数（图 4-9）；

(3) 指明该系统是何种滤波器？写出在 $H(\omega) \sim \omega$ 图形中，通带宽度、通带中心频率以及二者之比的表达式；讨论当参数 a 变化时，三者的变化情况。

解：(1) $y(t) = x(t) * w\left(-\dfrac{1}{a}t\right)$

$$w(t) \longleftrightarrow W(\omega)$$
$$w(-t) \longleftrightarrow W(-\omega)$$
$$w\left(-\frac{1}{a}t\right) \longleftrightarrow |a|W(-a\omega)$$
$$Y(\omega) = X(\omega)|a|W(-a\omega)$$
$$H(\omega) = |a|W(-a\omega)$$

(2) 令 $x_1(t) = \dfrac{\sin\pi t}{\pi t} \longleftrightarrow X_1(\omega) = G_{2\pi}(\omega)$

$\cos 5\pi t \longleftrightarrow \pi[\delta(\omega-5\pi)+\delta(\omega+5\pi)]$

$w(t) = \dfrac{\sin\pi t}{\pi t}\cos 5\pi t \longleftrightarrow w(\omega) = \dfrac{1}{2\pi}G_{2\pi}(\omega) * \pi[\delta(\omega-5\pi)+\delta(\omega+5\pi)]$

则 $W(\omega) = \dfrac{1}{2}[G_{2\pi}(\omega-5\pi)+G_{2\pi}(\omega+5\pi)]$

$H(\omega) = \dfrac{1}{2}|a|[G_{2\pi}(-a(\omega-5\pi))+G_{2\pi}(-a(\omega+5\pi))]$

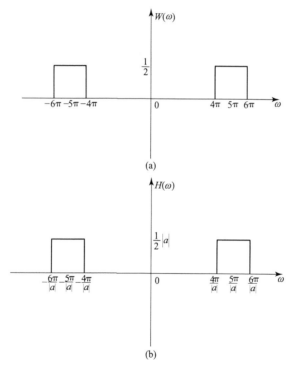

图 4-9 例 4-15

(3) 带通滤波器的带宽为 $\dfrac{2\pi}{a}$，中心 $\dfrac{5\pi}{a}$，比值 $\dfrac{2\pi/a}{5\pi/a} = \dfrac{2}{5}$

当 a 增大时，带宽变窄，中心向低频方向移动，比值不变；
当 a 减少时，带宽变宽，中心向高频方向移动，比值不变。

例 4-16 已知系统如图 4-10 所示,其中 $x(t) = \dfrac{\sin\left(\dfrac{3\omega_c t}{2}\right)}{\pi t}$, $p(t) = \cos 2\omega_c t + 4\cos 8\omega_c t$,

$h(t) = \displaystyle\sum_{k=-\infty}^{+\infty} c_k e^{jk\omega_c t}$。

(1)写出 $X(\omega), P(\omega), Z(\omega)$ 的表达式,并画出对应的频谱图;

(2)求系统输出 $y(t)$。

解:(1) $X(\omega) = \begin{cases} 1, & |\omega| < \dfrac{3}{2}\omega_c \\ 0, & |\omega| > \dfrac{3}{2}\omega_c \end{cases}$,

$P(\omega) = \pi[\delta(\omega + 2\omega_c) + \delta(\omega - 2\omega_c) + 4\delta(\omega + 8\omega_c) + 4\delta(\omega - 8\omega_c)]$

$Z(\omega) = \dfrac{1}{2}X(\omega + 2\omega_c) + \dfrac{1}{2}X(\omega - 2\omega_c) + 2X(\omega + 8\omega_c) + 2X(\omega - 8\omega_c)$

(2) $z(t)$ 有效通过系统 $h(t)$ 的频率为 $\dfrac{\omega_c}{2} < k\omega_c < \dfrac{7\omega_c}{2}$, $\dfrac{-7\omega_c}{2} < k\omega_c < \dfrac{-\omega_c}{2}$, $\dfrac{13\omega_c}{2} < k\omega_c < \dfrac{19\omega_c}{2}$,

$\dfrac{-19\omega_c}{2} < k\omega_c < \dfrac{-13\omega_c}{2}$,得 $1 \leqslant |k| \leqslant 3$ 和 $7 \leqslant |k| \leqslant 9$

$$y(t) = \dfrac{1}{2}\sum_{|k|=1}^{3} c_k e^{jk\omega_c t} + 2\sum_{|k|=7}^{9} c_k e^{jk\omega_c t}$$

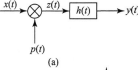

(a)

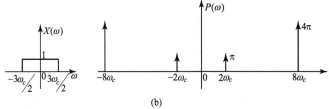

(b)

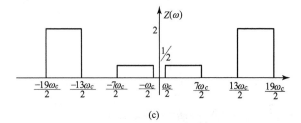

(c)

图 4-10 例 4-16

例 4-17 已知一个连续 LTI 系统如图 4-11(a)所示,其中 $H(\omega)$ 为低通滤波器的传递函数,如图 4-11(b)所示,其中 $|H(\omega)| = 1$, $\varphi(\omega) = 0$;如果 $f(t) = f_0(t)\cos 1000t$,

$-\infty < t < +\infty$, $f_0(t) = \dfrac{\sin t}{\pi t}$, 而 $p(t) = \cos(1000t)$, $-\infty < t < +\infty$。

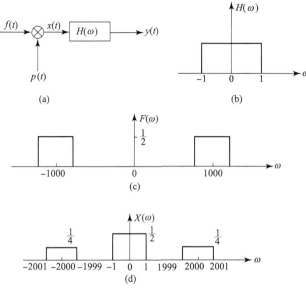

图 4-11 例 4-17

求: (1) 算出并画出 $f(t)$ 的傅里叶变换 $F(\omega)$;

(2) 画出 $x(t)$ 的傅里叶变换 $X(\omega)$ 的频谱图(仅幅度谱);

(3) 求出 $y(t)$ 的表达式。

解: (1) 已知 $f_0(t) = \dfrac{\sin t}{\pi t}$, 其傅里叶变换 $F_0(\omega) = G_2(\omega)$

已知 $f(t) = f_0(t)\cos 1000t$

$F(\omega) = \dfrac{1}{2}[F_0(\omega+1000) + F_0(\omega-1000)]$, 如图 4-11(c) 所示。

(2) $x(t) = f(t)p(t) = f(t)\cos 1000t$

$X(\omega) = \dfrac{1}{2}[F(\omega+1000) + F(\omega-1000)]$, 如图 4-11(d) 所示。

(3) $X(\omega)$ 经过 $H(\omega)$ 以后

$Y(\omega) = X(\omega)H(\omega) = \dfrac{1}{2}G_2(\omega)$ $\qquad y(t) = \dfrac{1}{2}\dfrac{\sin t}{\pi t}$

例 4-18 已知 LTI 系统如图 4-12 所示, 其中 $H_1(\omega) = e^{-j2\omega}$, $h_2(t) = 1 + \cos\left(\dfrac{1}{2}\pi t\right)$。

求: (1) $H_1(\omega)$ 的傅里叶反变换 $h_1(t)$ 的表达式;

(2) 当 $x(t) = u(t)$ 时, $y_1(t)$ 的傅里叶变换表达式 $Y_1(\omega)$;

(3) $h_2(t)$ 的傅里叶变换 $H_2(\omega)$ 的表达式;

(4) 利用傅里叶变换分析法求出 $Y(\omega)$;

(5) 写出输出 $y(t)$ 的表达式。

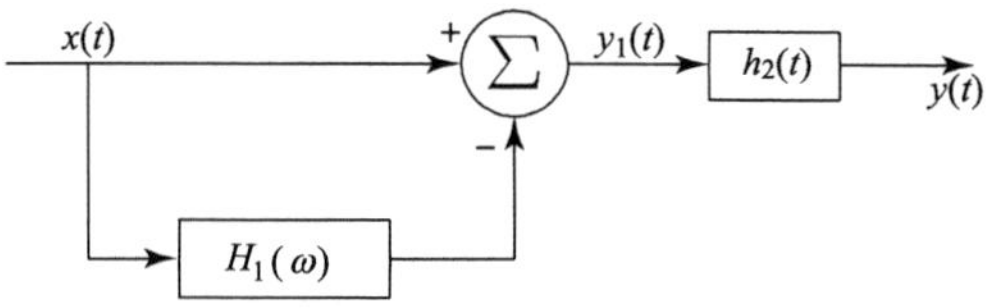

图 4-12 例 4-18

解：(1) $h_1(t) = \mathscr{F}^{-1}[e^{-j2\omega}] = \delta(t-2)$

(2) $y_1(t) = x(t) - x(t) * h_1(t)$
$= u(t) - u(t) * \delta(t-2)$
$= u(t) - u(t-2)$

$Y_1(\omega) = 2\mathrm{sinc}\dfrac{\omega \cdot 2}{2} \cdot e^{-j\omega} = 2\mathrm{sinc}(\omega) \cdot e^{-j\omega}$

(3) $H_2(\omega) = 2\pi\delta(\omega) + \pi\left[\delta\left(\omega+\dfrac{\pi}{2}\right) + \delta\left(\omega-\dfrac{\pi}{2}\right)\right]$

(4) $Y(\omega) = Y_1(\omega) \cdot H_2(\omega)$
$= 2e^{-j\omega}\mathrm{sinc}(\omega) \cdot \left[2\pi\delta(\omega) + \pi\left(\delta\left(\omega+\dfrac{\pi}{2}\right) + \delta\left(\omega-\dfrac{\pi}{2}\right)\right)\right]$
$= 4\pi\delta(\omega) + 2\pi e^{-j\omega}\mathrm{sinc}(\omega)\Big|_{\omega=-\frac{\pi}{2}}\delta\left(\omega+\dfrac{\pi}{2}\right) + 2\pi e^{-j\omega}\mathrm{sinc}(\omega)\Big|_{\omega=\frac{\pi}{2}}\delta\left(\omega-\dfrac{\pi}{2}\right)$
$= 4\pi\delta(\omega) + 4j\delta\left(\omega+\dfrac{\pi}{2}\right) - 4j\delta\left(\omega-\dfrac{\pi}{2}\right)$

(5) 对 $Y(\omega)$ 求反傅里叶变换，$y(t) = 2 + \dfrac{4}{\pi}\sin\dfrac{\pi}{2}t$。

例 4-19 已知系统如图 4-13(a)所示，其中 $x(t) = \dfrac{2\sin 2\pi t \, \sin 4\pi t}{\pi t^2}$，$x_p(t)$ 为单位周期冲激串，$H_1(\omega) = \begin{cases} 1, & 12\pi \leqslant |\omega| \leqslant 18\pi \\ 0, & \text{其他} \end{cases}$，求：

(1) $X_1(\omega)$ 的表达式，并画出频谱图；

(2) 画出 $X_2(\omega)$ 的频谱图；

(3) 若要使输出 $y(t)$ 等于输入 $x(t)$，试确定 $H_2(\omega)$ 和周期冲激串 $x_p(t)$ 的周期，利用卷积定理说明之；并画出 $X_3(\omega)$ 的频谱图。

解：(1) $x(t) = 2\pi \cdot \dfrac{\sin 2\pi t}{\pi t} \cdot \dfrac{\sin 4\pi t}{\pi t} \longleftrightarrow X(\omega) = 2\pi \cdot \dfrac{1}{2\pi}[G_{4\pi}(\omega) * G_{8\pi}(\omega)]$

$X(\omega) = 4\pi[(6\pi+\omega) \cdot u(\omega+6\pi) + (-2\pi-\omega) \cdot u(2\pi+\omega) + (2\pi-\omega) \cdot u(\omega-2\pi) + (-6\pi+\omega) \cdot u(\omega-6\pi)]$

$X(\omega)$ 写成如下形式也可以：

$X(\omega) = 4\pi\{(6\pi+\omega) \cdot [u(\omega+6\pi) - u(\omega+2\pi)] + 4\pi[u(\omega+2\pi) - u(\omega-2\pi)] + (6\pi-\omega)[u(\omega-2\pi) - u(\omega-6\pi)]\}$

而 $\cos 12\pi t \longleftrightarrow \pi[\delta(\omega-12\pi) + \delta(\omega+12\pi)]$

$x(t) \cdot \cos 12\pi t \longleftrightarrow X_1(\omega) = \dfrac{1}{2}[X(\omega-12\pi) + X(\omega+12\pi)]$，如图 4-13(c)所示。

(2) $X_2(\omega)$ 的频谱图如图 4-13(d)所示。

(3) $x_p(t)$ 的周期为 $\dfrac{2\pi}{12\pi}=\dfrac{1}{6}$, $x_p(t)=\sum\limits_{k=-\infty}^{+\infty}\delta\left(t-\dfrac{1}{6}k\right)$

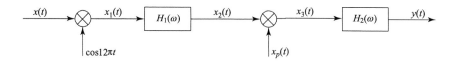

(a)

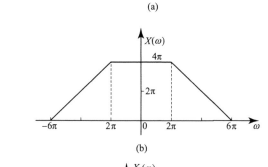

(b)

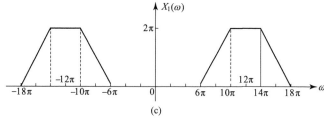

(c)

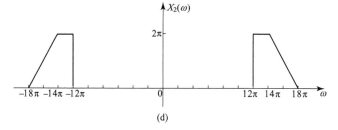

(d)

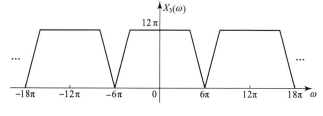

(e)

图 4-13 例 4-19

此时有:$X_p(\omega)=12\pi\sum\limits_{k=-\infty}^{+\infty}\delta(\omega-12\pi k)$

$$X_3(\omega)=\dfrac{1}{2\pi}X_p(\omega)*X_2(\omega)=6\sum\limits_{k=-\infty}^{+\infty}X_2(\omega-12\pi k)$$

而 $$H_2(\omega) = \begin{cases} \dfrac{1}{3}, & |\omega| \leqslant 6\pi \\ 0, & \text{其他} \end{cases}$$

例 4-20 已知系统如图 4-14(a)所示，有

$$x_1(t) = \dfrac{\pi}{\omega_0}\left[\dfrac{\sin\omega_0 t}{\pi t}\right]^2, \quad H_A(\omega) = G_{10\omega_0}(\omega) - G_{6\omega_0}(\omega), \quad H_B(\omega) = \begin{cases} 1, & |\omega| < 3\omega_0 \\ 0, & \text{其他} \end{cases}, \text{这里}$$

$$G_m(\omega) = \begin{cases} 1, & |\omega| < \dfrac{m}{2} \\ 0, & |\omega| \geqslant \dfrac{m}{2} \end{cases}, \text{求：}$$

(1) 写出 $X_1(\omega)$ 的表达式，画出 $X_1(\omega)$ 及 $X_2(\omega)$ 的频谱图；
(2) 画出 $X_3(\omega)$ 的频谱图；
(3) 画出 $X_4(\omega)$ 的频谱图；
(4) 画出 $X_5(\omega)$ 的频谱图，并求出 $x_5(t)$ 的数学表达式。

解：由于 $\dfrac{\sin\omega_0 t}{\pi t} \longleftrightarrow G_{2\omega_0}(\omega)$，则

$$x_1(t) = \dfrac{\pi}{\omega_0}\left[\dfrac{\sin\omega_0 t}{\pi t}\right]^2 = \dfrac{\pi}{\omega_0} \cdot \dfrac{\sin\omega_0 t}{\pi t} \cdot \dfrac{\sin\omega_0 t}{\pi t} \longleftrightarrow X_1(\omega) = \dfrac{\pi}{2\pi\omega_0} \cdot G_{2\omega_0}(\omega) * G_{2\omega_0}(\omega)$$

$$X_1(\omega) = \dfrac{1}{2\omega_0} \cdot G_{2\omega_0}(\omega) * G_{2\omega_0}(\omega)$$

$$= \dfrac{1}{2\omega_0} \cdot (\omega + 2\omega_0)[u(\omega + 2\omega_0) - u(\omega)] + \dfrac{1}{2\omega_0} \cdot (\omega - 2\omega_0)[u(\omega) - u(\omega - 2\omega_0)]$$

频谱波形如图 4-14(b)所示。

$$x_2(t) = x_1(t)\cos 3\omega_0 t, \quad X_2(\omega) = \dfrac{1}{2}[X_1(\omega + 3\omega_0) + X_1(\omega - 3\omega_0)]$$

频谱波形如图 4-14(c)所示。

$X_3(\omega) = X_2(\omega)H_A(\omega)$，频谱波形如图 4-14(d)所示。

$$x_4(t) = x_3(t)\cos 3\omega_0 t, \quad X_4(\omega) = \dfrac{1}{2}[X_3(\omega + 3\omega_0) + X_3(\omega - 3\omega_0)]$$

频谱波形如图 4-14(e)所示。

$X_5(\omega) = X_4(\omega)H_B(\omega)$，频谱波形如图 4-14(f)所示。

$$x_5(t) = \dfrac{1}{4}\dfrac{\pi}{\omega_0}\left[\dfrac{\sin\omega_0 t}{\pi t}\right]^2$$

例 4-21 已知系统框图如图 4-15(a)所示，其中输入信号 $x(t)$ 为周期性矩形脉冲，如图 4-15(b)所示；$\delta_T(t)$ 为周期单位冲激串，其周期 $T=1$；$h_1(t), h_2(t)$ 分别是图中两个子系统的冲激响应，其表达式分别为

$$h_1(t) = \dfrac{2\sin(\pi t)}{\pi t}, \quad -\infty < t < +\infty$$

$$h_2(t) = \dfrac{2\sin(3\pi t)}{\pi t}, \quad -\infty < t < +\infty$$

求：(1) $x(t)$ 的频谱 $X(\omega)$ 的表达式，并画出其频谱图（注明过零点的频率值）；

(2) 求 $y_1(t)$ 的频谱 $Y_1(\omega)$ 的表达式，并画出其频谱图；

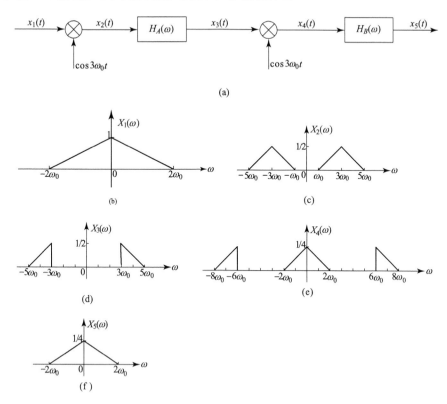

图 4 - 14　例 4 - 20

(3) 求出 $Y_2(\omega)$ 的表示式(以 $Y_1(\omega)$ 表示)，并画出其频谱图；该频谱会发生混叠吗？为什么？

(4) 写出 $Y_3(\omega)$ 的表达式(以 $Y_1(\omega)$ 表示)，并画出其频谱图；

(5) 画出 $y(t)$ 的频谱 $Y(\omega)$ 的表达式，指明 $Y(\omega)$ 对应的原信号 $y(t)$ 有何特点。

答：(1) $x_1(t) = G_2(t) * \sum\limits_{k=-\infty}^{+\infty}\delta(t-kT)$，$T=8$，$\omega_0 = \dfrac{2\pi}{8} = \dfrac{\pi}{4}$

$$X_1(\omega) = 2\mathrm{sinc}(\omega) \cdot \omega_0 \sum_{k=-\infty}^{+\infty}\delta(\omega-k\omega_0) = 2 \cdot \dfrac{\pi}{4}\sum_{k=-\infty}^{+\infty}\mathrm{sinc}(k\omega_0)\delta(\omega-k\omega_0)$$

$$= \dfrac{\pi}{2}\sum_{k=-\infty}^{+\infty}\mathrm{sinc}(k\omega_0)\delta(\omega-k\omega_0) = \dfrac{\pi}{2}\sum_{k=-\infty}^{+\infty}\mathrm{sinc}\left(k\dfrac{\pi}{4}\right)\delta\left(\omega - k\dfrac{\pi}{4}\right)$$

其频谱图如图 4 - 15(c)所示。

(2) $h_1(t) = \dfrac{2\sin\pi t}{\pi t} \longleftrightarrow H_1(\omega) = 2 \cdot G_{2\pi}(\omega)$

$$Y_1(\omega) = X_1(\omega)H_1(\omega) = \pi G_{2\pi}(\omega) \cdot \sum_{k=-\infty}^{+\infty}\mathrm{sinc}\left(k\dfrac{\pi}{4}\right)\delta\left(\omega - k\dfrac{\pi}{4}\right)$$

$$= \pi\sum_{k=-3}^{3}\mathrm{sinc}\left(k\dfrac{\pi}{4}\right)\delta\left(\omega - k\dfrac{\pi}{4}\right)$$

其频谱图如图 4 - 15(d)所示。

$$y_1(t) = \dfrac{1}{2} + \mathrm{sinc}\left(\dfrac{\pi}{4}\right)\cos\left(\dfrac{\pi}{4}t\right) + \mathrm{sinc}\left(\dfrac{\pi}{2}\right)\cos\left(\dfrac{\pi}{2}t\right) + \mathrm{sinc}\left(\dfrac{3\pi}{4}\right)\cos\left(\dfrac{3\pi}{4}t\right)$$

(3)令 $x_p(t) = \delta_T(t) = \sum\limits_{k=-\infty}^{+\infty} \delta(t-k) \longleftrightarrow X_p(\omega) = 2\pi \sum\limits_{k=-\infty}^{+\infty} \delta(\omega - 2\pi k)$

$$Y_2(\omega) = \frac{1}{2\pi}[X_p(\omega) * Y_1(\omega)] = \frac{1}{2\pi} \cdot 2\pi \sum_{k=-\infty}^{+\infty} \delta(\omega - 2\pi k) * Y_1(\omega) = \sum_{k=-\infty}^{+\infty} Y_1(\omega - 2\pi k)$$

其频谱图如图 4-15(e)所示。

(4) $Y_3(\omega) = Y_2(\omega) - Y_1(\omega)$,如图 4-15(f)所示。

(5) $H_2(\omega) = 2G_{6\pi}(\omega)$,

$Y(\omega) = Y_3(\omega)H_2(\omega) = Y_1(\omega - 2\pi) + Y_1(\omega + 2\pi)$,其频谱图如图 4-15(g)所示;

$$y(t) = 2\cos 2\pi t \cdot y_1(t)$$

$$y(t) = \left[1 + \mathrm{sinc}\left(\frac{\pi}{4}\right)\cos\left(\frac{\pi}{4}t\right) + \mathrm{sinc}\left(\frac{\pi}{2}\right)\cos\left(\frac{\pi}{2}t\right) + \mathrm{sinc}\left(\frac{3\pi}{4}\right)\cos\left(\frac{3\pi}{4}t\right)\right]\cos 2\pi t$$

时域信号为实偶函数。

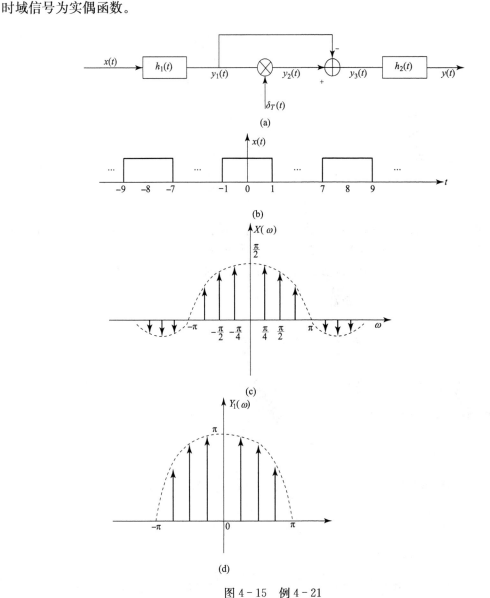

图 4-15 例 4-21

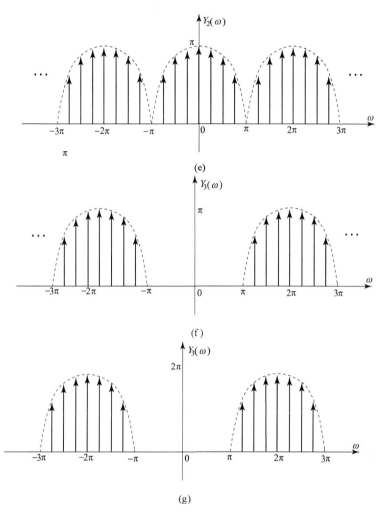

图 4-15 例 4-21(续)

例 4-22 如图 4-16(a)所示为一单边带幅度调制系统,图 4-16(b)为其解调系统,$x(t)$ 的频谱 $X(\omega)$ 如图 4-16(c)所示,$H(\omega)=-\mathrm{jsgn}(\omega)$,$\mathrm{sgn}(\omega)=\begin{cases}1,&\omega>0\\-1,&\omega<0\end{cases}$。

(1) 分别画出 $y_1(t)$、$x_h(t)$、$y_2(t)$、$y_s(t)$ 的频谱图;

(2) 确定 ω_0,ω_1,B 的范围或大小,使 $y(t)$ 的频谱与 $x(t)$ 相同。

解:

(1) $X_h(\omega)=X(\omega)H(\omega)$,其频谱图如图 4-16(e)所示

$y_1(t)=x(t)\cos\omega_c t$,$Y_1(\omega)=\dfrac{1}{2}[X(\omega+\omega_c)+X(\omega-\omega_c)]$,其频谱图如图 4-16(d)所示

$y_2(t)=x_h(t)\sin\omega_c t$,$Y_2(\omega)=\dfrac{\mathrm{j}}{2}[X_h(\omega+\omega_c)-X_h(\omega-\omega_c)]$,其频谱图如图 4-16(f)所示

$Y_s(\omega)=Y_1(\omega)+Y_2(\omega)$,其频谱图如图 4-16(g)所示

(2) $r(t)=y_s(t)\cos\omega_0 t$,$R(\omega)=\dfrac{1}{2}[Y_s(\omega+\omega_0)+Y_s(\omega-\omega_0)]$

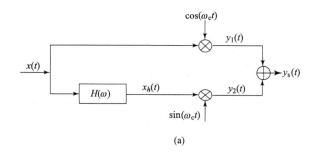

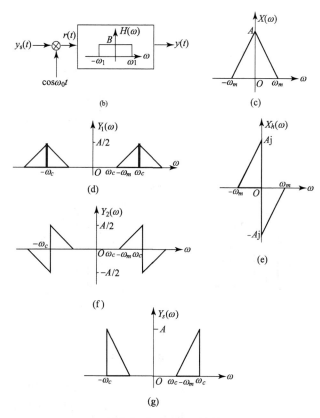

图 4-16 例 4-22

当 $\omega_0=\omega_c$, $B=2$, $\omega_m<\omega_1<2\omega_c-\omega_m$ 时，$y(t)$ 的频谱与 $x(t)$ 相同。

例 4-23 (1) 周期信号 $x(t)$ 的波形如图 4-17 所示，求其傅里叶变换 $X(\omega)$；

(2) 某因果 LTI 系统的输入输出关系由下列方程给出

$$\frac{\mathrm{d}y(t)}{\mathrm{d}t}+10y(t)=-x(t)+\int_{-\infty}^{+\infty}x(t)z(t-2)\mathrm{d}t,\text{ 其中 }z(t)=e^{-t}u(t)+3\delta(t)$$，求系统频率响应和单位冲激响应；

(3) 当输入信号 $x(t)=A\cos(\omega_0 t)$ 通过 (2) 中的系统时，求输出 $y(t)$。

图 4-17 例 4-23

解：(1) 令 $x_1(t)=\cos\pi t\left[u\left(t+\frac{1}{2}\right)-u\left(t-\frac{1}{2}\right)\right]$，$X_1(\omega)=\frac{1}{2}\left[\operatorname{sinc}\left(\frac{\omega+\pi}{2}\right)+\operatorname{sinc}\left(\frac{\omega-\pi}{2}\right)\right]$

$x(t)=x_1(t)+x_1(t+2)+x_1(t-2)$, $X(\omega)=X_1(\omega)(1+2\cos 2\omega)$

$$X(\omega)=\left[\operatorname{sinc}\left(\frac{\omega+\pi}{2}\right)+\operatorname{sinc}\left(\frac{\omega-\pi}{2}\right)\right]\left(\cos2\omega+\frac{1}{2}\right)$$

(2) $\int_{-\infty}^{\infty}x(t)z(t-2)\mathrm{d}t=x(t)*z(-t)|_{t=2}$ 为一常数,对方程两边求导得

$$\frac{\mathrm{d}^2y(t)}{\mathrm{d}t^2}+10\frac{\mathrm{d}y(t)}{\mathrm{d}t}=-\frac{\mathrm{d}x(t)}{\mathrm{d}t}$$

方程两边取傅里叶变换,$[(\mathrm{j}\omega)^2+10\mathrm{j}\omega]Y(\omega)=-\mathrm{j}\omega X(\omega)$。

系统频率响应 $H(\omega)=\dfrac{Y(\omega)}{X(\omega)}=\dfrac{-\mathrm{j}\omega}{(\mathrm{j}\omega)^2+10\mathrm{j}\omega}=-\dfrac{1}{\mathrm{j}\omega+10}$,则系统单位冲激响应

$$h(t)=-\mathrm{e}^{-10t}u(t)。$$

(3) $H(\omega_0)=-\dfrac{1}{\mathrm{j}\omega_0+10}=\dfrac{10-\mathrm{j}\omega_0}{-\omega_0^2-100}=\dfrac{-10}{\omega_0^2+100}+\mathrm{j}\dfrac{\omega_0}{\omega_0^2+100}=\alpha+\mathrm{j}\beta$

$$|H(\omega_0)|=\sqrt{\alpha^2+\beta^2},\operatorname{arc}(H(\omega_0))=\tan^{-1}\left(\frac{\beta}{\alpha}\right)$$

$$y(t)=A|H(\omega_0)|\cos\left(\omega_0 t+\tan^{-1}\left(\frac{\beta}{\alpha}\right)\right)$$

例 4-24 确定如下信号的奈奎斯特抽样率。

$$x(t)=\operatorname{sinc}(200t)+\operatorname{sinc}(50t)$$

解: $x(t)=\operatorname{sinc}(200t)+\operatorname{sinc}(50t)$

$$X(\omega)=\frac{200}{\pi}G_{400}(\omega)+\frac{50}{\pi}G_{100}(\omega)$$

$$\omega_m=200(\mathrm{rad/s})\quad \omega_s=2\omega_m=400(\mathrm{rad/s})$$

例 4-25 求信号 $x(t)=\operatorname{sinc}(100t)$ 的频带宽度。如对 $x(t)$ 进行均匀采样,求其奈奎斯特频率 f_s 和奈奎斯特周期 T_s。

解: $x(t)=\operatorname{sinc}(100t)=\dfrac{\sin100t}{100t}=\dfrac{\pi\sin100t}{100\pi t}\quad X(\omega)=\dfrac{\pi}{100}G_{200}(\omega)$

$$\omega_m=100(\mathrm{rad/s}),\omega_s=2\omega_m=200(\mathrm{rad/s}),T_s=\frac{2\pi}{\omega_s}=\frac{2\pi}{200}=\frac{\pi}{100}(\mathrm{s})$$

例 4-26 对 $x_1(t)=\cos2\pi50t$ 和 $x_2(t)=\cos2\pi350t$ 都按采样周期 $T_s=\dfrac{1}{400}(\mathrm{s})$ 进行取样,分别计算 $x_1(t)$ 和 $x_2(t)$ 的最大采样周期 T_{s1} 和 T_{s2};试确定哪个信号在恢复成原信号时不出现重叠现象。

解: $f_1=50,T_1=\dfrac{1}{50}\mathrm{s},\qquad f_{s1}=100\qquad T_{s1}=\dfrac{1}{100}$

$f_2=350,T_2=\dfrac{1}{350}\mathrm{s},\qquad f_{s2}=700\qquad T_{s2}=\dfrac{1}{700}$

因为 $T_{s2}<T_s<T_{s1}$,所以只有 $x_1(t)$,即 $\cos2\pi50t$ 的信号在恢复时不发生重叠现象。

例 4-27 已知某低频实偶 $x(t)$ 的最高频率分量为 f_m,该信号经 $\sin(5\times10^6\pi t)$ 调制后的信号 $g(t)$ 占据频率范围为 $f_L\leqslant f_g\leqslant f_H$,则 f_L 为_____;f_H 为_____。

解: 由题意有 $g(t)=x(t)\sin(5\times10^6\pi t)$,其傅里叶变换

$G(\omega)=\dfrac{\mathrm{j}}{2}(X(\omega+5\times10^6\pi)-X(\omega-5\times10^6\pi))$,又由 $X(\omega)$ 为实偶函数,则

f_L 为 $-f_m - 5\times 10^6 \pi$,f_H 为 $f_m + 5\times 10^6 \pi$

例 4-28 已知 $x(t)$ 为带限信号,其频宽为 B Hz,求:

(1) $x(2t)$ 的最小奈奎斯特采样频率 f_{s1};

(2) $x\left(\dfrac{1}{2}t\right)$ 的最小奈奎斯特采样频率 f_{s2};

(3) 当 $x(t)$,$x(2t)$ 及 $x\left(\dfrac{1}{2}t\right)$ 三路信号同时发送时,其最小奈奎斯特采样频率 f_{s3} 为多少?

解: $x(t)$ 的最小采样频率为 $2B$,

(1) $x(2t) \longleftrightarrow \dfrac{1}{2}X\left(\dfrac{\omega}{2}\right)$,则 $f_{s1} \geq 4B$;

(2) $x\left(\dfrac{1}{2}t\right) \longleftrightarrow 2X(2\omega)$,则 $x\left(\dfrac{1}{2}t\right) f_{s2} \geq 2 \cdot \dfrac{1}{2}B = B$;

(3) 三路同时发送取最小公倍数 $3 \times 4B = 12B$ Hz。

例 4-29 已知信号 $x(t)$ 的最高角频率为 ω_m,求:

(1) $y_1(t) = x\left(\dfrac{t}{2}\right) + x\left(\dfrac{t}{4}\right)$ 及 $y_2(t) = x\left(\dfrac{t}{2}\right) \cdot x\left(\dfrac{t}{4}\right)$ 的最高角频率(用 ω_m 表示);

(2) 当对 $y_1(t)$,$y_2(t)$ 进行取样,使其频谱不发生混叠的最大取样间隔。

解: (1) 由 $Y_1(\omega) = 2X(2\omega) + 4X(4\omega)$,其最高角频率为 $\dfrac{\omega_m}{2}$。

$Y_2(\omega) = \dfrac{1}{2\pi}[2X(2\omega) * 4X(4\omega)] = \dfrac{4}{\pi}[X(2\omega) * X(4\omega)]$,由卷积性质可知卷积结果信号的宽度为参与卷积的两个信号宽度之和,则其最高角频率为 $\dfrac{3}{4}\omega_m$;

(2) 当对 $y_1(t)$ 进行取样时 $\omega_{s1} \geq \omega_m$,则最大取样间隔 $T_1 = \dfrac{2\pi}{\omega_m}$;当对 $y_2(t)$ 进行取样时 $\omega_{s2} \geq \dfrac{3}{2}\omega_m$,最大取样间隔 $T_2 = \dfrac{4\pi}{3\omega_m}$。

例 4-30 设 $x(t)$ 为带限信号,其频谱如图 4-18 所示。

(1) 分别求出 $x(2t)$,$x\left(\dfrac{t}{2}\right)$ 的奈奎斯特抽样频率及奈奎斯特间隔 T;

(2) 用周期冲激串 $\delta_T(t) = \sum\limits_{-\infty}^{+\infty}\delta\left(t - \dfrac{k\pi}{8}\right)$ 对信号 $x(t)$、$x(2t)$、$x\left(\dfrac{t}{2}\right)$ 分别进行抽样,画出信号 $x_s(t)$,$x_s(2t)$,$x_s\left(\dfrac{t}{2}\right)$ 的频谱。

解: (1) $\omega_m = 8$, $x_1(t) = x(2t) \longleftrightarrow X_1(\omega) = \dfrac{1}{2}X\left(\dfrac{\omega}{2}\right)$,频带宽度 $2\omega_m = 16$ rad/s,$\omega_s = 2\omega_m \cdot 2 = 32$ rad/s,$f_s = \dfrac{16}{\pi}$ Hz,$T_1 = \dfrac{1}{f_s} = \dfrac{\pi}{16}$ s;

$x_2(t) = x\left(\dfrac{t}{2}\right) \longleftrightarrow X_2(\omega) = 2X(2\omega)$,频带宽度 $\dfrac{\omega_m}{2} = 4$ rad/s,$\omega_s = 8$ rad/s,$T_2 = \dfrac{\pi}{4}$ s

(2) $T = \dfrac{\pi}{8}$ s,所以 $\omega_s = \dfrac{2\pi}{T} = 16$ rad/s

① $X_s(\omega) = \frac{1}{T}\sum_{k=-\infty}^{+\infty}X(\omega-k\omega_s) = \frac{8}{\pi}\sum_{k=-\infty}^{+\infty}X(\omega-16k)$

② $x(2t)$ 的抽样信号 $x_s(2t)$ 的频谱为

$$X_{s1}(\omega) = \frac{1}{T}\sum_{k=-\infty}^{+\infty}X_1(\omega-k\omega_s) = \frac{8}{\pi}\sum_{k=-\infty}^{+\infty}X_1(\omega-16k)$$

③ $X\left(\frac{t}{2}\right)$ 的抽样信号 $X_s\left(\frac{t}{2}\right)$ 频谱为

$$X_{s2}(\omega) = \frac{1}{T}\sum_{k=-\infty}^{+\infty}X_2(\omega-k\omega_s) = \frac{8}{\pi}\sum_{k=-\infty}^{+\infty}X_2(\omega-16k)$$

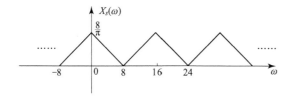

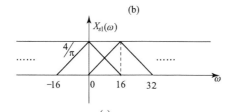

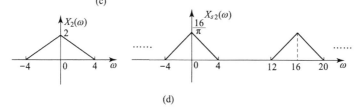

图 4-18　例 4-30

例 4-31　已知系统框图如图 4-19 所示，其中 $h_1(t)=\mathrm{sinc}(\pi t)$，$\delta_T(t)=\sum_{n=-\infty}^{+\infty}\delta(t-nT)$，$e(t)=\sum_{n=-\infty}^{+\infty}G_2(t-8n)$，求：

(1) $r_1(t)$ 的频谱，确定使 $r_2(t)$ 的频谱不发生混叠的 T 的取值范围；

(2) 当 $T=\frac{1}{2}$ 时的 $r_2(t)$ 频谱，确定此时 $r_2(t)$ 应通过怎样的滤波器才能恢复为 $r_1(t)$ 及该滤波器的截止频率的取值范围。

解：(1) 求 $r_1(t)$ 的频谱实为周期信号 $e(t)$ 激励时的系统响应的

图 4-19　例 4-31

频谱；

由已知 $h_1(t)=\text{sinc}(\pi t)$ 的傅里叶变换可得 $H_1(\omega)=G_{2\pi}(\omega)$

周期信号 $e(t)$ 的频谱的求法可以有两种：

方法 1：

由于 $e(t)=\sum_{n=-\infty}^{+\infty}G_2(t-8n)$ 是一个脉宽为 1，周期为 8 的周期矩形信号，其角频率 $\omega_0=\dfrac{\pi}{4}$

为方便起见，将 $e(t)$ 在时间域 $[-1,1]$ 内的信号作为第一个周期内的信号 $e_1(t)$，于是有

$$e_1(t)=u(\omega+1)+u(\omega-1), E_1(\omega)=2\text{sinc}(\omega)$$

而周期信号 $e(t)$ 和 $e_1(t)$ 的关系为 $e(t)=e_1(t)*\sum_{n=-\infty}^{\infty}\delta(t-8n)$

故由时域卷积性质可求得 $e(t)$ 的频谱为

$$E(\omega)=E_1(\omega)\omega_0\sum_{k=-\infty}^{+\infty}\delta(\omega-k\omega_0)=2\text{sinc}(\omega)\frac{\pi}{4}\sum_{k=-\infty}^{+\infty}\delta\left(\omega-k\frac{\pi}{4}\right)$$

$$=\frac{\pi}{2}\sum_{k=-\infty}^{+\infty}\text{sinc}\left(k\frac{\pi}{4}\right)\delta\left(\omega-k\frac{\pi}{4}\right)$$

方法 2：

$e(t)=\sum_{n=-\infty}^{+\infty}G_2(t-8n)$ 是一个脉宽为 1，周期为 8 的周期矩形信号，其傅里叶级数系数 $c_k=\dfrac{1}{4}\text{sinc}\left(k\dfrac{\pi}{4}\right)$，由周期信号的傅里叶变换形式可得

$$E(\omega)=2\pi\sum_{k=-\infty}^{+\infty}c_k\delta(\omega-k\omega_0)=\frac{\pi}{2}\sum_{k=-\infty}^{+\infty}\text{sinc}\left(k\frac{\pi}{4}\right)\delta\left(\omega-k\frac{\pi}{4}\right)。$$

$e(t)$ 的频谱形式表明，激励信号的频谱由位于 $\omega=k\dfrac{\pi}{4}$ 的冲激函数组成。而系统 $H_1(\omega)=G_{2\pi}(\omega)$ 只允许低于 π 的频率分量通过，故可得 $r_1(t)$ 的傅里叶变换为

$$R_1(\omega)=E(\omega)H_1(\omega)=\frac{\pi}{2}\left[\delta(\omega)+\text{sinc}\left(\frac{\pi}{4}\right)\delta\left(\omega\pm\frac{\pi}{4}\right)+\text{sinc}\left(\frac{\pi}{2}\right)\delta\left(\omega\pm\frac{\pi}{2}\right)+\text{sinc}\left(\frac{3}{4}\pi\right)\delta\left(\omega\pm\frac{3\pi}{4}\right)\right]$$

为确定使 $r_2(t)$ 的频谱不发生混叠的信号 $\delta_T(t)=\sum_{n=-\infty}^{+\infty}\delta(t-nT)$ 的周期 T 取值范围，实为求抽样信号的奈奎斯特频率 ω_s；由 $r_1(t)$ 的傅里叶变换 $R_1(\omega)$ 形式，得信号 $r_1(t)$ 的最高角频率为 $\omega_m=\dfrac{3\pi}{4}$；由抽样定理，$\omega_s=2\omega_m, T_s=\dfrac{2\pi}{\omega_s}=\dfrac{8}{3}$，则周期 $T<\dfrac{8}{3}$ 时，$r_2(t)$ 的频谱不发生混叠。

(2) 当 $T=\dfrac{1}{2}$ 时，$p(t)=\delta_T(t)=\sum_{n=-\infty}^{+\infty}\delta\left(t-\dfrac{n}{2}\right)$，$P(\omega)=4\pi\sum_{k=-\infty}^{+\infty}\delta(\omega-4k\pi)$；由图 4-19 有

$$r_2(t)=r_1(t)p(t)=r_1(t)\sum_{n=-\infty}^{+\infty}\delta\left(t-\frac{n}{2}\right)。$$

由频域卷积性质可求得 $r_2(t)$ 的频谱为

$$R_2(\omega)=\frac{1}{2\pi}[R_1(\omega)*P(\omega)]=\frac{1}{2\pi}[R_1(\omega)*4\pi\sum_{k=-\infty}^{+\infty}\delta(\omega-4k\pi)]=2\sum_{k=-\infty}^{+\infty}R_1(\omega-4k\pi)$$

实际上，$r_2(t)$ 的频谱为 $r_1(t)$ 的频谱以 4π 为周期进行周期延拓，所以 $r_1(t)$ 通过截止频率

为 $\frac{3\pi}{4} < \omega_c < \frac{13\pi}{4}$ 的低通滤波器，$r_2(t)$ 才能恢复为 $r_1(t)$。

例 4-32 已知连续时间信号 $x_1(t) = \sin(2\pi f_0 t)$，$-\infty < t < +\infty$，$f_0 = 400 \text{Hz}$。求：

(1) 连续时间信号 $x_1(t)$ 的傅里叶系数 c_k；

(2) 画出 $x_2(t) = \begin{cases} \sin(2\pi f_0 t), & 0 \leq t \leq t_p \\ 0, & \text{其他} \end{cases}$，其中 $t_p = 5 \times 10^{-3}$ s，$f_0 = 400$ Hz 的幅谱，并注明相关参数；

(3) 若对信号 $x_1(t)$ 均匀抽样，抽样间隔为 $T = 10^{-3}$ s，由此可得到离散时间序列：$x_1(n) = \sin(2\pi f_0 Tn) = \sin(\Omega_0 n)$，判断该序列是否为周期序列，若是，求其离散傅里叶系数 $\widetilde{X}_1(k)$，画出频谱。

解：(1) $x_1(t) = \frac{1}{2j}(e^{j2\pi f_0 t} - e^{-j2\pi f_0 t})$，故 $c_1 = \frac{1}{2j}$，$c_{-1} = -\frac{1}{2j}$。

(2) 由于 $2\pi f_0 t_p = 2\pi \times 400 \times 5 \times 10^{-3} = 2\pi \times 2$，所以矩形窗截断正弦 2 个周期，如图 4-20 所示，可看作 $\omega = -2\pi \sim 2\pi$ 的截断正弦向右移位 $\frac{t_p}{2}$ 形成的，即

$$x_2(t) = (\sin(2\pi f_0 t) G_{t_p}(t)) * \delta\left(t - \frac{t_p}{2}\right) \quad \text{令} \ 2\pi f_0 = \omega_0$$

$$\sin(\omega_0 t) \longleftrightarrow -j\pi(\delta(\omega - \omega_0) - \delta(\omega + \omega_0))$$

$$G_{t_p}(t) \longleftrightarrow t_p \text{sinc}\left(\frac{t_p}{2}\omega\right)$$

$$\sin(2\pi f_0 t) G_{t_p}(t) \longleftrightarrow -\frac{1}{2}j[\delta(\omega-\omega_0) - \delta(\omega+\omega_0)] * t_p \text{sinc}\left(\frac{t_p}{2}\omega\right)$$

$$= -j\frac{t_p}{2}\left[\text{sinc}\left(\frac{t_p}{2}(\omega-\omega_0)\right) - \text{sinc}\left(\frac{t_p}{2}(\omega+\omega_0)\right)\right]$$

$$x_2(t) \longleftrightarrow -j\frac{t_p}{2}\left[\text{sinc}\left(\frac{t_p}{2}(\omega-\omega_0)\right) - \text{sinc}\left(\frac{t_p}{2}(\omega+\omega_0)\right)\right] e^{\frac{t_p}{2}}$$

$$X_2(f) = -j \cdot 2.5 \times 10^{-3} [\text{sinc}(2.5 \times 10^{-3} \times 2\pi(f-400)) -$$
$$\text{sinc}(2.5 \times 10^{-3} \times 2\pi(f+400))] e^{j \cdot 2.5 \times 10^{-3}}$$
$$= -j \cdot 2.5 \times 10^{-3} [\text{sinc}(5 \times 10^{-3}\pi(f-400)) - \text{sinc}(5 \times 10^{-3}\pi(f+400))] e^{j \cdot 2.5 \times 10^{-3}}$$

由于只画幅谱，$e^{j \cdot 2.5 \times 10^{-3}}$ 为系数，j 不考虑；其频谱图如图 4-20 所示。

(3) 由于 $\frac{2\pi}{\Omega_0} = \frac{2\pi}{2\pi f_0 T} = \frac{10^3}{f} = \frac{1000}{400} = \frac{5}{2}$，所以是周期的，周期 N 为 5；

$$\sin(\Omega_0 n) = \sin(2\pi f_0 nT) = \frac{1}{2j}(e^{j2\pi f_0 nT} - e^{-j2\pi f_0 nT}) = \frac{1}{2j}(e^{j\frac{2\pi \cdot 2n}{5}} - e^{-j\frac{2\pi \cdot 2n}{5}})$$

离散时间信号的傅里叶级数系数 $C_2 = \frac{1}{2j}$，$C_{-2} = -\frac{1}{2j}$。

离散傅里叶系数 $\widetilde{X}_1(k) = Nc_k$，故

$$\widetilde{X}(kN+2) = \frac{N}{2j} = \frac{5}{2j}, \quad \widetilde{X}(kN-2) = -\frac{5}{2j}$$

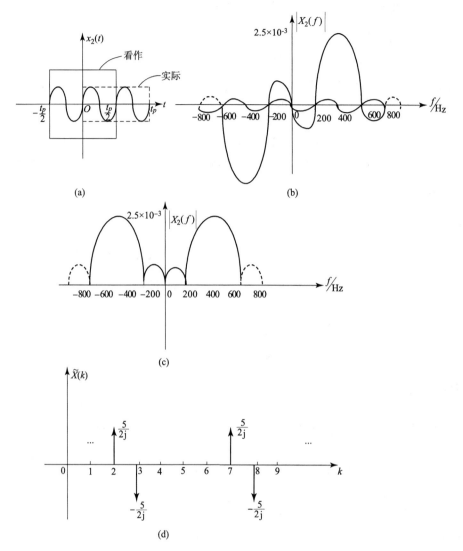

图 4-20 例 4-32

例 4-33 已知一个 LTI 系统的输入 $x(t)$ 和输出 $y(t)$ 的关系为 $y(t) = \dfrac{1}{T_1+T_2}\int_{t-T_1}^{t-T_2} x(\tau)\mathrm{d}\tau$，其中 T_1, T 是非负实数，利用特征函数的概念求该系统的单位冲激响应 $h(t)$，并画出其波形。

解: 特征函数 $\mathrm{e}^{\mathrm{j}\omega t}$ 输入频率响应为 $H(\omega)$ 的系统，有 $\mathrm{e}^{\mathrm{j}\omega t} \to H(\omega)\mathrm{e}^{\mathrm{j}\omega t}$

将 $x(t) = \mathrm{e}^{\mathrm{j}\omega t}$ 代入 $y(t) = \dfrac{1}{T_1+T_2}\int_{t-T_1}^{t+T_2} x(\tau)\mathrm{d}\tau$

得
$$y(t) = \frac{1}{T_1+T_2}\int_{t-T_1}^{t+T_2}\mathrm{e}^{\mathrm{j}\omega\tau}\mathrm{d}\tau = \frac{1}{T_1+T_2}\frac{1}{\mathrm{j}\omega}\mathrm{e}^{\mathrm{j}\omega\tau}\bigg|_{t-T_1}^{t+T_2}$$

$$= \frac{1}{(T_1+T_2)\mathrm{j}\omega}(\mathrm{e}^{\mathrm{j}\omega T_2} - \mathrm{e}^{\mathrm{j}\omega T_1})\mathrm{e}^{\mathrm{j}\omega t} = H(\omega)\mathrm{e}^{\mathrm{j}\omega t}$$

$$H(\omega) = \frac{1}{(T_1+T_2)\mathrm{j}\omega}(\mathrm{e}^{\mathrm{j}\omega T_2} - \mathrm{e}^{\mathrm{j}\omega T_1}) = \frac{1}{(T_1+T_2)\mathrm{j}\omega}\mathrm{e}^{\mathrm{j}\omega\frac{T_2-T_1}{2}}\left[\mathrm{e}^{\mathrm{j}\omega\frac{T_2-T_1}{2}} - \mathrm{e}^{-\mathrm{j}\omega\frac{T_1+T_2}{2}}\right]$$

$$= \frac{2\mathrm{j}}{(T_1+T_2)\mathrm{j}\omega} \mathrm{e}^{\mathrm{j}\omega \frac{T_2-T_1}{2}} \sin\left(\frac{T_1+T_2}{2}\omega\right) = \mathrm{e}^{\mathrm{j}\omega \frac{T_2-T_1}{2}} \mathrm{sinc}\left(\frac{T_1+T_2}{2}\omega\right)$$

$$G_{T_1+T_2}(t) \longleftrightarrow (T_1+T_2)\mathrm{sinc}\left(\frac{T_1+T_2}{2}\omega\right)$$

$$\frac{1}{T_1+T_2} G_{T_1+T_2}\left(t+\frac{T_2-T_1}{2}\right) \longleftrightarrow \mathrm{sinc}\left(\frac{T_1+T_2}{2}\omega\right)\mathrm{e}^{\mathrm{j}\omega \frac{T_2-T_1}{2}}$$

则 $h(t) = \dfrac{1}{T_1+T_2} G_{T_1+T_2}\left(t - \dfrac{T_1-T_2}{2}\right)$,其波形如图 4-21 所示。

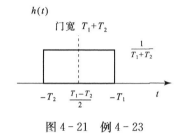

图 4-21　例 4-23

第 5 章

离散时间信号与系统的频域分析

5.1 学习要求

- 掌握离散时间傅里叶级数的计算方法及基本特征
- 掌握离散时间傅里叶变换的基本定义和性质
- 掌握基本信号的离散时间傅里叶变换
- 掌握离散时间信号频谱的基本特点；离散时间周期序列与抽样信号的傅里叶变换

5.2 学习要点

1. 离散时间傅里叶级数

(1) 离散时间傅里叶级数定义

基波周期为 N 的离散时间周期信号 $x(n)$ 的离散傅里叶级数表示为

$$X(k) = Nc_k = \sum_{n=\langle N \rangle} x(n) e^{-jk\Omega_0 n}, \quad x(n) = \sum_{k=\langle N \rangle} c_k e^{jk\Omega_0 n}, \text{其中 } \Omega_0 = 2\pi/N$$

注：$n = \langle N \rangle, k = \langle N \rangle$ 表示只取 N 个值。

(2) 常用离散时间周期信号的傅里叶级数

① 周期方波序列：$X(k) = Nc_k = \left. \dfrac{\sin((2N_1+1)\Omega/2)}{\sin(\Omega/2)} \right|_{\Omega = 2k\pi/N}$

② $x(n) = \sum\limits_{k=-\infty}^{+\infty} \delta[n - kN], \quad X(k) = Nc_k = 1$

2. 离散时间傅里叶变换

(1) 离散时间傅里叶变换的定义

非周期信号 $x(n)$ 的傅里叶变换定义为 $X(e^{j\Omega}) = \sum\limits_{n=-\infty}^{+\infty} x(n) e^{-j\Omega n}$，$X(e^{j\Omega})$ 是 $x(n)$ 的频谱密度函数，是以 2π 为周期的周期函数；$x(n) = \dfrac{1}{2\pi} \int_{2\pi} X(e^{j\Omega}) e^{j\Omega n} d\Omega$

第5章 离散时间信号与系统的频域分析

(2) 离散时间傅里叶变换的性质

① 共轭对称性：$X^*(e^{j\Omega}) = X(e^{-j\Omega})$

$$\begin{cases} X(e^{j\Omega}) = \text{Re}[X(e^{j\Omega})] + j\text{Im}[X(e^{j\Omega})] \\ \text{Re}[X(e^{j\Omega})] = \text{Re}[X(e^{-j\Omega})] \\ \text{Im}[X(e^{j\Omega})] = -\text{Im}[X(e^{-j\Omega})] \end{cases}$$

$$\begin{cases} X(e^{j\Omega}) = |X(e^{j\Omega})|e^{j\varphi} \\ |X(e^{j\Omega})| = |X(e^{-j\Omega})| \\ \varphi(j\Omega) = -\varphi(-j\Omega) \end{cases}$$

$$\begin{cases} x(n) = x_e(n) + x_o(n) \\ x_e(n) = \dfrac{x(n) + x(-n)}{2} \longleftrightarrow \text{Re}[X(e^{j\Omega})] \\ x_o(n) = \dfrac{x(n) - x(-n)}{2} \longleftrightarrow j\text{Im}[X(e^{j\Omega})] \end{cases}$$

② 时移：$x(n-n_0) \longleftrightarrow e^{-j\Omega n_0} X(e^{j\Omega})$

③ 频移：$e^{j\Omega_0 n} x(n) \longleftrightarrow X(e^{j(\Omega-\Omega_0)})$

④ 反转：$x(-n) \longleftrightarrow X(e^{-j\Omega})$

⑤ 时域扩展：$x_{(k)}(n) = \begin{cases} x(n/k), & n \text{ 为 } k \text{ 的倍数} \\ 0, & n \text{ 不为 } k \text{ 的倍数} \end{cases} \longleftrightarrow X(e^{jk\Omega})$

⑥ 频域微分：$nx(n) \longleftrightarrow j\dfrac{dX(e^{j\Omega})}{d\Omega}$

⑦ Parsval 定理：$\displaystyle\sum_{n=-\infty}^{+\infty} |x(n)|^2 = \dfrac{1}{2\pi}\int_{2\pi} |X(e^{j\Omega})|^2 d\Omega$

⑧ 卷积定理：$y(n) = x(n) * h(n) \longleftrightarrow X(e^{j\Omega})H(e^{j\Omega})$

⑨ 频域卷积定理：$y(n) = x(n)h(n) \longleftrightarrow Y(e^{j\Omega}) = \dfrac{1}{2\pi}\int_{2\pi} X(e^{j\theta})H(e^{j(\Omega-\theta)})d\theta$

⑩ 周期：$X(e^{j(\Omega+2\pi)}) = X(e^{j\Omega})$

(3) 周期序列的傅里叶变换

① 傅里叶级数与傅里叶变换之间的关系

设周期信号的 Fourier Series 系数 c_k 与主周期的傅里叶变换 $X_1(e^{j\Omega})$

周期信号：$\tilde{x}(n) = \displaystyle\sum x_1(n-kT), \tilde{x}(n) = \displaystyle\sum_{k=\langle N \rangle} c_k e^{jk\Omega_0 n}$ 其中 $\Omega_0 = 2\pi/N$

主周期：$x_1(n) = \tilde{x}(n)\left[u\left(n+\dfrac{N}{2}\right) - u\left(n-\dfrac{N}{2}\right)\right]$

则
$$c_k = \dfrac{1}{N} X_1(e^{j\Omega})\bigg|_{\Omega=k\Omega_0}$$

② 周期序列的傅里叶变换

$$\tilde{X}(e^{j\Omega}) = 2\pi \sum_{k=-\infty}^{+\infty} c_k \delta(\Omega - k\Omega_0), \Omega_0 = 2\pi/N$$

或 $\tilde{X}(e^{j\Omega}) = \frac{2\pi}{N}\sum_{k=-\infty}^{+\infty} X_1(e^{jk\Omega_0})\delta(\Omega-k\Omega_0) = \Omega_0 \sum_{k=-\infty}^{+\infty} X_1(e^{jk\Omega_0})\delta(\Omega-k\Omega_0)$

(4) 常用离散时间信号的傅里叶变换

① $x(n) = \frac{\sin\omega_0 n}{\pi n}, X(e^{j\Omega}) = G_{2\omega_0}(\Omega), -\pi < \Omega \leqslant \pi$

② $x(n) = a^n u(n) \quad |a| < 1, X(e^{j\Omega}) = \frac{1}{1-ae^{-j\Omega}}$

③ $x(n) = a^{|n|}, X(e^{j\Omega}) = \frac{1}{1-ae^{-j\Omega}} - 1 + \frac{1}{1-ae^{j\Omega}} \quad 0 < a < 1$

④ $x(n) = \begin{cases} 1, & |n| \leqslant N_1 \\ 0, & |n| > N_1 \end{cases}, X(e^{j\Omega}) = \frac{\sin\left[\Omega\left(N_1+\frac{1}{2}\right)\right]}{\sin\left[\frac{\Omega}{2}\right]}$

⑤ $x(n) = \delta(n), X(e^{j\Omega}) = 1$

⑥ $x(n) = \cos\Omega_0 n, X(e^{j\Omega}) = \sum_{k=-\infty}^{+\infty} \pi[\delta(\Omega-\Omega_0-2k\pi) + \delta(\Omega+\Omega_0-2k\pi)]$

$x(n) = \sin\Omega_0 n, X(e^{j\Omega}) = -j\pi\sum_{k=-\infty}^{+\infty}[\delta(\Omega-\Omega_0-2k\pi) - \delta(\Omega+\Omega_0-2k\pi)]$

⑦ $x(n) = \sum_{k=-\infty}^{+\infty}\delta[n-kN], X(e^{j\Omega}) = \frac{2\pi}{N}\sum_{k=-\infty}^{+\infty}\left[\delta\left(\Omega-k\frac{2\pi}{N}\right)\right]$

⑧ $x(n) = 1, X(e^{j\Omega}) = 2\pi\sum_{k=-\infty}^{+\infty}[\delta(\Omega-2k\pi)]$

(5) 离散时间与连续时间的傅里叶变换的联系

连续时间信号 $x(t)$ 的频谱为 $X(\omega)$，抽样信号 $x_s(t) = x(t) \cdot \sum_{k=-\infty}^{+\infty}\delta(t-kT)$ 的频谱为 $X_s(\omega)$，离散时间信号 $x(n)$ 的频谱为 $X(e^{j\Omega})$，则 $X(e^{j\Omega}) = X_s\left(\frac{\Omega}{T}\right), X_s(\omega) = \frac{1}{T}\sum_{k=-\infty}^{+\infty} X(\omega-k\omega_s)$

$X(e^{j\Omega}) = \frac{1}{T}\sum_{k=-\infty}^{+\infty} X\left(\frac{\Omega}{T} - k\frac{2\pi}{T}\right)$，其中 $\Omega = \omega T, \omega_s = \frac{2\pi}{T}$

(6) 离散时间抽样信号的傅里叶变换

设 $x(n)$ 是一个离散时间信号，$p[n]$ 是一个周期等于 N 的冲激序列，则抽样信号 $x_s[n]$ 可以表示为
$$x_s[n] = x(n)p[n] = x(n)\sum_{k=-\infty}^{+\infty}\delta[n-kN]$$

于是，利用频域卷积性质，可由此求得抽样信号的频谱为
$$X_s(e^{j\Omega}) = \frac{1}{2\pi} X(e^{j\Omega}) * P(e^{j\Omega})$$

而周期冲激序列的傅里叶变换仍是一个周期冲激序列，即
$$P(e^{j\Omega}) = \Omega_s \sum_{k=-\infty}^{+\infty} \delta(\Omega-k\Omega_s)$$

这里，$\Omega_s = 2\pi/N$，它是抽样频率，可求得

第5章 离散时间信号与系统的频域分析

$$X_s(e^{j\Omega}) = \frac{1}{2\pi} X(e^{j\Omega}) * \Omega_s \sum_{k=-\infty}^{+\infty} \delta(\Omega - k\Omega_s)$$

$$= \frac{1}{N} \sum_{k=-\infty}^{+\infty} X(e^{j(\Omega - k\Omega_s)})$$

由于 $X(e^{j\Omega})$ 和 $P(e^{j\Omega})$ 都是以 2π 周期的函数,它们的周期卷积 $X_s(e^{j\Omega})$ 也是一个 2π 的周期函数,这样, $X_s(e^{j\Omega})$ 对 k 具有周期性,周期为 N,也就是说,当 $k=0$ 和 $k=\pm mN$ 时表达式 $X(e^{j(\Omega-k\Omega_s)})$ 相同,即

$$X(e^{j(\Omega - k\Omega_s)}) = X(e^{j(\Omega \pm mN\Omega_s)}) = X(e^{j(\Omega \pm 2m\pi)}) = X(e^{j\Omega})$$

因此

$$X_s(e^{j\Omega}) = \frac{1}{N} \sum_{k=0}^{N-1} X(e^{j(\Omega - k\Omega_s)})$$

可以看到,这个结果和连续时间抽样信号的变换式是完全类似的。它也表明,离散时间抽样信号的频谱是原信号的频谱以抽样频率 Ω_s 周期重复的结果。如果原信号是带限信号,且最高频率等于 Ω_m,那么,当抽样频率 Ω_s 大于 2 倍的 Ω_m 时,抽样信号的频谱将不会产生混叠现象,反之,如果原信号不是带限信号,或者抽样频率不满足 $\Omega_s \geqslant 2\Omega_m$ 时,则抽样信号的频谱将会产生混叠。

3. 离散 LTI 系统的频域分析

(1) 频率响应 $H(e^{j\Omega})$

① $H(e^{j\Omega})$ 为 $h(n)$ 的傅里叶变换,即 $\text{DTFT}\{h[n]\} = H(e^{j\Omega}) = |H(e^{j\Omega})| e^{j\varphi(\Omega)}$

式中, $|H(e^{j\Omega})|$ 称为系统的幅频响应, $\varphi(\Omega)$ 为相频响应。显然 $H(e^{j\Omega})$ 是周期连续函数,周期为 2π,在考察离散时间系统的选频特性时,其判别区间为 $0 \sim \pi$。由模拟频率与数字频率的关系 $\Omega = \omega T$,有 $H(e^{j\Omega}) = H(e^{j\omega T})$, $H(e^{j\omega T})$ 是 ω 的周期连续函数,周期为 $\frac{2\pi}{T}$。

② 输入 $x(n) = e^{j\Omega n}$, $-\infty < n < \infty$,系统的稳态响应(也是零状态响应)为

$$y(n) = h(n) * e^{j\Omega n} = H(e^{j\Omega}) e^{j\Omega n}$$

$e^{j\Omega n}$ 称为系统的特征函数, $H(e^{j\Omega})$ 为系统的特征值

③ $H(e^{j\Omega}) = \dfrac{Y(e^{j\Omega})}{X(e^{j\Omega})}$, $Y(e^{j\Omega})$ 表示零状态响应的傅里叶变换

(2) 信号通过 LTI 系统的响应

① 非周期离散时间信号通过 LTI 系统的响应

$Y(e^{j\Omega}) = X(e^{j\Omega}) H(e^{j\Omega})$,输出为零状态响应

② 周期离散时间信号通过 LTI 系统的响应

$$x(n) = \sum_{k=<N>} c_k e^{jk(2\pi/N)n}$$

$$Y(e^{j\Omega}) = \sum_{k=-\infty}^{\infty} 2\pi c_k H(\underline{e^{jk(2\pi/N)}}) \delta(\omega - \underline{k(2\pi/N)}) \quad y(n) = \mathscr{F}^{-1}[Y(e^{j\Omega})];$$

或

$$y(n) = \sum_{k=<N>} \underline{c_k H(e^{jk(2\pi/N)})} e^{jk(2\pi/N)n}$$

③ 正弦稳态响应

若已知 $x(n)=A\cos(\Omega_0 n+\varphi)$,系统频率响应 $H(e^{j\Omega})=|H(e^{j\Omega})|e^{j\varphi(\Omega)}$,则系统的正弦稳态响应为

$$y(n)=A|H(e^{j\Omega_0})|\cos(\Omega_0 n+\varphi(\Omega_0)+\varphi)$$

(3)理想的离散时间频率选择滤波器

图 5-1(a)、(b)、(c)依次为低通、高通、带通滤波器。

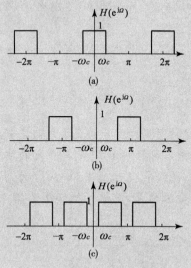

图 5-1 低通、高通、带通滤波器

5.3 习题精解

例 5-1 已知周期性序列 $x(n)$ 如图 5-2 所示,$x(n)$ 的离散傅里叶级数系数为 c_k。直接从 $x(n)$ 判断,以下的论点是否正确。

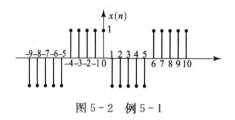

图 5-2 例 5-1

(1) $c_k=c_{-k}$;

(2) $c_0=0$。

解:(1) $c_k=c_{-k}$ 不成立。

(2) $c_0=\sum_{n=0}^{9}x(n)=0$ 正确。

例 5-2 已知 $x(n)$,确定其离散时间傅里叶级数系数。

(1) $x(n)=1-\sin\left(\dfrac{\pi n}{4}\right)$,$0\leqslant n\leqslant 3$,周期为 4;

(2) $x(n) = \cos\left(\dfrac{2}{3}\pi n\right) + \sin\left(\dfrac{2}{7}\pi n\right)$；

(3) $x(n) = (-1)^n$；

(4) $x(n) = \cos\left(\dfrac{\pi}{8}n + \varphi\right)$。

解：(1) $x(n) = 1 - \sin\left(\dfrac{\pi}{4}n\right) = 1 - \dfrac{1}{2j}\left(e^{j\frac{\pi}{4}n} - e^{-j\frac{\pi}{4}n}\right)\quad 0 \leqslant n \leqslant 3$

$$c_k = \dfrac{1}{4}\sum_{n=0}^{3} e^{-j\frac{\pi}{2}kn} - \dfrac{1}{8j}\sum_{n=0}^{3} e^{-j\frac{\pi}{2}n\left(k-\frac{1}{2}\right)} + \dfrac{1}{8j}\sum_{n=0}^{3} e^{-j\frac{\pi}{2}n\left(k+\frac{1}{2}\right)}$$

$$= \dfrac{1}{4}\dfrac{1 - e^{-j2\pi k}}{1 - e^{-j\frac{\pi}{2}k}} - \dfrac{1}{8j}\dfrac{1 - e^{-j2\pi\left(k-\frac{1}{2}\right)}}{1 - e^{-j\frac{\pi}{2}\left(k-\frac{1}{2}\right)}} + \dfrac{1}{8j}\dfrac{1 - e^{-j2\pi\left(k+\frac{1}{2}\right)}}{1 - e^{-j\frac{\pi}{2}\left(k+\frac{1}{2}\right)}}$$

$$= \dfrac{1}{4}\dfrac{1 - e^{-j2k\pi}}{1 - e^{-j\frac{k\pi}{2}}} - \dfrac{1}{2}\dfrac{\dfrac{\sqrt{2}}{2}}{2\cos\dfrac{k\pi}{2} - \sqrt{2}}$$

$$c_0 = 1 - \dfrac{1}{4}(1 + \sqrt{2}) = \dfrac{3 - \sqrt{2}}{4}$$

$$c_k = \dfrac{1}{4}(-1)^{k+1}\left(1 + \sqrt{2}\cos\dfrac{k\pi}{2}\right),\ k = 1, 2, 3$$

(2) $x(n) = \dfrac{1}{2}\left(e^{j\frac{2\pi}{3}n} + e^{-j\frac{2\pi}{3}n}\right) + \dfrac{1}{2j}\left(e^{j\frac{2\pi}{7}n} - e^{-j\frac{2\pi}{7}n}\right),\ N = 21$

$$= \dfrac{1}{2}\left(e^{j\frac{2\pi}{21}\cdot 7n} + e^{-j\frac{2\pi}{21}\cdot 7n}\right) + \dfrac{1}{2j}\left(e^{j\frac{2\pi}{21}\cdot 3n} - e^{-j\frac{2\pi}{21}\cdot 3n}\right)$$

若取 $0 \leqslant k \leqslant 20$，则有

$c_7 = \dfrac{1}{2},\ c_{-7} = \dfrac{1}{2} = c_{14},\ c_3 = \dfrac{1}{2j},\ c_{-3} = -\dfrac{1}{2j} = c_{18}$，其余 $c_k = 0$

c_k 以 21 为周期。

(3) $x(n)$ 是一个周期等于 2，频率 $\Omega_0 = \pi$ 的周期信号，用欧拉公式得

$$x(n) = (-1)^n = e^{j\pi n} = e^{j\frac{2\pi}{2}n}$$

与计算频谱系数 c_k 的公式相对照，有

$c_1 = 1,\ c_0 = 0,\ c_k$ 是一个周期等于 2 的周期信号。

(4) 由信号 $x(n)$ 的表达式可知，该信号的频率 $\Omega_0 = \pi/8$，周期 $N = 16$。用欧拉公式有

$$x(n) = \cos\left(\dfrac{\pi}{8}n + \varphi\right)$$

$$= \dfrac{1}{2}\left[e^{j\left(\frac{\pi}{8}n + \varphi\right)} + e^{-j\left(\frac{\pi}{8}n + \varphi\right)}\right]$$

$$= \dfrac{1}{2}e^{j\varphi} \cdot e^{j\frac{\pi}{8}n} + \dfrac{1}{2}e^{-j\varphi} \cdot e^{-j\frac{\pi}{8}n}$$

将此展开式和计算频谱系数 c_k 的公式相对照，并设定 k 值的取值范围从 $k = -7$ 到 $k = 8$，从而可求得在一个周期内的频谱系数为

$$c_k = \begin{cases} \dfrac{1}{2}e^{-j\varphi}, & k=-1 \\ \dfrac{1}{2}e^{j\varphi}, & k=1 \\ 0, & -7 \leqslant k \leqslant 8 \text{ 且 } k \neq \pm 1 \end{cases}$$

c_k 具有周期性,周期为 16。

例 5-3 设 $x(n)$ 是一个周期序列,其周期为 N,傅里叶级数表示为

$$x(n) = \sum_{k=\langle N \rangle} c_k e^{jk\frac{2\pi}{N}n}$$

将下列每个信号的傅里叶级数系数用 $x(n)$ 的傅里叶级数系数 c_k 来表示。

(1) $x(n-n_0)$;

(2) $x(n)-x(n-1)$;

(3) $x(n)-x\left(n-\dfrac{N}{2}\right)$ (N 为偶数);

(4) $x(n)+x\left(n+\dfrac{N}{2}\right)$ (N 为偶数);

(5) $x^*(-n)$;

(6) $(-1)^n x(n)$, (N 为偶数);

(7) $(-1)^n x(n)$, (N 为奇数);

(8) $x_{(m)}(n) = \begin{cases} x(n/m), & n \text{ 为 } m \text{ 的整数倍} \\ 0, & n \text{ 不是 } m \text{ 的倍数} \end{cases}$

(9) $y(n) = \begin{cases} x(n), & n \text{ 为偶数} \\ 0, & n \text{ 为奇数} \end{cases}$ (N 为偶数);

(10) $y(n) = \begin{cases} x(n), & n \text{ 为偶数} \\ 0, & n \text{ 为奇数} \end{cases}$ (N 为奇数)。

解:(1)
$$\hat{c}_k = \dfrac{1}{N} \sum_{n=\langle N \rangle} x(n-n_0) e^{-jk\frac{2\pi}{N}n} = \dfrac{1}{N} \sum_{m=\langle N \rangle} x(m) e^{-jk\frac{2\pi}{N}m} \cdot e^{-jk\frac{2\pi}{N}n_0}$$
$$= c_k e^{-jk\frac{2\pi}{N}n_0}$$

这就是傅里叶级数的位移性,即信号的幅频没有改变,但有位移性,反映在相位上变化 $k \cdot \dfrac{2\pi}{N} n_0$。

(2) 利用(1)的结论
$$\hat{c}_k = c_k(1 - e^{-jk\frac{2\pi}{N}})$$

(3)
$$\hat{c}_k = c_k - c_k e^{-jk\frac{2\pi}{N} \cdot \frac{N}{2}} = c_k(1 - e^{-jk\pi})$$
$$= c_k[1-(-1)^k] = \begin{cases} 2c_k, & k \text{ 为奇数} \\ 0, & k \text{ 为偶数} \end{cases}$$

注意:只有假设 N 为偶数时,$x\left(n-\dfrac{N}{2}\right)$ 才成立,因为 n 只能取整数。

(4) $x(n)+x\left(n+\dfrac{N}{2}\right)$, N 为偶数,周期为 $N/2$,有了这个条件,不能随便用位移性质。

$$\hat{c_k} = \frac{2}{N}\sum_{n=0}^{\frac{N}{2}-1}\left[x(n)+x\left(n+\frac{N}{2}\right)\right]e^{-jk\cdot\frac{4\pi}{N}n}$$

$$= \frac{2}{N}\sum_{n=0}^{\frac{N}{2}-1}x(n)e^{-jk\frac{2\pi}{N}\cdot 2n} + \frac{2}{N}\sum_{n=0}^{\frac{N}{2}-1}x\left(n+\frac{N}{2}\right)e^{-jk\frac{4\pi}{N}n}$$

$$= \frac{2}{N}\sum_{n=0}^{\frac{N}{2}-1}x(n)e^{-jk\frac{4\pi}{N}n} + \frac{2}{N}\sum_{n=\frac{N}{2}}^{N-1}x(n)e^{-jk\frac{4\pi}{N}n}\cdot e^{j2k\pi}$$

$$= \frac{2}{N}\sum_{n=0}^{N-1}x(n)e^{-j2k\frac{2\pi}{N}n} = 2c_{2k}\left(k=0,1,2,\cdots,\frac{N}{2}-1\right)$$

(5)
$$\hat{c_k} = \frac{1}{N}\sum_{n=\langle N\rangle}x^*(-n)e^{-jk\frac{2\pi}{N}n} = \frac{1}{N}\left[\sum_{n=\langle N\rangle}x(-n)e^{jk\frac{2\pi}{N}n}\right]^*$$

$$= \frac{1}{N}\left[\sum_{n=\langle N\rangle}x(n)e^{-jk\frac{2\pi}{N}n}\right]^* = c_k^*$$

(6)
$$\hat{c_k} = \frac{1}{N}\sum_{n=\langle N\rangle}(-1)^n x(n)e^{-jk\frac{2\pi}{N}n} = \frac{1}{N}\sum_{n=\langle N\rangle}x(n)e^{j\pi n}\cdot e^{-jk\frac{2\pi}{N}n}$$

$$= \frac{1}{N}\sum_{n=\langle N\rangle}x(n)e^{-j\left(k-\frac{N}{2}\right)\cdot\frac{2\pi}{N}n} = c_{k-\frac{N}{2}},(k=0,1,\cdots,N-1)$$

(7) 当 N 为奇数,$(-1)^n x(n)$ 的周期为 $2N$,则

$$\hat{c_k} = \frac{1}{2N}\sum_{n=\langle 2N\rangle}(-1)^n x(n)e^{-jk\frac{\pi}{N}n} = \frac{1}{2N}\sum_{n=\langle 2N\rangle}x(n)e^{j\pi n}\cdot e^{-jk\frac{\pi}{N}n}$$

$$= \frac{1}{2N}\left[\sum_{n=0}^{N-1}x(n)e^{-j\frac{2\pi}{N}n\left(\frac{k-N}{2}\right)} + \sum_{n=N}^{2N-1}x(n)e^{-j\frac{2\pi}{N}n\left(\frac{k-N}{2}\right)}\right]$$

$$= \frac{1}{2N}\left[\sum_{n=0}^{N-1}x(n)e^{-j\frac{2\pi}{N}n\left(\frac{k-N}{2}\right)} + \sum_{n=0}^{N-1}x(n+N)e^{-j\frac{2\pi}{N}n\left(\frac{k-N}{2}\right)}\cdot e^{-j\pi(k-N)}\right]$$

$$= \frac{1}{2N}\sum_{n=0}^{N-1}x(n)e^{-j\frac{2\pi}{N}n\left(\frac{k-N}{2}\right)}(1+e^{-j\pi(k-N)})$$

$$= \frac{1}{2}c_{\frac{k-N}{2}}(1+e^{-j\pi(k-N)}) = \begin{cases} c\left(\frac{k-N}{2}\right), & k\text{ 为奇数} \\ 0, & k\text{ 为偶数} \end{cases}$$

(8) 因 $x_{(m)}(n)$ 是以 mN 为周期的序列,则

$$\hat{c_k} = \frac{1}{mN}\sum_{n=\langle mN\rangle}x_{(m)}(n)e^{-jk\cdot\frac{2\pi}{mN}n} = \frac{1}{mN}\sum_{n=\langle mN\rangle}x\left(\frac{n}{m}\right)e^{-j\frac{2\pi}{mN}n}$$

$$= \frac{1}{mN}\sum_{r=\langle N\rangle}x(r)e^{-j\frac{2\pi}{mN}k\cdot mr} = \frac{1}{m}c_k (k=0,1,2,\cdots,mN-1)$$

(9) 由题知,$y(n)=\dfrac{1}{2}[x(n)+(-1)^n x(n)]$

当 N 为偶数,由(6)知, $\hat{c}_k = \frac{1}{2}c_k + \frac{1}{2}c_{k-\frac{N}{2}}(k=0,1,\cdots,N-1)$

(10) 当 N 为奇数, $y(n)$ 以 $2N$ 为周期,有

$$\hat{c}_k = \frac{1}{2N}\sum_{n=\langle 2N\rangle} y(n)e^{-j\frac{\pi}{N}kn} = \frac{1}{4N}\sum_{n=0}^{2N-1} x(n)e^{-j\frac{2\pi}{2N}kn} + \frac{1}{4N}\sum_{n=0}^{2N-1}(-1)^n x(n)e^{-jk\frac{\pi}{N}n}$$

$$= \frac{1}{4N}\sum_{n=0}^{N-1} x(n)e^{-j\frac{\pi}{N}kn} + \frac{1}{4N}\sum_{n=N}^{2N-1} x(n)e^{-jk\frac{\pi}{N}n} + \frac{1}{4}c(\tfrac{k-N}{2})(1+e^{-j\pi(k-N)})$$

$$= \frac{1}{4N}\sum_{n=0}^{N-1} x(n)e^{-j\frac{\pi}{N}kn} + \frac{1}{4N}\sum_{n=0}^{N-1} x(n+N)e^{-jk\frac{\pi}{N}n} \cdot e^{-jk\pi} + \frac{1}{4}c(\tfrac{k-N}{2})(1+e^{-j\pi(k-N)})$$

$$= \frac{1}{4}c_{\frac{k}{2}}(1+(-1)^k) + \frac{1}{4}c(\tfrac{k-N}{2})(1+e^{-j\pi(k-N)})$$

例 5-4 关于某序列 $x(n)$ 给出如下条件,试求 $x(n)$。

(1) $x(n)$ 是周期的,周期为 6;

(2) $\sum_{n=0}^{5} x(n) = 2$;

(3) $\sum_{n=2}^{7} (-1)^n x(n) = 1$;

(4) $x(n)$ 具有每个周期内最小的功率。

解:将 $x(n)$ 的傅里叶级数系数记作 c_k

由条件(2)知, $c_0 = \frac{1}{3}$;

因 $(-1)^n = e^{-j\pi n} = e^{-j(2\pi/6)\cdot 3n}$,由条件(3)知 $c_3 = \frac{1}{6}$;

由 Parsval 定理, $x(n)$ 的平均功率 $P = \sum_{k=0}^{5} |c_k|^2$

因为每一非零系数都在 P 中提供一个正的量,又因为 c_0 和 c_3 的值已经确定,要使 P 最小。就只有选 $c_1 = c_2 = c_4 = c_5 = 0$,则

$$x(n) = \frac{1}{3} + \frac{1}{6}e^{j\pi n} = \frac{1}{3} + \frac{1}{6}(-1)^n$$

例 5-5 图 5-3 所示的是一个实周期信号 $\tilde{x}(n)$,不直接计算其傅里叶级数的系数 $\widetilde{X}(k) = Nc_k$,利用 DFS 的性质,确定以下各式是否正确。

(1) $\widetilde{X}(k) = \widetilde{X}(k+10)$,对于所有的 k;

(2) $\widetilde{X}(k) = \widetilde{X}(-k)$,对于所有的 k;

(3) $\widetilde{X}(0) = 0$;

(4) $\widetilde{X}(k)e^{jk\frac{2\pi}{5}}$ 对于所有的 k 都是实函数。

解:(1) 正确。因为 $\tilde{x}(n)$ 是一个周期为 $N=10$ 的周期序列,故 $\widetilde{X}(k)$ 也是一个周期为 $N=10$ 的周期序列。

(2) 不正确。因为 $\tilde{x}(n)$ 是一个实数周期序列,这里 $\widetilde{X}(k)$ 并不一定是实数序列。

(3)正确。因为$\tilde{x}(n)$是一个周期内正取样值的个数与负取样值的个数相等,且

$$Nc_0 = \tilde{X}(0) = \sum_{n=0}^{N-1} \tilde{x}(n) e^{-jk\left(\frac{2\pi}{N}\right)n}\bigg|_{k=0} = \sum_{n=0}^{N-1} \tilde{x}(n) = 0。$$

(4)不正确。根据周期序列的移位性质,$\tilde{X}(k)e^{jk\frac{2\pi}{5}} = \tilde{X}(k)e^{+jk\cdot\frac{2\pi}{10}\cdot 2}$,对应于周期序列$\tilde{x}(n+2)$,$\tilde{x}(n+2)$不是实偶序列,则$\tilde{X}(k)e^{jk\frac{2\pi}{5}}$不是实偶序列。

例 5-6 图 5-4 所示的序列$\tilde{x}(n)$是周期为 4 的周期序列,试确定其傅里叶级数的系数c_k,$\tilde{x}(n)$的傅里叶变换$X(e^{j\Omega})$。

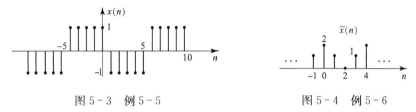

图 5-3 例 5-5　　　　　　图 5-4 例 5-6

解:(1)方法 1:

$$\tilde{X}(k) = Nc_k = \sum_{n=0}^{3} \tilde{x}(n)e^{-jk\cdot\frac{2\pi}{4}n} = \sum_{n=0}^{3} \tilde{x}(n)W_4^{nk}$$
$$= 2 + e^{-jk\cdot\frac{\pi}{2}} + e^{-jk\cdot\frac{3\pi}{2}}$$
$$= 2 + e^{jk\frac{\pi}{2}} + e^{-jk\cdot\frac{\pi}{2}}$$
$$= 2\left(1 + \cos\left(\frac{\pi}{2}k\right)\right)$$

此题用到复指数序列的周期性:$e^{-jk\cdot\frac{3\pi}{2}} = e^{jk\cdot 2\pi} \cdot e^{-jk\cdot\frac{3\pi}{2}} = e^{jk\cdot\frac{\pi}{2}}$

方法 2:
$$x_1(n) = \begin{cases} \tilde{x}(n), & -2 \leqslant n \leqslant 2, \\ 0, & \text{其他} \end{cases}$$
$$x_1(n) = 2\delta(n) + \delta(n-1) + \delta(n+1)$$
$$X_1(e^{j\Omega}) = 2 + e^{-j\Omega} + e^{j\Omega} = 2(1+\cos\Omega)$$

由 $c_k = \frac{1}{N}X_1(e^{j\Omega})\bigg|_{\Omega=k\frac{2\pi}{N}} = \frac{1}{4}\cdot 2(1+\cos\Omega)\bigg|_{\Omega=k\frac{2\pi}{4}} = \frac{1}{2}\left(1+\cos\left(\frac{k\pi}{2}\right)\right)$

(2)由周期信号的离散时间傅里叶变换第二种定义法

$$X(e^{j\Omega}) = \frac{2\pi}{N}\sum_{k=-\infty}^{+\infty} X_1(e^{j\Omega})\bigg|_{\Omega=k\cdot\frac{2\pi}{4}} \cdot \delta\left(\Omega - k\cdot\frac{2\pi}{N}\right)$$
$$= 4\pi\sum_{k=-\infty}^{+\infty}\left(1+\cos\left(\frac{k\pi}{2}\right)\right)\cdot\delta\left(\Omega - k\cdot\frac{\pi}{2}\right)$$

例 5-7 已知某函数$X(t) = \sum_{n=-\infty}^{+\infty}\frac{\sin[(2/5)\pi n]}{\pi n}e^{-jtn}$,求$X(0)$和$X(\pi)$的值。

解: $X(t)$为$x(n) = \frac{\sin[(2/5)\pi n]}{\pi n}$的离散时间傅里叶变换形式;

$$x(n) = \frac{\sin[(2/5)\pi n]}{\pi n} \xleftrightarrow{\text{DTFT}} X(e^{j\Omega}) = u\left(\Omega+\frac{2\pi}{5}\right) - u\left(\Omega-\frac{2\pi}{5}\right), -\pi < \Omega \leqslant \pi$$

则 $X(0)=1, X(\pi)=0$。

例 5-8 计算离散时间序列的离散时间傅里叶变换 $X(e^{j\Omega})$。

(1) $x(n)=2^n u(-n+1)$；

(2) $x(n)=\left(\dfrac{1}{2}\right)^n \sin\Omega_0 n \cdot u(n)$；

(3) $x(n)=\left[\dfrac{\sin\dfrac{\pi}{5}n}{\pi n}\right]\cos\left(\dfrac{3}{5}\pi n\right)$；

(4) $x(n)=\sum\limits_{k=0}^{+\infty}\left(\dfrac{1}{4}\right)^n \delta(n-3k)$；

(5) $x(n)=\delta(4-2n)$；

(6) $x(n)=\cos\dfrac{\pi n}{3}[u(n+4)-u(n-5)]$；

(7) $x(n)=\left[\dfrac{\sin\left(\dfrac{\pi n}{3}\right)}{\pi n}\right]\left[\dfrac{\sin\left(\dfrac{\pi n}{4}\right)}{\pi n}\right]$；

(8) $x(n)=(n+1)\left(\dfrac{1}{2}\right)^n u(n)$。

解：(1) $X(e^{j\Omega})=\sum\limits_{n=-\infty}^{+\infty}x(n)e^{-j\Omega n}=\sum\limits_{n=-\infty}^{+\infty}2^n u(-n+1)e^{-j\Omega n}=\sum\limits_{n=-\infty}^{1}2^n e^{-j\Omega n}$

$$=\sum_{n=-1}^{+\infty}2^{-n}e^{j\Omega n}=\sum_{n=-1}^{+\infty}\left(\dfrac{1}{2}e^{j\Omega}\right)^n=\dfrac{\left(\dfrac{1}{2}e^{j\Omega}\right)^{-1}}{1-\dfrac{1}{2}e^{j\Omega}}=\dfrac{2}{e^{j\Omega}\left(1-\dfrac{1}{2}e^{j\Omega}\right)}$$

(2) $x(n)=\left(\dfrac{1}{2}\right)^n u(n)\cdot\dfrac{1}{2j}(e^{j\Omega_0 n}-e^{-j\Omega_0 n})$

$\left(\dfrac{1}{2}\right)^n u(n) \xleftrightarrow{\text{DTFT}} \dfrac{1}{1-\dfrac{1}{2}e^{-j\Omega}}$

$x(n) \xleftrightarrow{\text{DTFT}} X(e^{j\Omega})=\dfrac{1}{2j}\left[\dfrac{1}{1-\dfrac{1}{2}e^{-j(\Omega-\Omega_0)}}-\dfrac{1}{1-\dfrac{1}{2}e^{-j(\Omega+\Omega_0)}}\right]=\dfrac{\dfrac{1}{2}e^{-j\Omega}\sin\Omega_0}{1-\cos\Omega_0 e^{-j\Omega}+\dfrac{1}{4}e^{-j2\Omega}}$

(3) $\dfrac{\sin\dfrac{\pi}{5}n}{\pi n} \xleftrightarrow{\text{DTFT}} G_{\frac{2}{5}\pi}(\Omega) \quad -\pi<\Omega\leqslant\pi,\ \cos\left(\dfrac{3}{5}\pi n\right)=\dfrac{1}{2}\left[e^{j\frac{3}{5}\pi n}+e^{-j\frac{3}{5}\pi n}\right]$

$x(n)=\dfrac{\sin\dfrac{\pi}{5}n}{\pi n}\cos\left(\dfrac{3}{5}\pi n\right)=\dfrac{1}{2}\dfrac{\sin\dfrac{\pi}{5}n}{\pi n}e^{j\frac{3}{5}\pi n}+\dfrac{1}{2}\dfrac{\sin\dfrac{\pi}{5}n}{\pi n}e^{-j\frac{3}{5}\pi n}$

$X(e^{j\Omega})=\dfrac{1}{2}\left[G_{\frac{2}{5}\pi}\left(\Omega-\dfrac{3}{5}\pi\right)+G_{\frac{2}{5}\pi}\left(\Omega+\dfrac{3}{5}\pi\right)\right],\ -\pi<\Omega\leqslant\pi$。

(4) $X(e^{j\Omega}) = \sum_{n=-\infty}^{+\infty} \sum_{k=0}^{+\infty} \left(\frac{1}{4}\right)^n \delta(n-3k) e^{-j\Omega n} = \sum_{k=0}^{+\infty} \left(\frac{1}{4}\right)^{3k} \sum_{n=-\infty}^{+\infty} \delta(n-3k) e^{-j\Omega n}$

$= \sum_{k=0}^{+\infty} \left(\frac{1}{4}\right)^{3k} e^{-j3k\Omega} = \frac{1}{1-\left(\frac{1}{4}e^{-j\Omega}\right)^3}$

(5) $x(n) = \delta(4-2n) = \delta(2n-4) = \delta(n-2) \xleftrightarrow{\text{DTFT}} X(e^{j\Omega}) = e^{-2j\Omega}$

(6) $\cos\frac{\pi}{3}n = \frac{1}{2}(e^{jn\frac{\pi}{3}} + e^{-jn\frac{\pi}{3}})$

方法 1：
由定义

$$X_3(e^{j\Omega}) = \frac{1}{2}\sum_{n=-4}^{4} e^{-j(\Omega-\frac{\pi}{3})n} + \frac{1}{2}\sum_{n=-4}^{4} e^{-j(\Omega+\frac{\pi}{3})n}$$

$$= \frac{e^{j4(\Omega-\frac{\pi}{3})} - e^{-j(\Omega-\frac{\pi}{3})5}}{2(1-e^{-j(\Omega-\frac{\pi}{3})})} + \frac{e^{j4(\Omega+\frac{\pi}{3})} - e^{-j(\Omega+\frac{\pi}{3})5}}{2(1-e^{-j(\Omega+\frac{\pi}{3})})}$$

$$= -\left[\frac{e^{j3\Omega} + e^{j4\Omega} + e^{-j5\Omega} + e^{-j6\Omega}}{2(1-e^{-j\Omega} - e^{-j2\Omega})}\right]$$

方法 2：
令

$$y(n) = u(n+4) - u(n-5)$$

$$Y(e^{j\Omega}) = \frac{e^{j4\Omega}}{1-e^{-j\Omega}} - \frac{e^{-j5\Omega}}{1-e^{-j\Omega}} = \frac{e^{j4\Omega} - e^{-j5\Omega}}{1-e^{-j\Omega}} = \frac{\sin\left(\frac{9}{2}\Omega\right)}{\sin\left(\frac{\Omega}{2}\right)}$$

$x(n) = \cos\left(\frac{\pi}{3}n\right) \cdot y(n)$，由频移性质

$$X(e^{j\Omega}) = \frac{1}{2}[Y(e^{j(\Omega-\frac{\pi}{3})}) + Y(e^{j(\Omega+\frac{\pi}{3})})]$$

$$= \frac{1}{2}\left\{\frac{\sin\left[\frac{9}{2}\left(\Omega+\frac{\pi}{3}\right)\right]}{\sin\left[\frac{1}{2}\left(\Omega+\frac{\pi}{3}\right)\right]} + \frac{\sin\left[\frac{9}{2}\left(\Omega-\frac{\pi}{3}\right)\right]}{\sin\left[\frac{1}{2}\left(\Omega-\frac{\pi}{3}\right)\right]}\right\}$$

(7) $\dfrac{\sin\frac{\pi}{3}n}{\pi n} \xleftrightarrow{\text{DTFT}} Y_1(e^{j\Omega}) = \begin{cases} 1, & |\Omega| \leqslant \frac{\pi}{3} \\ 0, & \frac{\pi}{3} < |\Omega| \leqslant \pi \end{cases}$

$\dfrac{\sin\frac{\pi}{4}n}{\pi n} \xleftrightarrow{\text{DTFT}} Y_2(e^{j\Omega}) = \begin{cases} 1, & |\Omega| \leqslant \frac{\pi}{4} \\ 0, & \frac{\pi}{4} < |\Omega| \leqslant \pi \end{cases}$

由频域卷积定理，有

$$X(e^{j\Omega}) = \frac{1}{2\pi}[Y_1(e^{j\Omega}) * Y_2(e^{j\Omega})]$$

$$= \frac{1}{2\pi}\int_{2\pi} Y_1(e^{j\theta})Y_2(e^{j(\Omega-\theta)})d\theta \text{(如图 5-5 所示)}$$

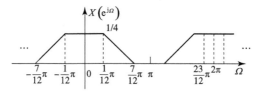

图 5-5 例 5-8(7)

(8) $x(n) = n\left(\frac{1}{2}\right)^n u(n) + \left(\frac{1}{2}\right)^n u(n)$

$$\left(\frac{1}{2}\right)^n u(n) \xleftrightarrow{\text{DTFT}} \frac{1}{1-\frac{1}{2}e^{-j\Omega}}$$

由频域微分性质

$$nx(n) \xleftrightarrow{\text{DTFT}} j\frac{d}{d\Omega}X(e^{j\Omega}), 有\ n\left(\frac{1}{2}\right)^n u(n) \xleftrightarrow{\text{DTFT}} \frac{\frac{1}{2}e^{-j\Omega}}{\left(1-\frac{1}{2}e^{-j\Omega}\right)^2}$$

$$X(e^{j\Omega}) = \frac{1}{\left(1-\frac{1}{2}e^{-j\Omega}\right)^2}$$

例 5-9 设 $x(n)$ 和 $y(n)$ 是两个实信号,其傅里叶变换为 $X(e^{j\Omega})$ 和 $Y(e^{j\Omega})$,相关函数 $r_{xy}(n)$ 由下式定义:

$$r_{xy}(n) = \sum_{k=-\infty}^{+\infty} x(k+n)y(k)$$

设 $R_{xy}(e^{j\Omega}), R_{yx}(e^{j\Omega}), R_{xx}(e^{j\Omega})$ 和 $R_{yy}(e^{j\Omega})$ 分别代表 $r_{xy}(n), r_{yx}(n), r_{xx}(n)$ 和 $r_{yy}(n)$ 的傅里叶变换。

(1) 用 $X(e^{j\Omega})$ 和 $Y(e^{j\Omega})$ 表示 $R_{xy}(e^{j\Omega})$;

(2) 证明:对一切 Ω,$R_{xx}(e^{j\Omega})$ 是实函数而且非负;

(3) 假设 $x(n)$ 是一个 LTI 系统的输入,该系统的脉冲响应 $h(n)$ 是实函数,其相应的频率响应为 $H(e^{j\Omega})$,并假设 $y(n)$ 是系统的输出,求出用 $R_{xx}(e^{j\Omega})$ 和 $H(e^{j\Omega})$ 表示 $R_{xy}(e^{j\Omega})$ 和 $R_{yy}(e^{j\Omega})$ 的表达式;

(4) 设 $x(n) = \left(\frac{1}{2}\right)^n u(n), h(n) = \left(\frac{1}{4}\right)^n u(n)$,利用前面的结果计算 $R_{xx}(e^{j\Omega}), R_{xy}(e^{j\Omega})$ 和 $R_{yy}(e^{j\Omega})$。

解:(1)

$$R_{xy}(e^{j\Omega}) = \sum_{n=-\infty}^{+\infty} r_{xy}(n)e^{-j\Omega n} = \sum_{n=-\infty}^{+\infty}\sum_{k=-\infty}^{+\infty} x(n+k)y(k)e^{-j\Omega n}$$

$$= \sum_{k=-\infty}^{+\infty} y(k) \sum_{n=-\infty}^{+\infty} x(n+k) e^{-j\Omega n} = \sum_{k=-\infty}^{+\infty} y(k) \sum_{n=-\infty}^{+\infty} x(n) e^{-j\Omega(n-k)}$$

$$= \sum_{k=-\infty}^{+\infty} y(k) e^{j\Omega k} \sum_{n=-\infty}^{+\infty} x(n) e^{-j\Omega n} = Y(e^{-j\Omega}) X(e^{+j\Omega})$$

因 $x(n), y(n)$ 是实信号，$Y(e^{-j\Omega}) = Y^*(e^{j\Omega})$，$X(e^{-j\Omega}) = X^*(e^{j\Omega})$

$$R_{xy}(e^{j\Omega}) = Y(e^{-j\Omega}) X(e^{+j\Omega}) = Y^*(e^{j\Omega}) X(e^{j\Omega})$$

(2) 由(1)的结果，当 $y(n) = x(n)$ 时，$r_{xy}(n) = r_{xx}(n)$

$$R_{xx}(e^{j\Omega}) = X^*(e^{j\Omega}) X(e^{j\Omega}) = |X(e^{j\Omega})|^2$$

这表明 $R_{xx}(e^{j\Omega})$ 对一切 Ω 都是实函数、偶函数，而且非负。

(3) 将

$$Y(e^{j\Omega}) = X(e^{j\Omega}) H(e^{j\Omega}) \text{ 代入 } R_{xy}(e^{j\Omega}) \text{式中，有}$$

$$R_{xy}(e^{j\Omega}) = Y^*(e^{j\Omega}) X(e^{j\Omega}) = X(e^{j\Omega}) X^*(e^{j\Omega}) H^*(e^{j\Omega}) = |X(e^{j\Omega})|^2 H^*(e^{j\Omega})$$

由(2)结果知

$$R_{yy}(e^{j\Omega}) = |Y(e^{j\Omega})|^2 = |X(e^{j\Omega}) H(e^{j\Omega})|^2 = |X(e^{j\Omega})|^2 |H(e^{j\Omega})|^2$$

$$R_{hh}(e^{j\Omega}) = |H(e^{j\Omega})|^2$$

$$R_{yy}(e^{j\Omega}) = |X(e^{j\Omega})|^2 R_{hh}(e^{j\Omega})$$

(4)

$$X(e^{j\Omega}) = \frac{1}{1 - \frac{1}{2} e^{-j\Omega}}, \quad H(e^{j\Omega}) = \frac{1}{1 - \frac{1}{4} e^{-j\Omega}}$$

$$R_{xx}(e^{j\Omega}) = |X(e^{j\Omega})|^2 = \frac{1}{\left(1 - \frac{1}{2}\cos\Omega\right)^2 + \frac{1}{4}\sin^2\Omega} = \frac{1}{\frac{5}{4} - \cos\Omega}$$

$$R_{xy}(e^{j\Omega}) = |H(e^{j\Omega})|^2 H^*(e^{j\Omega}) = \frac{1}{\left(\frac{5}{4} - \cos\Omega\right)\left(1 - \frac{1}{4} e^{j\Omega}\right)}$$

$$R_{yy}(e^{j\Omega}) = |Y(e^{j\Omega})|^2 = |X(e^{j\Omega})|^2 |H(e^{j\Omega})|^2 = \frac{1}{\left(\frac{5}{4} - \cos\Omega\right)\left(\frac{17}{16} - \frac{1}{2}\cos\Omega\right)}$$

例 5-10 求图 5-6(a)所示离散时间函数 $x(n)$ 的傅里叶变换 $X(e^{j\Omega})$。

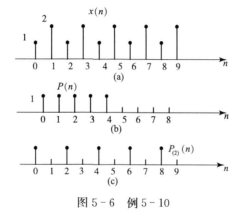

图 5-6 例 5-10

解：设 $P(n)$ 如图 5-6(b) 所示，$P_{(2)}(n)$ 如图 5-6(c) 所示。

$$x(n) = P_{(2)}(n) + 2P_{(2)}(n-1)$$

其中，$P_{(2)}(n) = \begin{cases} P\left(\dfrac{n}{2}\right), & n \text{ 为偶数} \\ 0, & n \text{ 为奇数} \end{cases}$

$$P(n) \xleftrightarrow{\text{DTFT}} P(e^{j\Omega}) = e^{-j2\Omega} \frac{\sin\left(\dfrac{5}{2}\Omega\right)}{\sin\left(\dfrac{1}{2}\Omega\right)}$$

$$P_{(2)}(n) \xleftrightarrow{\text{DTFT}} e^{-j4\Omega} \frac{\sin(5\Omega)}{\sin(\Omega)}$$

则 $X(e^{j\Omega}) = e^{-j4\Omega} \cdot \dfrac{\sin(5\Omega)}{\sin(\Omega)} + 2e^{-j5\Omega} \cdot \dfrac{\sin(5\Omega)}{\sin(\Omega)} = e^{-j4\Omega}(1 + 2e^{-j\Omega}) \dfrac{\sin(5\Omega)}{\sin(\Omega)}$

例 5-11 已知信号 $x(n)$ 和 $g(n)$ 分别有傅里叶变换 $X(e^{j\Omega})$ 和 $G(e^{j\Omega})$，另外 $X(e^{j\Omega})$ 和 $G(e^{j\Omega})$ 之间的关系如下：

$$\frac{1}{2\pi} \int_{-\pi}^{+\pi} X(e^{j\theta}) G(e^{j(\Omega-\theta)}) d\theta = 1 + e^{-j\Omega}$$

(1) 若 $x(n) = (-1)^n$，求 $g(n)$；

(2) 若 $x(n) = \left(\dfrac{1}{2}\right)^n u(n)$，求 $g(n)$。

解：由条件知

$$\frac{1}{2\pi} [X(e^{j\Omega}) * G(e^{j\Omega})] = 1 + e^{-j\Omega}$$

由频域卷积定理 $\quad x(n) \cdot g(n) \xleftrightarrow{\text{DTFT}} \dfrac{1}{2\pi}[X(e^{j\Omega}) * G(e^{j\Omega})]$

得 $\quad x(n) \cdot g(n) = \mathscr{F}^{-1}[1 + e^{-j\Omega}] = \delta(n) + \delta(n-1)$

(1) 当 $x(n) = (-1)^n$ 时

$$(-1)^n \cdot g(n) = \delta(n) + \delta(n-1)$$
$$g(n) = (-1)^{-n} \cdot (\delta(n) + \delta(n-1))$$

即 $\quad g(n) = (-1)^n \cdot (\delta(n) + \delta(n-1))$

(2) $x(n) = \left(\dfrac{1}{2}\right)^n u(n)$，则

$$\left(\frac{1}{2}\right)^n \cdot g(n) = \delta(n) + \delta(n-1)$$
$$g(n) = 2^n \cdot (\delta(n) + \delta(n-1))$$

即 $\quad g(n) = \delta(n) + 2\delta(n-1)$

例 5-12 在图 5-7 所示的信号中，对下列条件中的每一个条件，有哪些信号能够满足。

(1) $\text{Re}\{X(e^{j\Omega})\} = 0$；

(2) $\text{Im}\{X(e^{j\Omega})\} = 0$；

(3) $\int_{-\pi}^{+\pi} X(e^{j\Omega}) d\Omega = 0$；

(4) $X(e^{j0}) = 0$;
(5) $\text{Re}\{X(e^{j\Omega})\} = 1$。

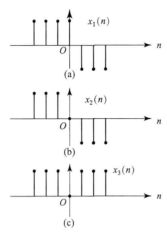

图 5-7 例 5-12

解：(1) $\text{Re}\{X(e^{j\Omega})\} = 0$ 意味着序列的偶分量 $x_e(n)$ 为 0，故 $x(n)$ 是一个奇函数，由图可知 $x_2(n)$ 满足此条件。

(2) $\text{Im}\{X(e^{j\Omega})\} = 0$ 意味着序列的奇分量为 0，故 $x(n)$ 是一个偶函数，由图可知 $x_3(n)$ 满足此条件。

(3) $\int_{-\pi}^{+\pi} X(e^{j\Omega}) d\Omega = 0$ 意味着 $x(0) = 0$

因为 $\int_{-\pi}^{+\pi} X(e^{j\Omega}) e^{j\Omega n} d\Omega \big|_{n=0} = 2\pi x(n) \big|_{n=0} = \int_{-\pi}^{+\pi} X(e^{j\Omega}) d\Omega$

因此，$x_2(n)$ 和 $x_3(n)$ 均满足此条件。

(4) $X(e^{j0}) = 0$ 意味着序列 $x(n)$ 的求和结果或平均值为 0，因为 $X(e^{j\Omega}) = \sum_{n=-\infty}^{+\infty} x(n) e^{-j\Omega n}$

故 $X(e^{j0}) = \sum_{n=-\infty}^{+\infty} x(n)$，因此，$x_2(n)$ 满足此条件。

(5) $\text{Re}\{X(e^{j\Omega})\} = 1$ 意味着序列 $x(n)$ 的偶分量只是一个单位冲激序列 $\delta(n)$，故 $x_1(n)$ 满足此条件。

例 5-13 若 $x(n)$ 的离散时间傅里叶变换为 $X(e^{j\Omega})$，试确定满足以下 4 个条件的序列 $x(n)$：

(1) $x(n) = 0, n > 0$；
(2) $x(n)$ 在 $n = 0$ 点的值大于 0，即 $x(0) > 0$；
(3) $\text{Im}\{X(e^{j\Omega})\} = \sin\Omega - \sin(2\Omega)$；
(4) $\sum_{n=-\infty}^{+\infty} x(n) = 1$。

解：由条件(1)知，$x(n)$ 是因果序列。
由条件(3)，可得

$$j\text{Im}\{X(e^{j\Omega})\} = j\left[\frac{e^{j\Omega}}{2j} - \frac{e^{-j\Omega}}{2j} - \frac{e^{j2\Omega}}{2j} + \frac{e^{-j2\Omega}}{2j}\right] = \frac{1}{2}[e^{j\Omega} - e^{-j\Omega} - e^{j2\Omega} + e^{-j2\Omega}]$$

$$x_0(n) = \frac{1}{2}(\delta(n+1) - \delta(n+2) - \delta(n-1) + \delta(n-2))$$

$$x(n) = \begin{cases} 0, & n>1 \\ x(0), & n=0 \\ 2x_0(n), & n<0 \end{cases} \text{即 } x(n) = \begin{cases} x(0), n=0 \\ 1, & n=-1 \\ -1, & n=-2 \\ 0, \text{其他} \end{cases}$$

$$x(n) = x(0) + \delta(n+1) - \delta(n+2)$$

由条件(4),得
$$\sum_{n=-\infty}^{+\infty} x(n) = x(0) = 1, \text{则 } x(0) = 1$$

可得
$$x(n) = \delta(n) + \delta(n+1) - \delta(n+2)$$

例 5-14 设 $X(e^{j\Omega})$ 代表图 5-8 所示信号 $x(n)$ 的傅里叶变换,不求出 $X(e^{j\Omega})$ 完成下列运算:

(1) $X(0)$;

(2) $\arg\{X(e^{j\Omega})\}$;

(3) $\int_{-\pi}^{+\pi} X(e^{j\Omega}) d\Omega$;

(4) $X(\pi)$;

(5) $\text{Re}\{X(e^{j\Omega})\}$ 的反变换;

(6) $\int_{-\pi}^{+\pi} X(e^{j\Omega}) e^{j3\Omega} d\Omega$。

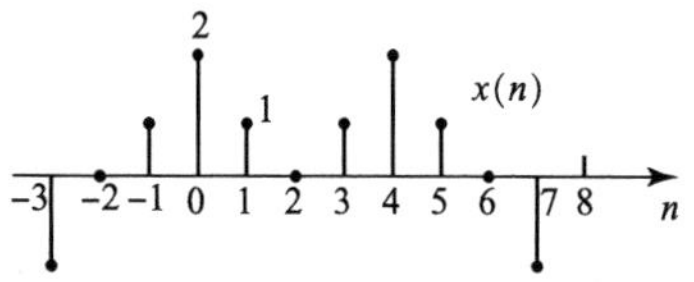

图 5-8 例 5-14

解:(1) $X(e^{j\Omega}) = \sum_{n=-\infty}^{+\infty} x(n) e^{-j\Omega n}, X(0) = X(e^{j\Omega})|_{\Omega=0} = \sum_{n=-\infty}^{+\infty} x(n) = 6$;

(2) 因为 $x(n+2)$ 是实偶序列,$x(n+2) \xleftrightarrow{\text{DTFT}} X(e^{j\Omega}) \cdot e^{j2\Omega}$,而实偶序列的频谱为实偶函数,即

$$\arg\{X(e^{j\Omega})\} + 2\Omega = \theta(\Omega) = \begin{cases} 0 \\ \pi \end{cases}$$

则

$$\arg\{X(e^{j\Omega})\} = -2\Omega + \theta(\Omega) \quad (\theta(\Omega) \text{为 } 0 \text{ 或 } \pi),$$

其中 $\theta(\Omega)$ 为 $x(n+2)$ 的相位频谱,当 $x(n+2)$ 的频谱大于 0,相位为 0;频谱小于 0,相位为 π;

(3) 因为

$$x(n) = \frac{1}{2\pi} \int_{-\pi}^{+\pi} X(e^{j\Omega}) e^{j\Omega n} d\Omega$$

则

$$\int_{-\pi}^{+\pi} X(e^{j\Omega}) d\Omega = 2\pi x(0) = 4\pi$$

(4) $X(\pi) = \sum_{n=-\infty}^{+\infty} x(n) e^{-j\pi n} = \sum_{n=-\infty}^{+\infty} x(n)(-1)^n = 2$

(5) $\text{Re}\{X(e^{j\Omega})\} \longleftrightarrow \frac{1}{2}(x(n) + x(-n)) = \left\{-\frac{1}{2}, 0, \frac{1}{2}, 1, 0, 0, 1, 2, 1, 0, 0, 1, \frac{1}{2}, 0, -\frac{1}{2}\right\}$

(6) $\int_{-\pi}^{+\pi} X(e^{j\Omega}) e^{j3\Omega} d\Omega = 2\pi x(3) = 2\pi$

第5章 离散时间信号与系统的频域分析

例 5-15 求下列离散时间傅里叶变换 $X(e^{j\Omega})$ 的反变换 $x(n)$。

(1) $X(e^{j\Omega}) = 1 + 3e^{-j\Omega} - 5e^{-j7\Omega}$

(2) $X(e^{j\Omega}) = \cos^2\Omega$

(3) $X(e^{j\Omega}) = \cos\dfrac{\Omega}{2} + j\sin\Omega, -\pi \leqslant \Omega \leqslant \pi$

(4) $X(e^{j\Omega}) = \begin{cases} j, & 0 \leqslant \Omega < \pi \\ -j, & -\pi \leqslant \Omega < 0 \end{cases}$

(5) $X(e^{j\Omega}) = \begin{cases} 1, & \dfrac{\pi}{4} \leqslant |\Omega| \leqslant \dfrac{3\pi}{4} \\ 0, & \dfrac{3\pi}{4} < |\Omega| \leqslant \pi, 0 \leqslant |\Omega| < \dfrac{\pi}{4} \end{cases}$

(6) $|X(e^{j\Omega})| = \begin{cases} 0, & 0 \leqslant |\Omega| \leqslant W \\ 1, & W < |\Omega| \leqslant \pi \end{cases}$; $\arg\{X(e^{j\Omega})\} = 2\Omega$

(7) $X(e^{j\Omega}) = \displaystyle\sum_{k=-\infty}^{+\infty} (-1)^k \delta\left(\Omega - \dfrac{\pi}{2}k\right)$

(8) $X(e^{j\Omega}) = \dfrac{1 - \dfrac{1}{3}e^{-j\Omega}}{1 - \dfrac{1}{4}e^{-j\Omega} - \dfrac{1}{8}e^{-j2\Omega}}$

解： (1) $\delta(n-n_0) \xleftrightarrow{\text{DTFT}} e^{-j\Omega n_0}$ 则 $x(n) = \delta(n) + 3\delta(n-1) - 5\delta(n-7)$

(2) $X(e^{j\Omega}) = \cos^2\Omega = \dfrac{1+\cos 2\Omega}{2} = \dfrac{1}{2} + \dfrac{1}{4}[e^{j2\Omega} + e^{-j2\Omega}]$

$x(n) = \dfrac{1}{2}\delta(n) + \dfrac{1}{4}\delta(n+2) + \dfrac{1}{4}\delta(n-2)$

(3) $X(e^{j\Omega}) = \dfrac{1}{2}e^{j\frac{\Omega}{2}} + \dfrac{1}{2}e^{-j\frac{\Omega}{2}} + \dfrac{1}{2}e^{j\Omega} - \dfrac{1}{2}e^{-j\Omega}$

上式中的前两项不能按移位性质直接写出，其幂指数不是整数，而是 1/2。

$$x(n) = \dfrac{1}{4\pi}\int_{-\pi}^{+\pi}(e^{j\frac{\Omega}{2}} + e^{-j\frac{\Omega}{2}})e^{j\Omega n}d\Omega + \dfrac{1}{2}(\delta(n+1) - \delta(n-1))$$

$$= \dfrac{(-1)^{n+1}}{2\pi\left(n^2 - \dfrac{1}{4}\right)} + \dfrac{1}{2}\delta(n+1) - \dfrac{1}{2}\delta(n-1)$$

(4) 方法 1：

$$x(n) = \dfrac{1}{2\pi}\int_{-\pi}^{+\pi} X(e^{j\Omega})e^{j\Omega n}d\Omega = \dfrac{1}{2\pi}\left[\int_{-\pi}^{0}(-j)e^{j\Omega n}d\Omega + \int_{0}^{\pi}j\cdot e^{j\Omega n}d\Omega\right]$$

$$= \dfrac{-1}{n\pi}(1 - e^{j\pi n}) = \dfrac{1}{n\pi}(\cos\pi n - 1) = \dfrac{-2}{n\pi}\sin^2\left(\dfrac{\pi}{2}n\right)$$

$$= -\dfrac{1}{n\pi}(1 - (-1)^n) = \begin{cases} 0, & n \text{ 为偶数} \\ -\dfrac{2}{n\pi}, & n \text{ 为奇数} \end{cases}$$

方法 2：

用线性和频移性质，令

$$X_1(e^{j\Omega}) = j\sum_{l=-\infty}^{+\infty}\left[u\left(\Omega+\frac{\pi}{2}-2\pi l\right)-u\left(\Omega-\frac{\pi}{2}-2\pi l\right)\right]$$

$$X(e^{j\Omega}) = X_1(e^{j(\Omega-\frac{\pi}{2})}) - X_1(e^{j(\Omega+\frac{\pi}{2})})$$

$$x(n) = x_1(n)(e^{j\frac{\pi}{2}n} - e^{-j\frac{\pi}{2}n}) = x_1(n) \cdot 2j\sin\frac{\pi}{2}n$$

而 $x_1(n) = j\dfrac{\sin\frac{\pi}{2}n}{\pi n}$，则 $x(n) = -2\dfrac{\left(\sin\frac{\pi}{2}n\right)^2}{\pi n}$

(5) 方法 1：

令

$$X_1(e^{j\Omega}) = \sum_{l=-\infty}^{+\infty}\left[u\left(\Omega+\frac{\pi}{4}-2\pi l\right)-u\left(\Omega-\frac{\pi}{4}-2\pi l\right)\right]$$

$$X_2(e^{j\Omega}) = \sum_{l=-\infty}^{+\infty}\left[u\left(\Omega+\frac{3\pi}{4}-2\pi l\right)-u\left(\Omega-\frac{3\pi}{4}-2\pi l\right)\right]$$

$$X(e^{j\Omega}) = X_2(e^{j\Omega}) - X_1(e^{j\Omega}), \quad x(n) = x_2(n) - x_1(n)$$

$$x_1(n) = \frac{\sin\frac{\pi}{4}n}{\pi n}, \quad x_2(n) = \frac{\sin\frac{3\pi}{4}n}{\pi n}$$

$$x(n) = \frac{\sin\frac{3\pi}{4}n}{\pi n} - \frac{\sin\frac{\pi}{4}n}{\pi n} = 2\frac{\sin\frac{\pi}{4}n}{\pi n} \cdot \cos\frac{\pi}{2}n$$

方法 2：

用定义式：

$$x(n) = \frac{1}{2\pi}\int_{-\pi}^{\pi}X(e^{j\Omega})e^{j\Omega n}d\Omega = \frac{1}{2\pi}\int_{-\frac{3\pi}{4}}^{-\frac{\pi}{4}}1\cdot e^{j\Omega n}d\Omega + \frac{1}{2\pi}\int_{\frac{\pi}{4}}^{\frac{3\pi}{4}}e^{j\Omega n}d\Omega$$

$$= \frac{1}{2\pi j n}(e^{-j\frac{\pi}{4}n} - e^{-j\frac{3\pi}{4}n}) + \frac{1}{2\pi j n}(e^{j\frac{3\pi}{4}n} - e^{j\frac{\pi}{4}n}) = \frac{1}{\pi n}\left(\sin\frac{3\pi}{4}n - \sin\frac{\pi}{4}n\right)$$

(6) 令 $|X(e^{j\Omega})| = X_1(e^{j\Omega}) = 1 - X_2(e^{j\Omega})$，

其中 $X_2(e^{j\Omega}) = \sum_{l=-\infty}^{+\infty}[u(\Omega+W-2\pi l) - u(\Omega-W-2\pi l)]$

而 $x_2(n) = \dfrac{\sin Wn}{\pi n}$

$x_1(n) = \delta(n) - \dfrac{\sin Wn}{\pi n}$

而 $X(e^{j\Omega}) = |X(e^{j\Omega})|e^{j\arg\{X(e^{j\Omega})\}} = |X(e^{j\Omega})|e^{j2\Omega} = X_1(e^{j\Omega})e^{j2\Omega}$

从而有 $x(n) = x_1(n+2)$

$$x(n) = \delta(n+2) - \frac{\sin W(n+2)}{\pi(n+2)}$$

(7) 因为 $X(e^{j\Omega})$ 可以表示为

第5章 离散时间信号与系统的频域分析

$$X(e^{j\Omega}) = \sum_{k=-\infty}^{+\infty} (-1)^k \delta\left(\Omega - \frac{\pi}{2}k\right) = 2\pi \sum_{k=-\infty}^{+\infty} \frac{(-1)^k}{2\pi} \delta\left(\Omega - \frac{2\pi}{4}k\right)$$

可见 $X(e^{j\Omega})$ 是一个周期序列的傅里叶变换,该序列周期为 4,傅里叶系数为 $\dfrac{(-1)^k}{2\pi}$。由此可用傅里叶级数来表示该序列,有

$$x(n) = \sum_{k=0}^{3} \frac{(-1)^k}{2\pi} e^{jk\frac{2\pi}{4}n} = \frac{1}{2\pi} \sum_{k=0}^{3} (-1)^k e^{jk\frac{\pi}{2}n} = \frac{1}{2\pi} \left(1 - e^{j\frac{\pi}{2}n} + e^{j\pi n} - e^{j\frac{3\pi}{2}n}\right)$$

$$= \frac{1}{2\pi}\left[1 + (-1)^n - 2\cos\left(\frac{\pi}{2}n\right)\right] = \frac{4}{2\pi} = \frac{2}{\pi}, n = 4m+2, m = 0, \pm 1, \pm 2, \cdots$$

(8) 先对 $X(e^{j\Omega})$ 进行部分分式展开,有

$$X(e^{j\Omega}) = \frac{1 - \dfrac{1}{3}e^{-j\Omega}}{\left(1 - \dfrac{1}{2}e^{-j\Omega}\right)\left(1 + \dfrac{1}{4}e^{-j\Omega}\right)} = \frac{2/9}{1 - \dfrac{1}{2}e^{-j\Omega}} + \frac{7/9}{1 + \dfrac{1}{4}e^{-j\Omega}}$$

从而得

$$x(n) = \frac{2}{9}\left(\frac{1}{2}\right)^n u(n) + \frac{7}{9}\left(-\frac{1}{4}\right)^n u(n)$$

例 5-16 考虑图 5-9(a)中所示的信号 $x(n)$,若其傅里叶变换可以表示为如下的直角坐标形式

$$X(e^{j\Omega}) = A(\Omega) + jB(\Omega)$$

请画出相应于傅里叶变换 $Y(e^{j\Omega}) = [B(\Omega) + A(\Omega)e^{j\Omega}]$ 的时域信号 $y(n)$ 的图形。

解: 由图 5-9(a)知,$x(n)$ 是个实序列,于是有

$$Ev[x(n)] \xleftrightarrow{\text{DTFT}} A(\Omega), Od[x(n)] \xleftrightarrow{\text{DTFT}} jB(\Omega)$$

为方便起见,令

$$Ev[x(n)] = x_e(n) = \frac{x(n) + x(-n)}{2}$$

$$Od[x(n)] = x_0(n) = \frac{x(n) - x(-n)}{2}$$

则 $x_e(n+1) \xleftrightarrow{\text{DTFT}} A(\Omega)e^{j\Omega}, -jx_0(n) \xleftrightarrow{\text{DTFT}} B(\Omega)$,由线性性质得 $y(n) = x_e(n+1) - jx_0(n)$,显然 $y(n)$ 是个复序列,其实部 $\text{Re}\{y(n)\} = x_e(n+1)$ 和虚部 $\text{Im}\{y(n)\} = -x_0(n)$ 分别画在图 5-9(b)(c)中。

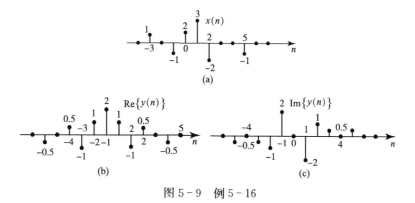

图 5-9 例 5-16

例 5 - 17 若信号 $x_1(n)$ 的傅里叶变换 $X_1(e^{j\Omega})$ 如图 5 - 10(a)所示。

(1) 考虑信号 $x_2(n)$，其傅里叶变换 $X_2(e^{j\Omega})$ 如图 5 - 10(b)所示，试用 $x_1(n)$ 表示 $x_2(n)$；

(2) 考虑信号 $x_3(n)$，其傅里叶变换 $X_3(e^{j\Omega})$ 如图 5 - 10(c)所示，试用 $x_1(n)$ 表示 $x_3(n)$；

(3) 若 $a = \dfrac{\sum\limits_{n=-\infty}^{+\infty} n x_1(n)}{\sum\limits_{n=-\infty}^{+\infty} x_1(n)}$，求 a 的值（无须计算出 $x_1(n)$）；

(4) 考虑信号 $x_4(n) = x_1(n) * h(n)$，其中 $h(n) = \dfrac{\sin(\pi n/6)}{\pi n}$，画出 $X_4(e^{j\Omega})$ 的图形。

解：(1) 比较图 5 - 10 的(b)和(a)可以发现：
$$X_2(e^{j\Omega}) = \text{Re}\{X_1(e^{j\Omega})\} + \text{Re}\{X_1(e^{j(\Omega+\frac{2\pi}{3})})\} + \text{Re}\{X_1(e^{j(\Omega-\frac{2\pi}{3})})\}$$

从而得
$$x_2(n) = Ev[x_1(n)] \cdot (1 + e^{-j\frac{2\pi}{3}n} + e^{j\frac{2\pi}{3}n}) = Ev[x_1(n)] \cdot \left(1 + 2\cos\frac{2\pi}{3}n\right)$$

注：$Ev\{x_1(n)\} = \dfrac{x_1(n) + x_1(-n)}{2}$

(2) 比较图 5 - 10 的(c)和(a)可以发现，
$$X_3(e^{j\Omega}) = \text{Im}\{X_1(e^{j(\Omega-\pi)})\}$$

（这里注意不要写成 $X_3(e^{j\Omega}) = \text{Im}\{X_1(e^{j(\Omega-\pi)})\} + \text{Im}\{X_1(e^{j(\Omega+\pi)})\}$，因为 $X_3(e^{j\Omega})$ 是周期的）

又因 $\qquad\qquad jOd\{x_1(n)\} \xleftrightarrow{\text{DTFT}} \text{Im}\{X_1(e^{j\Omega})\}$

从而得
$$x_3(n) = -je^{j\pi n}Od\{x_1(n)\} = -j(-1)^n Od\{x_1(n)\}$$

注：$Od\{x_1(n)\} = \dfrac{x_1(n) - x_1(-n)}{2}$

(3) 因为 $nx_1(n) \xleftrightarrow{\text{DTFT}} j\dfrac{dX_1(e^{j\Omega})}{d\omega}$

$$j\dfrac{dX_1(e^{j\Omega})}{d\Omega} = j\dfrac{d}{d\Omega}\text{Re}\{X_1(e^{j\Omega})\} - \dfrac{d}{d\Omega}\text{Im}\{X_1(e^{j\Omega})\}$$

故 $\sum\limits_{n=-\infty}^{\infty} n x_1(n) = j\dfrac{d}{d\Omega}\text{Re}\{X_1(e^{j\Omega})\} - \dfrac{d}{d\Omega}\text{Im}\{X_1(e^{j\Omega})\}\bigg|_{\Omega=0}$

$\dfrac{d}{d\Omega}\text{Re}\{X_1(e^{j\Omega})\}$ 和 $\dfrac{d}{d\Omega}\text{Im}\{X_1(e^{j\Omega})\}$ 分别如图 5 - 10(d)、(e)所示，从而

$$\sum\limits_{n=-\infty}^{\infty} n x_1(n) = j\dfrac{d}{d\Omega}\text{Re}\{X_1(e^{j\Omega})\} - \dfrac{d}{d\Omega}\text{Im}\{X_1(e^{j\Omega})\}\bigg|_{\Omega=0} = \dfrac{6}{\pi}$$

另一方面，$\sum\limits_{n=-\infty}^{\infty} x_1(n) = X_1(e^{j0}) = \text{Re}\{X_1(e^{j0})\} + j\text{Im}\{X_1(e^{j0})\}$

由图 5 - 10(a)可得，$\text{Re}\{X_1(e^{j0})\} = 1$，$\text{Im}\{X_1(e^{j0})\} = 0$，从而

$$\sum\limits_{n=-\infty}^{\infty} x_1(n) = 1 + j \cdot 0 = 1$$

最终得到 $a = \dfrac{6/\pi}{1} = \dfrac{6}{\pi}$

(4) 因为 $h(n) = \dfrac{\sin(\pi n/6)}{\pi n} \xleftrightarrow{\text{DTFT}} H(e^{j\Omega}) = \begin{cases} 1, 0 \leqslant \Omega \leqslant \dfrac{\pi}{6} \\ 0, \dfrac{\pi}{6} < |\Omega| \leqslant \pi \end{cases}$

又由 $x_4(n) = x_1(n) * h(n)$ 得

$X_4(e^{j\Omega}) = X_1(e^{j\Omega})H(e^{j\Omega}) = \text{Re}\{X_1(e^{j\Omega})\}H(e^{j\Omega}) + j\text{Im}\{X_1(e^{j\Omega})\}H(e^{j\Omega})$

由于 $X_4(e^{j\Omega})$ 是一个复函数，所以分别画出其实部和虚部如图 5-10(f)(g) 所示。

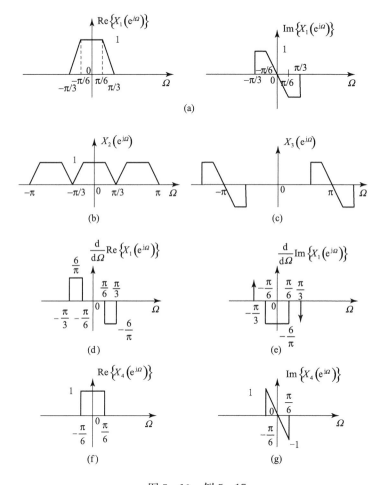

图 5-10 例 5-17

例 5-18 利用傅里叶变换的性质求傅里叶逆变换 $x(n)$，已知

$$X(e^{j\Omega}) = \dfrac{1}{1-e^{-j\Omega}}\left[\dfrac{\sin\dfrac{3}{2}\Omega}{\sin\dfrac{1}{2}\Omega}\right] + 5\pi\delta(\Omega), \quad -\pi < \Omega \leqslant \pi$$

解： 令 $X_1(e^{j\Omega}) = \dfrac{\sin\dfrac{3}{2}\Omega}{\sin\dfrac{1}{2}\Omega}$，矩形脉冲序列的傅里叶变换对

$$G_{2N_1+1}(n)=\begin{cases}1,&|n|\leqslant N_1\\0,&|n|>N_1\end{cases}\xleftrightarrow{\text{DTFT}}\frac{\sin\left[\Omega\left(N_1+\dfrac{1}{2}\right)\right]}{\sin\dfrac{1}{2}\Omega}$$

若令 $N_1=1$,则有

$$x_1(n)=\begin{cases}1,&|n|\leqslant 1\\0,&|n|>1\end{cases}\xleftrightarrow{\text{DTFT}}X_1(e^{j\Omega})=\frac{\sin\dfrac{3}{2}\Omega}{\sin\dfrac{1}{2}\Omega}$$

且有

$$X_1(e^{j0})=\lim_{\omega\to 0}\frac{\sin\dfrac{3}{2}\Omega}{\sin\dfrac{1}{2}\Omega}=3$$

由累加和性质,有

$$\sum_{k=-\infty}^{n}x_1(k)\xleftrightarrow{\text{DTFT}}\frac{1}{1-e^{-j\Omega}}X_1(e^{j\Omega})+3\pi\delta(\Omega),\ -\pi<\Omega\leqslant\pi$$

又由变换

$$1\xleftrightarrow{\text{DTFT}}2\pi\delta(\Omega),\ -\pi<\Omega\leqslant\pi$$

可知,所求 $x(n)=\sum_{k=-\infty}^{n}x_1(k)+1$,其中 $x_1(n)=u(n+1)-u(n-2)$。

对于 $\sum_{k=-\infty}^{n}x_1(k)$,当 $n<-1$ 时,该和式等于 0;当 $n=-1$ 时,该和式等于 1;当 $n=0$ 时,该和式等于 2;当 $n\geqslant 1$ 时,该和式等于 3。

故 $\sum_{k=-\infty}^{n}x_1(k)=\delta(n+1)+2\delta(n)+3u(n-1)$,

于是得 $x(n)=\sum_{k=-\infty}^{n}x_1(k)+1=u(-n-2)+2\delta(n+1)+3\delta(n)+4u(n-1)$

由于 $\sum_{k=-\infty}^{n}x_1(k)=\begin{cases}n+2,&-1\leqslant n\leqslant 1\\3,&n\geqslant 2\end{cases}$,所以也可将 $x(n)$ 表示为

$$x(n)=\begin{cases}1,&n\leqslant-2\\n+3,&-1\leqslant n\leqslant 1\\4,&n\geqslant 2\end{cases}$$

例 5-19 已知 $X(e^{j\Omega})$ 如图 5-11(a)所示,求其傅里叶反变换 $x(n)$。

解:令 $X(e^{j\Omega})=X_1(e^{j\Omega})+X_2(e^{j\Omega})$,其中 $X_1(e^{j\Omega})$ 和 $X_2(e^{j\Omega})$ 如图 5-11(b)(c)所示。

方法 1:

$$x_1(n)=\frac{1}{2\pi}\int_{-\pi}^{-\frac{5}{8}\pi}e^{j\Omega n}d\Omega+\frac{1}{2\pi}\int_{-\frac{3}{8}\pi}^{\frac{3}{8}\pi}e^{j\Omega n}d\Omega+\frac{1}{2\pi}\int_{\frac{5}{8}\pi}^{\pi}e^{j\Omega n}d\Omega$$

$$=\frac{1}{2\pi jn}\left(e^{j\Omega n}\Big|_{-\pi}^{-\frac{5}{8}\pi}+e^{j\Omega n}\Big|_{-\frac{3}{8}\pi}^{\frac{3}{8}\pi}+e^{j\Omega n}\Big|_{\frac{5}{8}\pi}^{\pi}\right)=\frac{1}{\pi n}\left(\sin\frac{3\pi}{8}n-\sin\frac{5\pi}{8}n\right)$$

$$x_2(n)=\frac{1}{2\pi}\int_{-\pi}^{-\frac{7}{8}\pi}e^{j\Omega n}d\Omega+\frac{1}{2\pi}\int_{-\frac{1}{8}\pi}^{+\frac{1}{8}\pi}e^{j\Omega n}d\Omega+\frac{1}{2\pi}\int_{\frac{7}{8}\pi}^{\pi}e^{j\Omega n}d\Omega$$

$$=\frac{1}{2\pi jn}\left(e^{j\Omega n}\Big|_{-\pi}^{-\frac{7}{8}\pi}+e^{j\Omega n}\Big|_{-\frac{1}{8}\pi}^{+\frac{1}{8}\pi}+e^{j\Omega n}\Big|_{\frac{7}{8}\pi}^{\pi}\right)$$

$$= \frac{1}{\pi n}\left(\sin\frac{\pi}{8}n - \sin\frac{7\pi}{8}n\right)$$

方法 2：

令 $X_3(e^{j\Omega})$ 和 $X_4(e^{j\Omega})$ 如图 5-11(d)(e)所示。

$$X_1(e^{j\Omega}) = X_3(e^{j\Omega}) + X_3(e^{j(\Omega-\pi)})$$
$$X_2(e^{j\Omega}) = X_4(e^{j\Omega}) + X_4(e^{j(\Omega-\pi)})$$
$$x_1(n) = x_3(n)(1+e^{j\pi n}) = x_3(n)(1+\cos\pi n)$$
$$x_2(n) = x_4(n)(1+e^{j\pi n}) = x_4(n)(1+\cos\pi n)$$

而
$$x_3(n) = \frac{\sin\frac{3}{8}\pi n}{\pi n},\ x_4(n) = \frac{\sin\frac{1}{8}\pi n}{\pi n}$$

则 $x(n) = x_1(n) + x_2(n)$

$$= (1+\cos\pi n)\left(\frac{\sin\frac{1}{8}\pi n}{\pi n} + \frac{\sin\frac{3}{8}\pi n}{\pi n}\right) = [1+(-1)^n]\left(\frac{\sin\frac{1}{8}\pi n}{\pi n} + \frac{\sin\frac{3}{8}\pi n}{\pi n}\right)$$

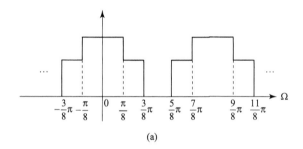

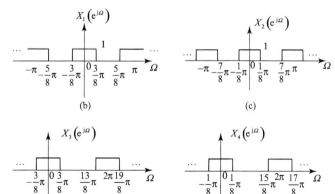

图 5-11　例 5-19

例 5-20　已知图 5-12(a)所示的离散时间函数 $x(n)$。

(1) 求 $x(n)$ 的离散时间傅里叶变换 $X(e^{j\Omega})$；

(2) 以周期 $N=10$，把 $x(2n)$ 拓展为一个周期性信号 $\tilde{x}(2n)$；

(3) 画出周期信号 $\tilde{x}(2n)$ 的波形图；

(4) 把 $\tilde{x}(2n)$ 展开成为离散傅里叶级数，并画出频谱图；

(5) 若把周期信号 $\tilde{x}(2n)$ 通过一个单位抽样响应 $h(n)=\dfrac{\sin\dfrac{\pi n}{2}}{\pi n}$ 的系统,求系统的输出响应 $y(n)$。

解: (1) $x(n)=\delta(n)+2\delta(n-1)+\delta(n-2)-2\delta(n-3)+\delta(n-4)+2\delta(n+1)+\delta(n+2)-2\delta(n+3)+\delta(n+4)$

$$\begin{aligned}X(e^{j\Omega}) &= \sum_{n=-4}^{+4} x(n)e^{-j\Omega n} \\ &= 1+2e^{-j\Omega}+2e^{j\Omega}+e^{j2\Omega}+e^{-j2\Omega}-2e^{-j3\Omega}-2e^{j3\Omega}+e^{j4\Omega}+e^{-j4\Omega} \\ &= 1+4\cos\Omega+2\cos2\Omega-4\cos3\Omega+2\cos4\Omega\end{aligned}$$

(2) 由离散信号尺度变换抽取的特点,得

$x(2n)=\delta(n)+\delta(n+1)+\delta(n-1)+\delta(n+2)+\delta(n-2)$,其波形如图 5-12(b) 所示。

(3) 以 $N=10$ 为周期拓展为周期序列 $\tilde{x}(2n)$,如图 5-12(c) 所示。

(4) 令 $x_1(n)=x(2n)$

其中

$$x_1(n)=\begin{cases}\tilde{x}_1(n), & -2\leqslant n\leqslant 2 \\ 0, & \text{其他}\end{cases}$$

式中,$x_1(n)$ 为矩形脉冲序列,宽度为 5,其傅里叶变换为 $X_1(e^{j\Omega})=\dfrac{\sin\dfrac{5}{2}\Omega}{\sin\dfrac{1}{2}\Omega}$

由 $N\cdot c_k=X(e^{j\Omega})\big|_{\Omega=k\cdot\frac{2\pi}{N}}$ 得

$$\tilde{X}_1(k)=10\cdot c_k=X_1(e^{j\Omega})\big|_{\Omega=k\cdot\frac{2\pi}{10}}=\dfrac{\sin\left(\dfrac{5}{2}\cdot k\cdot\dfrac{2\pi}{10}\right)}{\sin\left(\dfrac{k}{2}\cdot\dfrac{2\pi}{10}\right)}=\dfrac{\sin\left(k\cdot\dfrac{\pi}{2}\right)}{\sin\left(k\cdot\dfrac{\pi}{10}\right)}$$

当 $k=2,4,6,8$ 时,$\tilde{X}_1(k)=10\cdot c_k=0$

$k=0$,$\tilde{X}_1(0)=10c_0=5$;$k=1$,$\tilde{X}_1(1)=10\cdot c_1=3.24$

$k=3$,$\tilde{X}_1(3)=10c_3=-1.24$;$k=5$,$\tilde{X}_1(5)=10\cdot c_5=1$

$k=7$,$\tilde{X}_1(7)=10c_7=-1.24$;$k=9$,$\tilde{X}_1(9)=10\cdot c_9=3.24$

$\tilde{X}_1(k)=10\cdot c_k$ 是以 10 为周期的周期函数。

$10\cdot c_k$ 一个周期的图形如图 5-12(d) 所示。

(5) 系统 $h(n)=\dfrac{\sin\dfrac{\pi n}{2}}{\pi n}$ 的频率响应 $H(e^{j\Omega})$ 是周期函数,周期为 2π。

$$H(e^{j\Omega})=u\left(\Omega+\dfrac{\pi}{2}\right)-u\left(\Omega-\dfrac{\pi}{2}\right),\quad |\Omega|\leqslant\pi$$

$$\tilde{Y}(k)=N\cdot b_k=\tilde{X}_1(k)H\left(k\cdot\dfrac{2\pi}{N}\right)$$

得 $\widetilde{Y}(0)=10 \cdot b_0 = \widetilde{X}_1(0)H(0)=5, \widetilde{Y}(1)=10 \cdot b_1 = \widetilde{X}_1(1)H(1)=3.24$

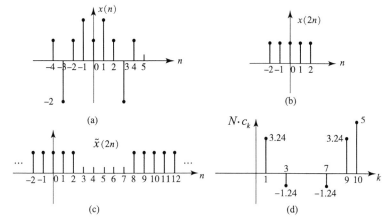

图 5-12 例 5-20

则
$$y(n) = \sum_{k=0}^{N-1} b_k e^{jk\frac{2\pi}{N}n} = \frac{1}{10} \times 5 + \frac{3.24}{10} e^{j\frac{2\pi}{10}n} = 0.5 + 0.324 e^{j0.2\pi n}$$

例 5-21 设实序列 $x(n)=a^n u(n)$（其中$|a|<1$），写出其离散时间傅里叶变换 $X(e^{j\Omega})$，并证明其满足共轭对称性。

$$x(n)=a^n u(n)$$
$$X(e^{j\Omega})=\frac{1}{1-ae^{-j\Omega}}=\frac{e^{j\Omega}}{e^{j\Omega}-a}=\frac{\cos\Omega+j\sin\Omega}{\cos\Omega+j\sin\Omega-1}$$
$$|X(e^{j\Omega})|=\sqrt{\frac{\cos^2\Omega+\sin^2\Omega}{(\cos\Omega-a)^2+\sin^2\Omega}}=\sqrt{\frac{1}{1-2a\cos\Omega+a^2}}$$
$$\arg X(e^{j\Omega})=\Omega-\arctan\left(\frac{\sin\Omega}{\cos\Omega-a}\right)$$

可知 $|X(e^{j\Omega})|=|X(e^{-j\Omega})|$, $\arg X(e^{j\Omega})=-\arg X(e^{-j\Omega})$
所以满足共轭对称性，亦可由下面性质证明。
$$X(e^{j\Omega})=\left(\sum x(n)e^{j\Omega n}\right)^*=\sum x^*(n)e^{-j\Omega n}=\sum x(n)e^{-j\Omega n}=X(e^{-j\Omega})$$

例 5-22 一个离散时间 LTI 系统的抽样响应 $h(n)$ 如图 5-13(a)所示,其中 k 是未知整数,a,b,c 是未知实数,已知 $h(n)$ 满足如下条件:

①设 $H(e^{j\Omega})$ 是 $h(n)$ 的 DTFT,且 $H(e^{j\Omega})$ 为实偶函数;

②若输入 $x(n)=(-1)^n=e^{j\pi n}$, $-\infty<n<+\infty$ 则输出为 $y(n)=0$;若输入 $x(n)=\left(\frac{1}{2}\right)^n u(n)$,则输出为 $y(n)|_{n=2}=\frac{2}{9}$。

试确定:

(1)系统函数 $H(e^{j\Omega})$（表达式中允许带未知数）;

(2)系统的单位抽样响应 $h(n)$（即确定 $h(n)$ 中未知数的值）（提示:先确定 k 的值及 a 与 c 的关系）;

(3) 系统在如图 5-13(b)所示 $x(n)$ 作用下的零状态响应 $y_x(n)$。

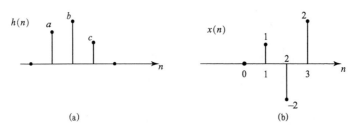

图 5-13 例 5-22

解：(1) $H(e^{j\Omega}) = ae^{-j(k-1)\Omega} + be^{-j\Omega k} + ce^{-j\Omega(k+1)}$

(2) $H(e^{j\pi}) = 0$ 即 $a(-1)^{-k+1} + b(-1)^{-k} + c(-1)^{-k-1} = 0 \Rightarrow a + c = b$

又 $H(e^{j\Omega})$ 是实偶函数，所以 $h(n)$ 是实偶函数，则有 $a = c = \frac{1}{2}b, k=0$；$h[n] = \{a, 2a, a\}$

因为 $x(n) = \left(\frac{1}{2}\right)^n u(n)$，有

$$y(2) = \sum_{k=0}^{+\infty} x(k)h(2-k) = \sum_{k=1}^{3} x(k)h(2-k)$$

$$= \frac{1}{2}a + \left(\frac{1}{2}\right)^2 \cdot 2a + \left(\frac{1}{2}\right)^3 \cdot a = \frac{9}{8}a = \frac{9}{2}$$

$$a = 4, \quad h(n) = \{4, 8, 4\}$$

(3) 采用阵列法，求得 $y_x(n) = x(n) * h(n) = \{4, 0, -4, 8, 8\}$

例 5-23 利用傅里叶变换及 $X(e^{j0}) = \sum_{n=-\infty}^{+\infty} x(n)$，求出 $A = \sum_{n=0}^{+\infty} n\left(\frac{1}{2}\right)^n$ 的值。

解：首先考虑序列 $\left(\frac{1}{2}\right)^n u(n)$，其傅里叶变换为 $\dfrac{1}{1 - \frac{1}{2}e^{-j\Omega}}$，即

$$\left(\frac{1}{2}\right)^n u(n) \xleftarrow{\text{DTFT}} \frac{1}{1 - \frac{1}{2}e^{-j\Omega}}$$

利用频域微分性质，可得

$$n \cdot \left(\frac{1}{2}\right)^n u(n) \xleftarrow{\text{DTFT}} j\frac{d}{d\Omega}\left[\frac{1}{1 - \frac{1}{2}e^{-j\Omega}}\right] = \frac{\frac{1}{2}e^{-j\Omega}}{\left(1 - \frac{1}{2}e^{-j\Omega}\right)^2}$$

若令 $x(n) = n \cdot \left(\frac{1}{2}\right)^n u(n)$，则由定义有

$$X(e^{j\Omega}) = \sum_{n=-\infty}^{+\infty} n \cdot \left(\frac{1}{2}\right)^n u(n) e^{-j\Omega n} = \sum_{n=0}^{+\infty} n \cdot \left(\frac{1}{2}\right)^n e^{-j\Omega n} = \frac{\frac{1}{2}e^{-j\Omega}}{\left(1 - \frac{1}{2}e^{-j\Omega}\right)^2}$$

令上式两端的 $\Omega = 0$，有

$$X(\mathrm{e}^{\mathrm{j}0}) = \sum_{n=0}^{+\infty} n \cdot \left(\frac{1}{2}\right)^n = \frac{\frac{1}{2}}{\left(1-\frac{1}{2}\right)^2} = 2$$

即 A 的值为 2。

例 5 - 24 已知 $y(n) = \left[\dfrac{\sin\frac{\pi}{4}n}{\pi n}\right]^2 * \left(\dfrac{\sin\omega_c n}{\pi n}\right)$，$|\omega_c| \leqslant \pi$。为了保证 $y(n) = \left(\dfrac{\sin\frac{\pi}{4}n}{\pi n}\right)^2$，试给出 ω_c 须满足的更严格一些的约束条件。

解：设 $x_1(n) = \dfrac{\sin\frac{\pi}{4}n}{\pi n}$，$x_2(n) = \left(\dfrac{\sin\omega_c n}{\pi n}\right)$，易知

$$x_1(n) = \frac{\sin\frac{\pi}{4}n}{\pi n} \xleftrightarrow{\text{DTFT}} X_1(\mathrm{e}^{\mathrm{j}\Omega}) = u\left(\Omega+\frac{\pi}{4}\right) - u\left(\Omega-\frac{\pi}{4}\right),\ -\pi < \Omega \leqslant \pi$$

$X_1(\mathrm{e}^{\mathrm{j}\Omega})$ 如图 5-14(a)所示，应注意它是周期的。

又 $x_2(n) = \dfrac{\sin\omega_c n}{\pi n} \xleftrightarrow{\text{DTFT}} X_2(\mathrm{e}^{\mathrm{j}\Omega}) = u(\Omega+\omega_c) - u(\Omega-\omega_c),\ -\pi < \Omega \leqslant \pi$

$X_2(\mathrm{e}^{\mathrm{j}\Omega})$ 如图 5-14(b)所示，应注意它也是周期的。

由傅里叶变换的乘积性质知

$$[x_1(n)]^2 = \left(\frac{\sin\frac{\pi}{4}n}{\pi n}\right)^2 \xleftrightarrow{\text{DTFT}} \frac{1}{2\pi} X_1(\mathrm{e}^{\mathrm{j}\Omega}) * X_1(\mathrm{e}^{\mathrm{j}\Omega})$$

$$= \begin{cases} -\dfrac{1}{2\pi}|\Omega| + \dfrac{1}{4}, & |\Omega| \leqslant \dfrac{\pi}{2},\ |\Omega| \leqslant \pi \\ 0, & \dfrac{\pi}{2} < |\Omega| \leqslant \pi, \end{cases}$$

$\dfrac{1}{2\pi}X_1(\mathrm{e}^{\mathrm{j}\Omega}) * X_1(\mathrm{e}^{\mathrm{j}\Omega})$ 如图 5-14(c)所示，应注意它也是周期的。

因 $y(n) = \left[\dfrac{\sin\frac{\pi}{4}n}{\pi n}\right]^2 * \left(\dfrac{\sin\omega_c n}{\pi n}\right)$，由傅里叶变换的卷积性质知

$$Y(\mathrm{e}^{\mathrm{j}\Omega}) = \left[\frac{1}{2\pi}X_1(\mathrm{e}^{\mathrm{j}\Omega}) * X_1(\mathrm{e}^{\mathrm{j}\Omega})\right] X_2(\mathrm{e}^{\mathrm{j}\Omega})$$

由图 5-14(c)和图 5-14(b)可见，要使 $y(n) = \left(\dfrac{\sin\frac{\pi}{4}n}{\pi n}\right)^2$，即要使

$$Y(\mathrm{e}^{\mathrm{j}\Omega}) = \frac{1}{2\pi}X_1(\mathrm{e}^{\mathrm{j}\Omega}) * X_1(\mathrm{e}^{\mathrm{j}\Omega}),$$

只要 $|\omega_c| \geqslant \dfrac{\pi}{2}$ 即可，而题目已给 $|\omega_c| \leqslant \pi$，故这个对于 ω_c 的更加严格的约束条件为

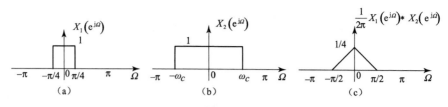

图 5-14 例 5-24

$$\frac{\pi}{2} \leqslant |\omega_c| \leqslant \pi$$

例 5-25 若将信号 $x(n) = \sin\dfrac{\pi n}{8} - 2\cos\dfrac{\pi n}{4}$ 分别输入到具有以下单位抽样响应函数的 LTI 系统中,分别求出相应的响应信号 $y(n)$:

(1) $h(n) = \dfrac{\sin\left(\dfrac{\pi n}{6}\right)}{\pi n}$;

(2) $h(n) = \dfrac{\sin\left(\dfrac{\pi n}{6}\right)}{\pi n} + \dfrac{\sin\left(\dfrac{\pi n}{2}\right)}{\pi n}$;

(3) $h(n) = \dfrac{\sin\left(\dfrac{\pi n}{6}\right)\sin\left(\dfrac{\pi n}{3}\right)}{\pi^2 n^2}$;

(4) $h(n) = \dfrac{\sin\left(\dfrac{\pi n}{6}\right)\sin\left(\dfrac{\pi n}{3}\right)}{\pi n}$。

解:因 $x(n) = \sin\dfrac{\pi n}{8} - 2\cos\dfrac{\pi n}{4}$,故

$$X(e^{j\Omega}) = j\pi\left[\delta\left(\Omega + \dfrac{\pi}{8}\right) - \delta\left(\Omega - \dfrac{\pi}{8}\right)\right] - 2\pi\left[\delta\left(\Omega + \dfrac{\pi}{4}\right) + \delta\left(\Omega - \dfrac{\pi}{4}\right)\right], \quad -\pi < \Omega \leqslant \pi$$

(1) 当 $h(n) = \dfrac{\sin\left(\dfrac{\pi n}{6}\right)}{\pi n}$ 时,知 $H(e^{j\Omega}) = \begin{cases} 1, & 0 \leqslant |\Omega| \leqslant \dfrac{\pi}{6} \\ 0, & \dfrac{\pi}{6} < |\Omega| \leqslant \pi \end{cases}$,从而有

$$Y(e^{j\Omega}) = X(e^{j\Omega})H(e^{j\Omega}) = j\pi\left[\delta\left(\Omega + \dfrac{\pi}{8}\right) - \delta\left(\Omega - \dfrac{\pi}{8}\right)\right]$$

故 $y(n) = \sin(\pi n/8)$

(2) 当 $h(n) = \dfrac{\sin\left(\dfrac{\pi n}{6}\right)}{\pi n} + \dfrac{\sin\left(\dfrac{\pi n}{2}\right)}{\pi n}$ 时,知 $H(e^{j\Omega}) = \begin{cases} 2, & 0 \leqslant |\Omega| \leqslant \dfrac{\pi}{6} \\ 1, & \dfrac{\pi}{6} < |\Omega| \leqslant \dfrac{\pi}{2} \\ 0, & \dfrac{\pi}{2} < |\Omega| \leqslant \pi \end{cases}$,从而有

$$Y(e^{j\Omega}) = X(e^{j\Omega})H(e^{j\Omega}) = j2\pi\left[\delta\left(\Omega+\frac{\pi}{8}\right)-\delta\left(\Omega-\frac{\pi}{8}\right)\right]-2\pi\left[\delta\left(\Omega+\frac{\pi}{4}\right)+\delta\left(\Omega-\frac{\pi}{4}\right)\right]$$

故 $y(n) = 2\sin(\pi n/8) - 2\cos(\pi n/4)$

(3) 当 $h(n) = \dfrac{\sin\left(\dfrac{\pi n}{6}\right)\sin\left(\dfrac{\pi n}{3}\right)}{\pi^2 n^2}$ 时,有 $H(e^{j\Omega}) = \dfrac{1}{2\pi}\displaystyle\int_{2\pi}H_1(e^{j\theta})H_2(e^{j(\Omega-\theta)})\mathrm{d}\theta$

其中,$H_1(e^{j\Omega}) = \begin{cases}1, 0\leqslant|\Omega|\leqslant\dfrac{\pi}{6}\\ 0,\dfrac{\pi}{6}<|\Omega|\leqslant\pi\end{cases}$, $H_2(e^{j\Omega}) = \begin{cases}1, 0\leqslant|\Omega|\leqslant\dfrac{\pi}{3}\\ 0,\dfrac{\pi}{3}<|\Omega|\leqslant\pi\end{cases}$

可求得 $H(e^{j\Omega})$ 如图 5-15(a) 所示。

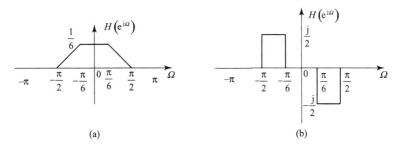

图 5-15 例 5-25

由于 $H\left(\pm\dfrac{\pi}{8}\right)=\dfrac{1}{6}$,$H\left(\pm\dfrac{\pi}{4}\right)=\dfrac{1}{8}$,从而得

$$Y(e^{j\Omega}) = X(e^{j\Omega})H(e^{j\Omega})$$
$$= j\frac{\pi}{6}\left[\delta\left(\Omega+\frac{\pi}{8}\right)-\delta\left(\Omega-\frac{\pi}{8}\right)\right]-\frac{\pi}{4}\left[\delta\left(\Omega+\frac{\pi}{4}\right)+\delta\left(\Omega-\frac{\pi}{4}\right)\right],-\pi<\Omega\leqslant\pi$$

对上式取逆变换就可得其响应为

$$y(n) = \frac{1}{6}\sin(\pi n/8) - \frac{1}{4}\cos(\pi n/4)$$

(4) 当 $h(n) = \dfrac{\sin\left(\dfrac{\pi n}{6}\right)\sin\left(\dfrac{\pi n}{3}\right)}{\pi n}$ 时,可将其看成

$$h(n) = \frac{\sin\left(\dfrac{\pi n}{6}\right)}{\pi n} \cdot \sin\left(\frac{\pi n}{3}\right) = h_1(n) \cdot h_2(n)$$

于是 $H(e^{j\Omega}) = \dfrac{1}{2\pi}\displaystyle\int_{2\pi}H_1(e^{j\theta})H_2(e^{j(\Omega-\theta)})\mathrm{d}\theta$

其中,$H_1(e^{j\Omega}) = \begin{cases}1, 0\leqslant|\Omega|\leqslant\dfrac{\pi}{6}\\ 0,\dfrac{\pi}{6}<|\Omega|\leqslant\pi\end{cases}$, $H_2(e^{j\Omega}) = j\pi\left[\delta\left(\Omega+\dfrac{\pi}{3}\right)-\delta\left(\Omega-\dfrac{\pi}{3}\right)\right], 0\leqslant|\Omega|<\pi$

可求得 $H(e^{j\Omega})$ 如图 5-15(b) 所示。

从而得
$$Y(e^{j\Omega}) = X(e^{j\Omega})H(e^{j\Omega}) = -j\pi\left[\delta\left(\Omega+\frac{\pi}{4}\right) - \delta\left(\Omega-\frac{\pi}{4}\right)\right], 0 \leqslant |\Omega| < \pi$$

故得
$$y(n) = -\sin(\pi n/4)$$

例 5-26 考虑单位脉冲响应 $h(n) = \dfrac{\sin\left(\dfrac{\pi}{3}n\right)}{\pi n}$ 的 LTI 系统,试分别求出在以下输入信号情况下相应的响应 $y(n)$。

(1) $x(n)$ 为如图 5-16 所示的方波;

(2) $x(n) = \sum\limits_{k=-\infty}^{+\infty} \delta(n-8k)$;

(3) $x(n) = (-1)^n$ 乘以图 5-16 所示的方波;

(4) $x(n) = \delta(n+1) + \delta(n-1)$。

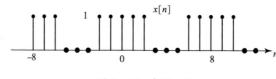

图 5-16 例 5-26

解: 已知单位抽样响应为 $h(n) = \dfrac{\sin\left(\dfrac{\pi}{3}n\right)}{\pi n}$,知其频率响应为

$$H(e^{j\Omega}) = \begin{cases} 1, & 0 \leqslant |\Omega| \leqslant \dfrac{\pi}{3} \\ 0, & \dfrac{\pi}{3} < |\Omega| \leqslant \pi \end{cases}$$

(1) 当 $x(n)$ 为图 5-16 所示的周期信号时,由周期 $N=8$ 知

$$X(e^{j\Omega}) = 2\pi \sum_{k=-\infty}^{+\infty} c_k \delta\left(\Omega - k \cdot \frac{\pi}{4}\right)$$

其中,傅里叶级数系数

$$c_k = \frac{1}{8} \frac{\sin[2k\pi(2+1/2)/8]}{\sin(k\pi/8)} = \frac{1}{8} \frac{\sin(5k\pi/8)}{\sin(k\pi/8)}, k \neq 0, \pm 8, \pm 16, \cdots$$

$$c_k = \frac{2 \times 2 + 1}{8} = \frac{5}{8}, k = 0, \pm 8, \pm 16, \cdots$$

又由 $Y(e^{j\Omega}) = H(e^{j\Omega})X(e^{j\Omega})$ 得

$$Y(e^{j\Omega}) = 2\pi \cdot \frac{5}{8}\delta(\Omega) + 2\pi c_1 \delta\left(\Omega - \frac{\pi}{4}\right) + 2\pi c_{-1}\delta\left(\Omega + \frac{\pi}{4}\right), -\pi < \Omega \leqslant \pi$$

因

$$c_1 = c_{-1} = \frac{1}{8}\frac{\sin(5k\pi/8)}{\sin(k\pi/8)} = \frac{1}{8}\frac{\cos(\pi/8)}{\sin(\pi/8)} = \frac{1}{8}\sqrt{3+2\sqrt{2}} = \frac{1}{8}(1+\sqrt{2})$$

故

$$Y(e^{j\Omega}) = 2\pi \cdot \frac{5}{8}\delta(\Omega) + \frac{1}{4}(1+\sqrt{2})\left[\pi\delta\left(\Omega - \frac{\pi}{4}\right) + \pi\delta\left(\Omega + \frac{\pi}{4}\right)\right], -\pi < \Omega \leqslant \pi$$

取逆变换得到
$$y(n) = \frac{5}{8} + \frac{1}{4}(1+\sqrt{2})\cos(\pi n/4)$$

(2) 当 $x(n) = \sum_{k=-\infty}^{+\infty}\delta[n-8k]$ 时,可直接写出

$$X(e^{j\Omega}) = \frac{2\pi}{8}\sum_{k=-\infty}^{+\infty}\delta\left(\Omega - k\cdot\frac{2\pi}{8}\right) = \frac{\pi}{4}\sum_{k=-\infty}^{+\infty}\delta\left(\Omega - k\cdot\frac{\pi}{4}\right)$$

从而有
$$Y(e^{j\Omega}) = H(e^{j\Omega})X(e^{j\Omega}) = \frac{\pi}{4}\left[\delta(\Omega) + \delta\left(\Omega - \frac{\pi}{4}\right) + \delta\left(\Omega + \frac{\pi}{4}\right)\right], -\pi < \Omega \leqslant \pi$$

取逆变换得
$$y(n) = \frac{1}{8} + \frac{1}{4}\cos(\pi n/4)$$

(3) $x(n) = (-1)^n$ 乘以图 5-16 所示的信号时,其周期 $N=8$,且

$$X(e^{j\Omega}) = 2\pi\sum_{k=-\infty}^{+\infty}c_k\delta\left(\Omega - k\cdot\frac{\pi}{4}\right)$$

其中 $c_k = \frac{1}{8}\sum_{n=-3}^{4}x(n)e^{-jk\frac{\pi}{4}n} = \frac{1}{8}[e^{jk\frac{\pi}{4}2} - e^{jk\frac{\pi}{4}} + 1 - e^{-jk\frac{\pi}{4}} + e^{-jk\frac{\pi}{4}2}]$

$$= \frac{1}{8} + \frac{1}{4}\cos(k\pi/2) - \frac{1}{4}\cos(k\pi/4)$$

由 $Y(e^{j\Omega}) = H(e^{j\Omega})X(e^{j\Omega})$ 得

$$Y(e^{j\Omega}) = 2\pi c_0\delta(\Omega) + 2\pi c_1\delta\left(\Omega - \frac{\pi}{4}\right) + 2\pi c_{-1}\delta\left(\Omega + \frac{\pi}{4}\right), -\pi < \Omega \leqslant \pi$$

因
$$c_0 = \frac{1}{8}, c_1 = c_{-1} = \frac{1}{8}(1-\sqrt{2})$$

故
$$Y(e^{j\Omega}) = 2\pi \cdot \frac{1}{8}\delta(\Omega) + \frac{1}{4}(1-\sqrt{2})\left[\pi\delta\left(\Omega - \frac{\pi}{4}\right) + \pi\delta\left(\Omega + \frac{\pi}{4}\right)\right], -\pi < \Omega \leqslant \pi$$

取逆变换得到
$$y(n) = \frac{1}{8} + \frac{1}{4}(1-\sqrt{2})\cos(\pi n/4)$$

(4) 当 $x(n) = \delta(n+1) + \delta(n-1)$ 时,由于 $X(e^{j\Omega}) = e^{j\Omega} + e^{-j\Omega}$ 故

$$Y(e^{j\Omega}) = H(e^{j\Omega})X(e^{j\Omega}) = \begin{cases} e^{j\Omega} + e^{-j\Omega}, & 0 \leqslant |\Omega| \leqslant \frac{\pi}{3} \\ 0, & \frac{\pi}{3} < |\Omega| \leqslant \pi \end{cases}$$

因 $\dfrac{\sin(\pi n/3)}{\pi n} \xleftrightarrow{DTFT} \begin{cases} 1, 0 \leqslant |\Omega| \leqslant \dfrac{\pi}{3} \\ 0, \dfrac{\pi}{3} < |\Omega| \leqslant \pi \end{cases}$,利用时移的性质可得到

$$y(n) = \frac{\sin[\pi(n+1)/3]}{\pi(n+1)} + \frac{\sin[\pi(n-1)/3]}{\pi(n-1)}$$

其实,此小题可直接由 $y(n) = x(n) * h(n)$ 得到,即

$$y(n) = x(n) * h(n) = \delta(n+1) * \frac{\sin(\pi n/3)}{\pi n} + \delta(n-1) * \frac{\sin(\pi n/3)}{\pi n}$$

$$= \frac{\sin[\pi(n+1)/3]}{\pi(n+1)} + \frac{\sin[\pi(n-1)/3]}{\pi(n-1)}$$

例 5 - 27 稳定的离散时间 LTI 全通系统(全通系统的频率响应的模为常数),设其单位脉冲响应为 $h(n)$ 简要说明如下两个系统也是全通系统。

(1) $h(n) * h(n)$;

(2) $(-1)^n h(n)$。

解:(1) $h(n) * h(n) \longleftrightarrow H^2(e^{j\Omega})$

$|H(e^{j\Omega})|$ 为常数,$|H^2(e^{j\Omega})| = $ 常数,所以系统是全通系统。

(2) $(-1)^n h(n) = e^{-j\pi n} h(n) \longleftrightarrow H(e^{j(\Omega-\pi)})$

$|H(e^{j(\Omega-\pi)})| = |H(e^{j\Omega})| = $ 常数

所以系统是全通系统,相当于沿频率轴平移 π 单位。

例 5 - 28 已知 $x(n) = \left[\dfrac{1}{n\pi}\sin\left(\dfrac{\pi}{4}n\right)\right]^2$,分别画出 $x(n)$ 经过下列冲激序列抽样后所得信号 $x_s(n)$ 的频谱:

(1) $p_1(n) = \sum\limits_{k=-\infty}^{+\infty} \delta(n-4k)$;

(2) $p_2(n) = \sum\limits_{k=-\infty}^{+\infty} \delta(n-2k)$。

解:根据抽样原理可知,$x_s(n)$ 的频谱是 $x(n)$ 频谱以抽样频率 Ω_s 周期重复,为此需先求出 $x(n)$ 的频谱 $X(e^{j\Omega})$。

由于
$$x(n) = \left[\frac{1}{n\pi}\sin\left(\frac{\pi}{4}n\right)\right]^2$$

而
$$\frac{1}{n\pi}\sin\left(\frac{\pi}{4}n\right) \xrightarrow{\text{DTFT}} u\left(\Omega+\frac{\pi}{4}\right) - u\left(\Omega-\frac{\pi}{4}\right), |\Omega|<\pi$$

这是一个矩形频谱,于是,利用卷积性质可求得在 $|\Omega|<\pi$ 的范围内。

$$X(e^{j\Omega}) = \frac{1}{2\pi}\int_{-\pi}^{\pi}\left[u\left(\lambda+\frac{\pi}{4}\right) - u\left(\lambda-\frac{\pi}{4}\right)\right]\left[u\left(\Omega-\lambda+\frac{\pi}{4}\right) - u\left(\Omega-\lambda-\frac{\pi}{4}\right)\right]d\lambda$$

$$= \frac{1}{2\pi}\left[\int_{-\pi/4}^{\Omega+\pi/4}d\lambda - \int_{-\pi/4}^{\Omega-\pi/4}d\lambda - \int_{\pi/4}^{\Omega+\pi/4}d\lambda + \int_{\pi/4}^{\Omega-\pi/4}d\lambda\right]$$

$$= \frac{1}{2\pi}\left(\Omega+\frac{\pi}{2}\right)\left[u\left(\Omega+\frac{\pi}{2}\right) - u(\Omega)\right] - \frac{1}{2\pi}\left(\Omega-\frac{\pi}{2}\right)\left[u(\Omega) - u\left(\Omega-\frac{\pi}{2}\right)\right]$$

这是一个三角形频谱,其最高频率等于 $\pi/2$,如图 5-17 所示。实际上,利用图形卷积也可得到这个结果,而且更为方便。

从 $p_1(n)$ 和 $p_2(n)$ 可知,它们的抽样频率分别为 $\pi/2$ 和 π,因此可画出 $X_{s1}(e^{j\Omega})$ 和 $X_{s2}(e^{j\Omega})$,如图 5-17 中所示。

显然,由于 $p_1(n)$ 的抽样频率不满足抽样定理,因而频谱出现混叠,且混叠的结果使

$X_{s1}(e^{j\Omega})$ 变成一个常数。从时域抽样看,这个结果也是正确的,因为抽样以后,除了在 $n=0$ 点有一个不等于 0 的样值以外,其他的抽样值均为 0,而 $p_2(n)$ 的抽样频率是 $x(n)$ 最高频率的两倍,故 $X_{s2}(e^{j\Omega})$ 中没有混叠。

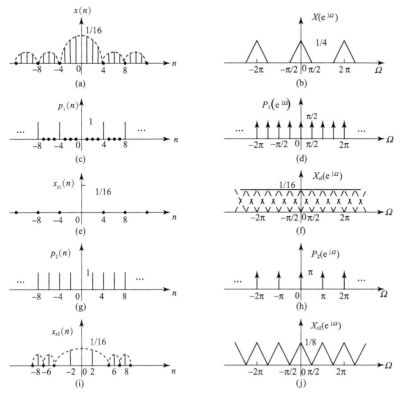

图 5-17 例 5-28 中的信号波形及频谱

例 5-29 设 $x(n)$ 为实值序列,其傅里叶变换 $X(e^{j\Omega})=0, \Omega \geqslant \dfrac{\pi}{4}$;现在想要得到一个信号 $y(n)$,它的傅里叶变换在 $-\pi < \Omega \leqslant \pi$ 为

$$Y(e^{j\Omega}) = \begin{cases} X(e^{j(\Omega-\frac{\pi}{2})}), & \dfrac{\pi}{2} < \Omega \leqslant \dfrac{3\pi}{4} \\ X(e^{j(\Omega+\frac{\pi}{2})}), & -\dfrac{3\pi}{4} \leqslant \Omega < -\dfrac{\pi}{2} \end{cases}$$

如图 5-18 所示系统用于从 $x(n)$ 得到 $y(n)$,试确定要使系统正常工作,图 5-18 中滤波器的频率响应 $H(e^{j\Omega})$ 必须满足什么限制。

解: 由已知条件 $x(n)$ 为实值序列,其傅里叶变换 $X(e^{j\Omega})=0$, $\Omega \geqslant \dfrac{\pi}{4}$,可知 $X(e^{j\Omega})$ 在 $-\dfrac{\pi}{4} < \Omega < \dfrac{\pi}{4}$ 有值;

令 $x_1(n) = x(n)\cos\left(\dfrac{\pi}{2}n\right)$,$x_h(n) = x(n) * h(n)$,$x_2(n) = x_h(n)\sin\left(\dfrac{\pi}{2}n\right)$,则

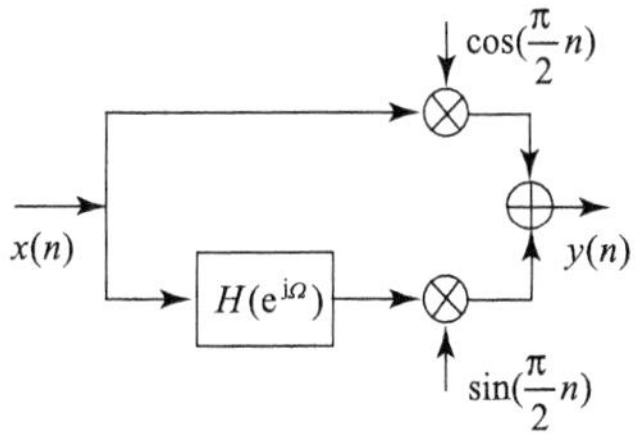

图 5-18 例 5-29

$$X_1(e^{j\Omega}) = \frac{1}{2}X(e^{j(\Omega-\frac{\pi}{2})}) + \frac{1}{2}X(e^{j(\Omega+\frac{\pi}{2})})$$

$$X_2(e^{j\Omega}) = \frac{1}{2j}X_h(e^{j(\Omega-\frac{\pi}{2})}) - \frac{1}{2j}X_h(e^{j(\Omega+\frac{\pi}{2})})$$

$$X_h(e^{j\Omega}) = X(e^{j\Omega})H(e^{j\Omega})$$

$X_1(e^{j\Omega})$ 傅里叶变换在 $-\pi < \Omega \leq \pi$ 为

$$X_1(e^{j\Omega}) = \begin{cases} \frac{1}{2}X(e^{j(\Omega-\frac{\pi}{2})}), & \frac{\pi}{4} < \Omega \leq \frac{3\pi}{4} \\ \frac{1}{2}X(e^{j(\Omega+\frac{\pi}{2})}), & -\frac{3\pi}{4} \leq \Omega < -\frac{\pi}{4} \end{cases}, 要想使$$

$$Y(e^{j\Omega}) = \begin{cases} X(e^{j(\Omega-\frac{\pi}{2})}), & \frac{\pi}{2} < \Omega \leq \frac{3\pi}{4} \\ X(e^{j(\Omega+\frac{\pi}{2})}), & -\frac{3\pi}{4} \leq \Omega < -\frac{\pi}{2} \end{cases} 成立, 则$$

$$X_2(e^{j\Omega}) = \begin{cases} \frac{1}{2}X(e^{j(\Omega-\frac{\pi}{2})}), & \frac{\pi}{2} < \Omega \leq \frac{3\pi}{4} \\ \frac{1}{2}X(e^{j(\Omega+\frac{\pi}{2})}), & -\frac{3\pi}{4} \leq \Omega < -\frac{\pi}{2} \\ -\frac{1}{2}X(e^{j(\Omega-\frac{\pi}{2})}), & \frac{\pi}{4} < \Omega \leq \frac{\pi}{2} \\ -\frac{1}{2}X(e^{j(\Omega+\frac{\pi}{2})}), & -\frac{\pi}{2} \leq \Omega < -\frac{\pi}{4} \end{cases}, 而$$

$$X_2(e^{j\Omega}) = \frac{1}{2j}X_h(e^{j(\Omega-\frac{\pi}{2})}) - \frac{1}{2j}X_h(e^{j(\Omega+\frac{\pi}{2})}), 从而$$

$$X_h(e^{j\Omega}) = \begin{cases} jX(e^{j\Omega}), & 0 < \Omega < \frac{\pi}{4} \\ -jX(e^{j\Omega}), & -\frac{\pi}{4} < \Omega < 0 \end{cases}, 得 H(e^{j\Omega}) = j\text{sgn}(\Omega)$$

例 5-30 多路复用系统是将频率相同,但相位差 $90°$ 的两个载波信号分别由两个信号调制后,再将两者相加,图 5-19 所示为多路复用器和解复用器。假设信号 $x_1(n)$ 和 $x_2(n)$ 都是带限于为 ω_m 的,即:

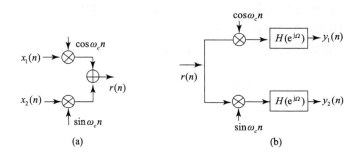

图 5-19 例 5-30

(1) 确定 ω_c 的取值范围，使得 $x_1(n)$ 和 $x_2(n)$ 能够从 $r(n)$ 中恢复出来；

(2) 如果 ω_c 满足图 5-19(a) 中的条件，确定 $H(e^{j\Omega})$，使得 $y_1(n)=x_1(n)$，$y_2(n)=x_2(n)$。

解： $r(n) = x_1(n)\cos\omega_c n + x_2(n)\sin\omega_c n$

$$R(e^{j\Omega}) = \frac{1}{2}X_1(e^{j(\Omega-\omega_c)}) + \frac{1}{2}X_1(e^{j(\Omega+\omega_c)}) + \frac{1}{2j}X_2(e^{j(\Omega-\omega_c)}) - \frac{1}{2j}X_2(e^{j(\Omega+\omega_c)})$$

$r_1(n) = r(n)\cos\omega_c n$，$R_1(e^{j\Omega}) = \frac{1}{2}R(e^{j(\Omega-\omega_c)}) + \frac{1}{2}R(e^{j(\Omega+\omega_c)})$

$$R_1(e^{j\Omega}) = \frac{1}{2}\left[\frac{1}{2}X_1(e^{j(\Omega-2\omega_c)}) + \frac{1}{2}X_1(e^{j\Omega}) + \frac{1}{2j}X_2(e^{j(\Omega-2\omega_c)}) - \frac{1}{2j}X_2(e^{j\Omega})\right] + $$
$$\frac{1}{2}\left[\frac{1}{2}X_1(e^{j\Omega}) + \frac{1}{2}X_1(e^{j(\Omega+2\omega_c)}) + \frac{1}{2j}X_2(e^{j\Omega}) - \frac{1}{2j}X_2(e^{j(\Omega+2\omega_c)})\right]$$

$$R_1(e^{j\Omega}) = \frac{1}{2}X_1(e^{j\Omega}) + \frac{1}{4}X_1(e^{j(\Omega-2\omega_c)}) + \frac{1}{4j}X_2(e^{j(\Omega-2\omega_c)}) + $$
$$\frac{1}{4}X_1(e^{j(\Omega+2\omega_c)}) - \frac{1}{4j}X_2(e^{j(\Omega+2\omega_c)})$$

$r_2(n) = r(n)\sin\omega_c n$，$R_2(e^{j\Omega}) = \frac{1}{2j}R(e^{j(\Omega-\omega_c)}) - \frac{1}{2j}R(e^{j(\Omega+\omega_c)})$

$$R_2(e^{j\Omega}) = \frac{1}{2}X_2(e^{j\Omega}) + \frac{1}{4j}X_1(e^{j(\Omega-2\omega_c)}) - \frac{1}{4}X_2(e^{j(\Omega-2\omega_c)}) - $$
$$\frac{1}{4j}X_1(e^{j(\Omega+2\omega_c)}) - \frac{1}{4}X_2(e^{j(\Omega+2\omega_c)})$$

要使 $y_1(n) = x_1(n)$，$y_2(n) = x_2(n)$，即 $x_1(n)$ 和 $x_2(n)$ 能够从 $r(n)$ 中恢复出来，则

$\begin{cases} \omega_m \leq 2\omega_c - \omega_m \\ 2\omega_c + \omega_m \leq \pi \end{cases}$，从而 $\omega_m < \omega_c < \frac{\pi}{3}$

$H(e^{j\Omega}) = 2$，$\omega_m < \omega_d < 2\omega_c - \omega_m$，$\omega_d$ 为 $H(e^{j\Omega})$ 的截止频率。

例 5-31 已知离散时间信号 $x(n)$，其傅里叶变换 $X(e^{j\Omega})$ 如图 5-20(a) 所示，该信号被一正弦序列调制，如图 5-20(b) 所示。

(1) 写出 $y(n)$ 的傅里叶变换；

(2) 图 5-20(c) 是一个解调系统，其中 $H(e^{j\Omega}) = \begin{cases} G, |\Omega| < \omega_{cp} \\ 0, \text{其他} \end{cases}$，若使 $x(n) = \hat{x}(n)$，G 应取何值；ω_c 和 ω_{cp} 应满足什么关系？

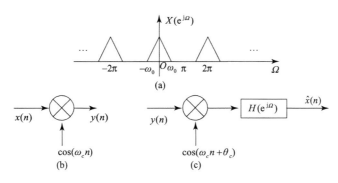

图 5-20　例 5-31

解: (1) $y(n) = x(n)\cos(\omega_c n) \xleftrightarrow{\text{DTFT}} Y(e^{j\Omega}) = \frac{1}{2}(X(e^{j(\Omega-\omega_c)}) + X(e^{j(\Omega+\omega_c)}))$

(2) $Z(n) = Y(n)\cos(\omega_c n + \theta_c) \longleftrightarrow Z(e^{j\Omega}) = \frac{1}{2}(e^{j\theta_c}Y(e^{j(\Omega-\omega_c)}) + e^{-j\theta_c}Y(e^{j(\Omega+\omega_c)}))$

$$Z(e^{j\Omega}) = \frac{1}{2}(e^{j\theta_c}Y(e^{j(\Omega-\omega_c)}) + e^{-j\theta_c}Y(e^{j(\Omega+\omega_c)}))$$

$$= \frac{1}{4}e^{j\theta_c}(X(e^{j(\Omega-2\omega_c)}) + X(e^{j\Omega})) + \frac{1}{4}e^{-j\theta_c}(X(e^{j\Omega}) + X(e^{j(\Omega+2\omega_c)}))$$

$$= \frac{1}{4}e^{j\theta_c}X(e^{j(\Omega-2\omega_c)}) + \frac{1}{4}e^{-j\theta_c}X(e^{j(\Omega+2\omega_c)}) + X(e^{j\Omega})(\frac{1}{4}e^{-j\theta_c} + \frac{1}{4}e^{j\theta_c})$$

$$= \frac{1}{4}e^{j\theta_c}X(e^{j(\Omega-2\omega_c)}) + \frac{1}{4}e^{-j\theta_c}X(e^{j(\Omega+2\omega_c)}) + \frac{1}{2}X(e^{j\Omega})\cos\theta_c$$

若使 $x(n) = \hat{x}(n)$, 应满足 $\begin{cases} 2\omega_c + \omega_0 \leq \pi \\ \omega_c - \omega_0 \geq 0 \end{cases}$, 即 $\begin{cases} \omega_c \leq \frac{\pi}{3} \\ \omega_0 \leq \omega_c \end{cases}$ 且 $G = \frac{2}{\cos\theta_c}$

故, $\omega_0 < \omega_{cp} < 2\omega_c - \omega_0$

第 6 章

连续时间信号与系统的 s 域分析

6.1 学习要求

- 求信号拉普拉斯变换
- 拉普拉斯反变换
- 对于 LTI 系统的 s 域方法

6.2 学习要点

1. 拉普拉斯变换的定义,收敛域

(1)拉普拉斯变换的定义

①从 $\mathscr{F}$ 到 $\mathscr{L}$(双边拉普拉斯变换)

$$X(s) = \mathscr{F}[x(t)\mathrm{e}^{-\sigma t}] = \int_{-\infty}^{+\infty} x(t)\mathrm{e}^{-st}\mathrm{d}t = \mathscr{L}[x(t)], \ s = \sigma + \mathrm{j}\omega$$

拉普拉斯变换的收敛域为 σ 的存在条件,即 $\lim\limits_{t \to \infty} x(t)\mathrm{e}^{-\sigma t} = 0$; $\lim\limits_{t \to -\infty} x(t)\mathrm{e}^{-\sigma t} = 0$

②单边拉普拉斯变换

$$X(s) = \int_{0}^{+\infty} x(t)\mathrm{e}^{-st}\mathrm{d}t = \mathscr{L}[x(t)u(t)]$$

(2)拉普拉斯变换的收敛域

①若 $x(t)$ 是有限持续期的信号,其收敛域是整个 s 域

②如果 $x(t)$ 是一个右边信号,则 $X(s)$ 的收敛域 $\mathrm{Re}\{s\} > \sigma_{左}$

③如果 $x(t)$ 是一个左边信号,则 $X(s)$ 的收敛域 $\mathrm{Re}\{s\} < \sigma_{右}$

④当 $x(t)$ 是一个双边信号时 $\sigma_{左} < \mathrm{Re}\{s\} < \sigma_{右}$

⑤$X(s)$ 的收敛域内不含极点;若拉普拉斯变换是有理函数,收敛域的边界由其极点确定

(3)几个常见函数的拉氏变换

①$\mathscr{L}[u(t)] = \dfrac{1}{s} (\sigma > 0)$

②$\mathscr{L}[\mathrm{e}^{-\alpha t}] = \dfrac{1}{s+\alpha} (\sigma > -\alpha)$

③ $\mathscr{L}[t^n] = \dfrac{n!}{s^{n+1}}(\sigma>0); \mathscr{L}[tu(t)] = \dfrac{1}{s^2}(\sigma>0)$

④ $\mathscr{L}[\delta(t)] = 1; \mathscr{L}[\delta(t-t_0)] = e^{-st_0}$

⑤ $\mathscr{L}[\sin\omega_0 t u(t)] = \dfrac{\omega_0}{s^2+\omega_0^2}(\sigma>0); \mathscr{L}[\cos\omega_0 t u(t)] = \dfrac{s}{s^2+\omega_0^2}(\sigma>0)$

⑥ $\mathscr{L}\left[\sum\limits_{n=0}^{+\infty}\delta(t-nT)\right] = \dfrac{1}{1-e^{-sT}}$

⑦ $\mathscr{L}[-e^{-\alpha t}u(-t)] = \dfrac{1}{s+\alpha}(\sigma<-\alpha)$

⑧ $\mathscr{L}[te^{-\alpha t}u(t)] = \dfrac{1}{(s+\alpha)^2}(\sigma>-\alpha); \mathscr{L}\left[\dfrac{t^{(n-1)}}{(n-1)!}e^{-\alpha t}u(t)\right] = \dfrac{1}{(s+\alpha)^n}(\sigma>-\alpha)$

⑨ $\mathscr{L}[e^{-\alpha t}\cos\omega_0 t u(t)] = \dfrac{s+\alpha}{(s+\alpha)^2+\omega_0^2}(\sigma>-\alpha)$

2. 拉普拉斯变换的性质

设 $\mathscr{L}[x(t)] = X(s), \text{ROC} = R$

(1) 线性

$$\mathscr{L}\left[\sum_{i=1}^{+\infty}a_i x_i(t)\right] = \sum_{i=1}^{+\infty}a_i \mathscr{L}[x_i(t)]$$

(2) 尺度

$$\mathscr{L}[x(at)] = \dfrac{1}{|a|}X\left(\dfrac{s}{a}\right), \text{ROC} = aR$$

$$\mathscr{L}[x(-t)] = X(-s), \text{ROC} = -R$$

(3) 时移

$$\mathscr{L}[x(t-t_0)u(t-t_0)] = e^{-st_0}\mathscr{L}[x(t)], (t_0>0)$$

(4) s 域平移

$$\mathscr{L}[x(t)e^{at}] = X(s-a); \mathscr{L}[x(t)e^{-at}] = X(s+a)$$

(5) 时域微分

① 单边

$$\mathscr{L}\left[\dfrac{d}{dt}x(t)\right] = sX(s) - x(0_-)$$

$$\mathscr{L}\left[\dfrac{d^2 x(t)}{dt^2}\right] = s^2 X(s) - sx(0_-) - x'(0_-)$$

② 双边

$$\mathscr{L}\left[\dfrac{d^n x(t)}{dt^n}\right] = s^n X(s)$$

(6) 时域卷积 $Y(s) = X(s)H(s)$

(7) 初值定理 (特有)

$x(t)$ 为因果信号,在 $t=0$ 时,$x(t)$ 不包含任何冲激 $\lim\limits_{t\to 0^+}x(t) = x(0_+) = \lim\limits_{s\to\infty}sX(s)$

(8) 终值定理

当 $t<0$ 时,$x(t)=0$,在 $t=0$ 时,$x(t)$ 不包含任何冲激 $x(\infty) = \lim\limits_{t\to\infty}x(t) = \lim\limits_{s\to 0}sX(s)$

(9) s 域微分
$$\mathscr{L}[-tx(t)] = \frac{\mathrm{d}}{\mathrm{d}s}X(s)$$

3. 拉普拉斯 $\mathscr{L}^{-1}$ 逆变换

设 $X(s) = \dfrac{N(s)}{D(s)}$,定义 p_i 为 $X(s)$ 的极点,n 为 $D(s)$ 的阶次;m 为 $N(s)$ 的阶次。

(1) $X(s) = \dfrac{N(s)}{D(s)}$ 为有理真分式 $(m < n)$

① 极点为一阶极点
$$X(s) = \frac{N(s)}{D(s)} = \frac{N(s)}{(s-p_1)(s-p_2)\cdots(s-p_n)}$$
$$X(s) = \frac{k_1}{s-p_1} + \frac{k_2}{s-p_2} + \cdots + \frac{k_n}{s-p_n}$$
$$k_i = (s-p_i)X(s)\big|_{s=p_i}, i = 1, 2, \cdots, n$$
$$x(t) = (k_1 e^{p_1 t} + k_2 e^{p_2 t} + \cdots + k_n e^{p_n t})u(t)$$

② $X(s)$ 为有理真分式,极点为 r 重阶极点
$$X(s) = \frac{N(s)}{D(s)} = \frac{N(s)}{(s-p_1)^r(s-p_{r+1})\cdots(s-p_n)}$$
$$= \frac{k_1}{s-p_1} + \frac{k_2}{(s-p_1)^2} + \cdots + \frac{k_r}{(s-p_1)^r} + \frac{k_{r+1}}{s-p_{r+1}} + \cdots + \frac{k_n}{s-p_n}$$
$$k_j = \frac{1}{(r-j)!} \frac{\mathrm{d}^{r-j}}{\mathrm{d}s^{r-j}} [(s-p_1)^r X(s)]\Big|_{s=p_1}, j = 1, 2, \cdots, r$$
$$k_i = (s-p_1)X(s)\big|_{s=p_i}, i = r+1, r+2, \cdots, n$$

③ 当 $X(s)$ 的分母多项式 $D(s)$ 有共轭复根时
$$X(s) = \frac{N(s)}{D(s)} = \frac{N(s)}{D_1(s)(s^2+as+b)}$$

$(s+a_1)^2 + b_1^2$ 配方为 $s^2 + as + b$,用比较系数法求出它的系数。

(2) $X(s)$ 为有理假分式 $(m \geqslant n)$
$$X(s) = \frac{N(s)}{D(s)} = B_0 + B_1 s + \cdots + B_{m-n}s^{m-n} + \frac{N_1(s)}{D(s)}$$

$\dfrac{N_1(s)}{D(s)}$ 根据极点情况按(1)中的①、②、③展开;$B_0 \xleftrightarrow{\mathscr{L}} B_0 \delta(t), B_1 s \xleftrightarrow{\mathscr{L}} B_1 \delta'(t),$
$B_{m-n}s^{m-n} \xleftrightarrow{\mathscr{L}} B_{m-n}\delta^{(m-n)}(t)$

4. 用拉普拉斯变换表征和分析 LTI 系统

(1) 系统函数

① 已知微分方程
$$\sum_{i=0}^{n} \alpha^i y^{(i)}(t) = \sum_{j=0}^{m} \beta_j x^{(j)}(t), H(s) = \frac{\sum_{j=0}^{m}\beta_j s^j}{\sum_{i=0}^{n}\alpha^i s^i}$$

② 已知 $x(t)$,零状态响应 $y(t)$

$$H(s) = \frac{Y(s)}{X(s)}$$

③ 输入特征函数 e^{at}

$$y(t) = H(s)|_{s=a} \cdot e^{at}$$

(2) $H(s)$ 的零极点、收敛域(ROC)与系统特性的关系

① 因果系统的系统函数的 ROC 是某个右半平面;具有有理系统函数的系统的因果性等效于 ROC 位于最右边极点的右半平面;

② 当且仅当系统函数的收敛域包含 $j\omega$ 轴,即 $\sigma=0$ 时,LTI 系统是稳定的;

③ 当且仅当系统函数的全部极点都位于复平面的左半平面时,具有有理系统函数的因果系统是稳定的;

④ 当系统函数的收敛域包含 $j\omega$ 轴或者连续 LTI 系统是稳定的,系统的频率响应 $H(\omega) = H(s)|_{s=j\omega}$。

6.3 习题精解

例 6-1 一个连续时间信号的拉氏变换 $X(s)$ 有两个极点 $s_1=2, s_2=-1$ 指出 $X(s)$ 所有可能的收敛域(ROC),并对每一种 ROC 指出其反变换 $x(t)$ 可能是下述哪一种函数:右边,左边,双边。

解:$\text{Re}(s) > 2$,$x(t)$ 为右边信号;$-1 < \text{Re}(s) < 2$,$x(t)$ 为双边信号;$\text{Re}(s) < -1$,$x(t)$ 为左边信号。

例 6-2 已知系统函数 $H(s) = \dfrac{s+1}{s^2+s-6}$,画出可能的收敛域;系统能否是因果稳定,说明理由。

解:$(s+3)(s-2) = 0$,极点 $s_1 = -3, s_2 = 2$,收敛域如图 6-1 所示。

① $\text{Re}(s) > 2$ 因果非稳定

② $-3 < \text{Re}(s) < 2$ 非因果稳定

③ $\text{Re}(s) < -3$ 非因果非稳定

分析:因果:收敛域在最右极点以右

   稳定:收敛域包含虚轴($j\omega$ 轴)

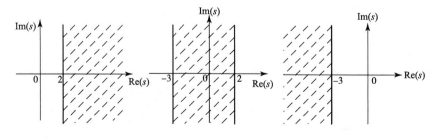

图 6-1 例 6-2

例 6-3 已知 $x(t)=e^{-3t}u(-t)$，求 $x(2t)$ 的拉氏变换及其收敛域。

解：方法 1：$x_1(t)=e^{3t}u(t) \xleftrightarrow{\mathscr{L}} X_1(s)=\dfrac{1}{s-3}(\sigma>3)$

$x(t)=e^{-3t}u(-t) \xleftrightarrow{\mathscr{L}} X(s)=-\dfrac{1}{s+3}(\sigma<-3)$

$x(2t) \xleftrightarrow{\mathscr{L}} \dfrac{1}{2}X\left(\dfrac{s}{2}\right)=-\dfrac{1}{s+6}(\sigma<-6)$

方法 2：采用公式 $-e^{-\alpha t}u(-t) \xleftrightarrow{\mathscr{L}} \dfrac{1}{s+\alpha}(\sigma<-\alpha)$

$x(t)=e^{-3t}u(-t) \xleftrightarrow{\mathscr{L}} X(s)=-\dfrac{1}{s+3}(\sigma<-3)$

$x(2t) \xleftrightarrow{\mathscr{L}} \dfrac{1}{2}X\left(\dfrac{s}{2}\right)=-\dfrac{1}{s+6}(\sigma<-6)$

例 6-4 $X(s)=\dfrac{s^2+3}{s^2+3s+2}$，$\mathrm{Re}\{s\}>-1$ 的拉氏反变换为（　　）。

A. $\delta(t)+(4e^{-t}-7e^{-2t})u(t)$ B. $[\delta(t)+4e^{-t}-7e^{-2t}]u(t)$

C. $(4e^{-t}-7e^{-2t})u(t)$ D. $\delta(t)+4e^{-t}-7e^{-2t}$

解：$X(s)=\dfrac{s^2+3}{s^2+3s+2}=1+\dfrac{-3s+1}{s^2+3s+2}=1+\dfrac{k_1}{s+1}+\dfrac{k_2}{s+2}$

$k_1=\left(\dfrac{-3s+1}{s^2+3s+2}\right)(s+1)\bigg|_{s=-1}=4 \qquad k_2=\left(\dfrac{-3s+1}{s^2+3s+2}\right)(s+2)\bigg|_{s=-2}=-7$

$X(s)=1+\dfrac{4}{s+1}+\dfrac{-7}{s+2}$，其逆变换 $x(t)=\delta(t)+(4e^{-t}-7e^{-2t})u(t)$

例 6-5 求下列 $X(s)$ 的单边拉普拉斯反变换。

(1) $X(s)=\dfrac{s+2}{s^3+4s^2+3s}$

(2) $X(s)=\dfrac{s-2}{s(s+1)^3}$

(3) $X(s)=\dfrac{1-e^{-2s}}{s(s^2+4)}$

(4) $X(s)=\dfrac{s^3+2s-4}{s^2+4s}$

(5) $X(s)=\dfrac{s^3+2s-4}{s^2+4s+8}$

解：(1) $X(s)=\dfrac{s+2}{s^3+4s^2+3s}=\dfrac{s+2}{s(s+1)(s+3)}=\dfrac{k_1}{s}+\dfrac{k_2}{s+1}+\dfrac{k_3}{s+3}$

$k_1=sX(s)\big|_{s=0}=\dfrac{s+2}{(s+1)(s+3)}\bigg|_{s=0}=\dfrac{2}{3}$

$k_2=(s+1)X(s)\big|_{s=-1}=\dfrac{s+2}{s(s+3)}\bigg|_{s=-1}=-\dfrac{1}{2}$

$k_3=(s+3)X(s)\big|_{s=-3}=\dfrac{s+2}{s(s+1)}\bigg|_{s=-3}=-\dfrac{1}{6}$

$$x(t)=\frac{2}{3}u(t)-\frac{1}{2}\mathrm{e}^{-t}u(t)-\frac{1}{6}\mathrm{e}^{-3t}u(t)$$

(2) $X(s)=\dfrac{s-2}{s(s+1)^3}=\dfrac{k_1}{s}+\dfrac{k_2}{(s+1)}+\dfrac{k_3}{(s+1)^2}+\dfrac{k_4}{(s+1)^3}$

$k_1=sX(s)\big|_{s=0}=\dfrac{s-2}{(s+1)^3}\bigg|_{s=0}=-2$

$k_4=(s+1)^3X(s)\big|_{s=-1}=\dfrac{s-2}{s}\bigg|_{s=-1}=3$

$k_3=\dfrac{\mathrm{d}(s+1)^3X(s)}{\mathrm{d}s}\bigg|_{s=-1}=\left(\dfrac{s-2}{s}\right)'\bigg|_{s=-1}=2$

$k_2=\dfrac{1}{2}\dfrac{\mathrm{d}^2(s+1)^3X(s)}{\mathrm{d}s^2}\bigg|_{s=-1}=\dfrac{1}{2}\left(\dfrac{s-2}{s}\right)''\bigg|_{s=-1}=2$

$x(t)=\left(-2+\mathrm{e}^{-t}+2t\mathrm{e}^{-t}+\dfrac{3}{2}t^2\mathrm{e}^{-t}\right)u(t)$

(3) 先求 $X_1(s)=\dfrac{1}{s(s^2+4)}$ 的单边拉普拉斯反变换；再利用时移性质求 $X_2(s)=\dfrac{-\mathrm{e}^{-2s}}{s(s^2+4)}$ 的单边拉氏反变换。

$X_1(s)=\dfrac{1}{s(s^2+4)}=\dfrac{k_1}{s}+\dfrac{k_2s+k_3}{s^2+4}$，采用待定系数法，求得 $k_1=\dfrac{1}{4},k_2=-\dfrac{1}{4},k_3=0$

$x_1(t)=\dfrac{1}{4}(1-\cos 2t)u(t),x_2(t)=-\dfrac{1}{4}[1-\cos 2(t-2)]u(t-2)$

$x(t)=\dfrac{1}{4}(1-\cos 2t)u(t)-\dfrac{1}{4}[1-\cos 2(t-2)]u(t-2)$

(4) 此题的特点是象函数的分子多项式的阶次大于分母多项式的阶次。

$X(s)=s-4+\dfrac{18s-4}{s^2+4s}$

$x(t)=\delta'(t)-4\delta(t)+[-1+19\mathrm{e}^{-4t}]u(t)$

(5) $X(s)=s-4+\dfrac{10(s+2)}{(s+2)^2+4}+\dfrac{8}{(s+2)^2+4}$

$x(t)=\delta'(t)-4\delta(t)+[10\cos 2t\mathrm{e}^{-2t}+4\sin 2t\mathrm{e}^{-2t}]u(t)$

例 6-6 求下列 $X(s)$ 的拉普拉斯反变换。

(1) $X(s)=\dfrac{(s+1)\mathrm{e}^{-s}}{(s+1)^2+4}$ $\mathrm{Re}\{s\}>-1$

(2) $X(s)=\dfrac{1}{3s^2(s^2+4)}$

(3) $X(s)=\dfrac{s^2+8}{(s+4)^2}$

(4) $X(s)=\dfrac{s^2-4}{(s^2+4)^2}$, $\mathrm{Re}\{s\}>0$

(5) $X(s)=\dfrac{s^4+2s^3+2s^2+2s+1}{s^3+6s^2+11s+6}$

解：(1) $\dfrac{s}{s^2+4} \xleftrightarrow{\mathscr{L}} \cos2tu(t)$

$\dfrac{(s+1)}{(s+1)^2+4} \xleftrightarrow{\mathscr{L}} \mathrm{e}^{-t}\cos2tu(t)$

$\dfrac{(s+1)\mathrm{e}^{-s}}{(s+1)^2+4} \xleftrightarrow{\mathscr{L}} \mathrm{e}^{-(t-1)}\cos2(t-1)u(t-1)$

(2) $X(s)=\dfrac{1}{3q(q+4)}=\dfrac{1}{3}\left(\dfrac{k_1}{q}+\dfrac{k_2}{(q+4)}\right)$

$k_1=q \cdot \dfrac{1}{q(q+4)}\bigg|_{q=0}=\dfrac{1}{4}$ $\qquad k_2=(q+4)\cdot\dfrac{1}{q(q+4)}\bigg|_{q=-4}=-\dfrac{1}{4}$

$X(s)=\dfrac{1}{3}\left(\dfrac{1}{4s^2}-\dfrac{1}{4(s^2+4)}\right)$ $\qquad x(t)=\dfrac{1}{12}\left(t-\dfrac{1}{2}\sin2t\right)u(t)$

(3) $X(s)=\dfrac{s^2+8}{(s+4)^2}=1+\dfrac{-8s-8}{(s+4)^2}=1+\dfrac{k_1}{(s+4)^2}+\dfrac{k_2}{s+4}$

$k_1=(s+4)^2X(s)|_{s=-4}=(-8s-8)|_{s=-4}=24$

$k_2=\dfrac{\mathrm{d}}{\mathrm{d}s}(s+4)^2X(s)|_{s=-4}=(-8s-8)|_{s=-4}=-8$

$x(t)=\delta(t)-8t\mathrm{e}^{-4t}u(t)+24\mathrm{e}^{-4t}u(t)$

(4) $\cos2tu(t)\xleftrightarrow{\mathscr{L}}\dfrac{s}{s^2+4}$ $\qquad t\cos2tu(t)\xleftrightarrow{\mathscr{L}}-\dfrac{\mathrm{d}}{\mathrm{d}s}\left(\dfrac{s}{s^2+4}\right)=\dfrac{s^2-4}{(s^2+4)^2}$

$x(t)=t\cos2tu(t)$

(5) $X(s)=\dfrac{s^4+2s^3+2s^2+2s+1}{s^3+6s^2+11s+6}=\dfrac{s(s^3+6s^2+11s+6)}{s^3+6s^2+11s+6}+\dfrac{-4s^3-9s^2-4s+1}{s^3+6s^2+11s+6}$

$X(s)=s+\dfrac{-4(s^3+6s^2+11s+6)}{s^3+6s^2+11s+6}+\dfrac{15s^2+40s+25}{s^3+6s^2+11s+6}$

$X(s)=s-4+\dfrac{15s^2+40s+25}{s^3+6s^2+11s+6}=s-4+\dfrac{-5}{s+2}+\dfrac{20}{s+3}$

$\mathrm{Re}\{s\}>-2$ $\quad x(t)=\delta'(t)-4\delta(t)+[20\mathrm{e}^{-3t}-5\mathrm{e}^{-2t}]u(t)$

$\mathrm{Re}\{s\}<-3$ $\quad x(t)=\delta'(t)-4\delta(t)-[20\mathrm{e}^{-3t}-5\mathrm{e}^{-2t}]u(-t)$

$-3<\mathrm{Re}\{s\}<-2$ $\quad x(t)=\delta'(t)-4\delta(t)+20\mathrm{e}^{-3t}u(t)+5\mathrm{e}^{-2t}u(-t)$

例 6-7 根据下列微分方程,能断定该系统是稳定的吗？为什么？
$$y'(t)-2y(t)=x(t)$$

解：$H(s)=\dfrac{1}{s-2}$

当收敛域 $\mathrm{Re}(s)>2$ 时,不稳定,此时因果,即 $t<0$ 时, $y(t)=0$；
当 $\mathrm{Re}(s)<2$ 时,稳定,此时非因果。
故在没有给出时间 t 范围（或因果情况）下,无法判断。

例 6-8 已知 LTI 连续时间系统 $\dfrac{\mathrm{d}^2y(t)}{\mathrm{d}t^2}-\dfrac{\mathrm{d}y(t)}{\mathrm{d}t}-2y(t)=x(t)$,求：

(1) 系统函数 $H(s)$；
(2) 确定系统所有可能的 $h(t)$ 形式,并说明对应系统的因果、稳定性；

(3) 上述哪种情况下系统存在频率响应？若存在，则写之；若无，说明理由；
(4) 当输入为 $x(t)=e^{3t}$ 时，求稳定系统的零状态响应 $y_x(t)$；
(5) 画出系统直接 Ⅱ 型模拟框图。

解：(1) 对所给微分方程作双边拉普拉斯变换可得
$$Y(s)(s^2-s-2)=X(s)$$
从而系统函数 $H(s)=\dfrac{1}{s^2-s-2}=\dfrac{1/3}{s-2}-\dfrac{1/3}{s+1}$；

(2) ① $\text{Re}\{s\}>2$，$h(t)=\dfrac{1}{3}e^{2t}u(t)-\dfrac{1}{3}e^{-t}u(t)$，系统满足因果性，不满足稳定性；

② $-1<\text{Re}\{s\}<2$，$h(t)=-\dfrac{1}{3}e^{2t}u(-t)-\dfrac{1}{3}e^{-t}u(t)$，系统满足稳定性，不满足因果性；

③ $\text{Re}\{s\}<-1$，$h(t)=-\dfrac{1}{3}e^{2t}u(-t)+\dfrac{1}{3}e^{-t}u(-t)$，系统既不满足因果性，又不满足稳定性；

(3) 第②种情况有 $H(\omega)=\dfrac{1}{(j\omega)^2-(j\omega)-2}$

第①、③种情况无 $H(\omega)$，因为系统函数的 ROC 不包含虚轴，系统不稳定；

(4) $y_x(t)=H(s)|_{s=3}\cdot e^{3t}=\dfrac{1}{4}\cdot e^{3t}$；

(5)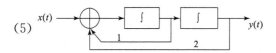

例6-9 已知系统的微分方程 $\dfrac{d^2y(t)}{dt^2}+5\dfrac{dy(t)}{dt}+6y(t)=\dfrac{dx(t)}{dt}+3x(t)$，给定系统的起始状态 $y(0_-)=1$，$y'(0_-)=2$，系统激励信号 $x(t)=\delta(t)$ 或 $x(t)=5e^{-3t}u(t)$ 时，求系统的零输入响应、零状态响应和全响应。

解：微分方程两边作单边拉普拉斯变换
$$[s^2Y(s)-sy(0_-)-y'(0_-)]+5[sY(s)-y(0_-)]+6Y(s)=sX(s)+3X(s)$$
$$[s^2+5s+6]Y(s)=[s+3]X(s)+[sy(0_-)+y'(0_-)+5y(0_-)]$$
$$Y(s)=\dfrac{s+3}{s^2+5s+6}X(s)+\dfrac{sy(0_-)+y'(0_-)+5y(0_-)}{s^2+5s+6}$$

① 当 $x(t)=\delta(t)$，$y(0_-)=1$，$y'(0_-)=2$ 时，$Y(s)=\dfrac{s+3}{s^2+5s+6}+\dfrac{s+7}{s^2+5s+6}$，$Y_0(s)=\dfrac{s+7}{s^2+5s+6}$，$Y_x(s)=\dfrac{s+3}{s^2+5s+6}$

零状态响应为 $y_x(t)=e^{-2t}u(t)$，零输入响应为 $y_0(t)=[5e^{-2t}-4e^{-3t}]u(t)$，全响应为 $y(t)=y_x(t)+y_0(t)=[6e^{-2t}-4e^{-3t}]u(t)$

② 当 $x(t)=5e^{-3t}u(t)$，$y(0_-)=1$，$y'(0_-)=2$ 时，$Y(s)=\dfrac{s+3}{s^2+5s+6}\cdot\dfrac{5}{s+3}+\dfrac{s+7}{s^2+5s+6}$

$$Y_0(s)=\frac{s+7}{s^2+5s+6}, Y_x(s)=\frac{s+3}{s^2+5s+6}\cdot\frac{5}{s+3}=\frac{5}{(s+2)(s+3)}$$

零状态响应为 $y_x(t)=5[e^{-2t}-e^{-3t}]u(t)$，零输入响应为 $y_0(t)=[5e^{-2t}-4e^{-3t}]u(t)$，全响应为 $y(t)=y_x(t)+y_0(t)=[10e^{-2t}-9e^{-3t}]u(t)$

例 6-10 考虑一个输入、输出分别为 $x(t)$ 和 $y(t)$ 的连续时间系统，其系统函数为
$$H(s)=\frac{s^2-4}{s^2-1}$$

求：(1)画出 $H(s)$ 的极点和零点图；
(2)假定 $H(s)$ 是稳定的，确定其收敛域，并求系统的单位冲激响应 $h(t)$；
(3)描述系统的线性常系数微分方程，并画出其直接Ⅱ型框图；
(4)若输入 $x(t)=\exp(-0.5t)$，对全部 t，求系统输出 $y(t)$。

解：(1) $H(s)=\frac{(s+2)(s-2)}{(s+1)(s-1)}$，零极点图如图 6-2(a)所示。

(2) ROC：$-1<\text{Re}(s)<1$

$$H(s)=\frac{s^2-1-3}{s^2-1}=1-\frac{3}{(s+1)(s-1)}=1-\frac{3}{2}\left[\frac{-1}{s+1}+\frac{1}{s-1}\right]$$

$$h(t)=\delta(t)+\frac{3}{2}e^{-t}u(t)+\frac{3}{2}e^{t}u(-t)$$

(3) $\frac{Y(s)}{X(s)}=\frac{s^2-4}{s^2-1}$

$X(s)(s^2-4)=Y(s)(s^2-1)$

$y''(t)-y(t)=x''(t)-4x(t)$

直接Ⅱ型框图如图 6-2(b)所示。

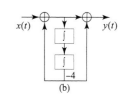

图 6-2 例 6-10

(4) $x(t)=e^{-0.5t}\to y(t)=e^{-0.5t}\cdot H(-0.5)=e^{-0.5t}\cdot\dfrac{\left(-\dfrac{1}{2}\right)^2-4}{\left(-\dfrac{1}{2}\right)^2-1}=5e^{-0.5t}\quad t\in(-\infty,\infty)$

例 6-11 已知某 LTI 系统的零极点图如图 6-3 所示，当 $x(t)=e^{2t}$ 时，$y(t)=\dfrac{3}{5}e^{2t}$。

(1)写出该系统的系统函数 $H(s)$；
(2)写出该系统的微分方程；
(3)当输入为 $x(t)=e^{-t}u(t)$，初始状态为时 $y(0_-)=3, y'(0_-)=2$，求该系统的零状态响应、零输入响应、全响应。
(4)画出系统的模拟框图。

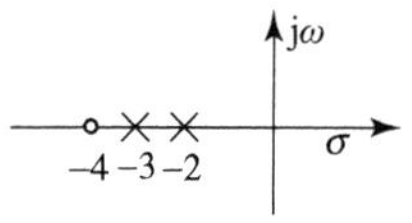

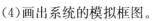

图 6-3 例 6-11

解：(1)由系统零极点图可知 $H(s)=\dfrac{k(s+4)}{s^2+5s+6}$

当 $x(t)=e^{2t}$ 时，$y(t)=\dfrac{3}{5}e^{2t}$，从而可得 $H(2)=\dfrac{3}{5}, k=2$，

所以 $H(s)=\dfrac{2s+8}{s^2+5s+6}$

(2) $y''(t)+5y'(t)+6y(t)=2x'(t)+8x(t)$

(3) 对(2)所得微分方程两边作单边拉普拉斯变换可得

$$[s^2Y(s)-sy(0^-)-y'(0^-)]+5[sY(s)-y(0^-)]+6Y(s)=2sX(s)+8X(s)$$

$$Y(s)=\frac{2s+8}{s^2+5s+6}X(s)+\frac{(s+5)y(0^-)+y(0^-)}{(s^2+5s+6)}$$

$$Y_0(s)=\frac{3s+17}{s^2+5s+6}=\frac{11}{s+2}-\frac{8}{s+3}$$

$$Y_x(s)=\frac{2s+8}{s^2+5s+6}\cdot\frac{1}{s+1}=\frac{2s+8}{(s+2)(s+3)}\cdot\frac{1}{s+1}=\frac{3}{s+1}-\frac{4}{s+2}+\frac{1}{(s+3)}$$

$$y_x(t)=(3e^{-t}-4e^{-2t}+e^{-3t})\cdot u(t) \quad y_0(t)=(11e^{-2t}-8e^{-3t})u(t)$$

$$y(t)=y_0(t)+y_x(t)=3e^{-t}+7e^{-2t}-7e^{-3t}, t\geq 0$$

(4)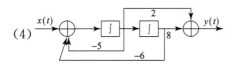

例 6-12 连续时间因果 LTI 系统,其系统函数的零极点分布如图 6-4(a)所示,二阶极点 $p_1=-3$,共轭极点 $p_2=-2+j$, $p_3=-2-j$,二阶零点 $z=-1$,当输入为 e^{-2t} 时,输出为 $2e^{-2t}$,求:

(1) 求系统函数及其收敛域,并分析系统稳定性;
(2) 给出系统表示的微分方程;
(3) 画出系统直接Ⅱ型的模拟框图;
(4) 单位冲激响应;
(5) 连续 LTI 的频率响应。

解:(1) 由系统的零极点图可得 $H(s)=\dfrac{A[s^2+2s+1]}{(s+3)^2[(s+2)^2+1]}$

当输入为 e^{-2t} 时,输出为 $2e^{-2t}$,可得 $H(-2)=2$,从而 $A=2$
又由于系统是因果的,所以

$$H(s)=\frac{2[s^2+2s+1]}{(s+3)^2[(s+2)^2+1]}, \operatorname{Re}\{s\}>-2$$

由收敛域包含虚轴,所以系统是稳定的。

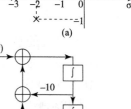

(2) $H(s)=\dfrac{2[s^2+2s+1]}{(s+3)^2[(s+2)^2+1]}=\dfrac{2s^2+4s+2}{s^4+10s^3+38s^2+66s+45}=\dfrac{Y(s)}{X(s)}$

$$\frac{d^4y(t)}{dt^4}+10\frac{d^3y(t)}{dt^3}+38\frac{d^2y(t)}{dt^2}+66\frac{dy(t)}{dt}+45y(t)$$

$$=2\frac{d^2x(t)}{dt^2}+4\frac{dx(t)}{dt}+2x(t)$$

(3) 直接Ⅱ模拟如图 6-4(b)

(4) 因 $H(s)=\dfrac{2[s^2+2s+1]}{(s+3)^2[(s+2)^2+1]}=\dfrac{4}{(s+3)^2}-\dfrac{2}{(s+2)^2+1}$,

$\operatorname{Re}\{s\}>-2$

则 $h(t)=[4te^{-3t}-2e^{-2t}\sin t]u(t)$

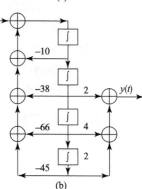

图 6-4 例 6-12

⑤由于收敛域包含虚轴,系统是稳定的

$$H(\omega)=H(s)|_{s=j\omega}=\frac{2[-\omega^2+2j\omega+1]}{(j\omega+3)^2[(j\omega+2)^2+1]}=\frac{4}{(j\omega+3)^2}-\frac{2}{(j\omega+2)^2+1}$$

例 6-13 已知连续 LTI 系统的系统函数 $H(s)$ 零极点图如图 6-5(a)所示,其方框图如图 6-5(b)所示,求:

(1)若 $H(s)|_{s=-5}=\frac{1}{4}$,试确定系统函数 $H(s)$ 的表达式;

(2)确定图 6-5(b)中的实系数 A、B、C 的值;

(3)系统的收敛域有几种可能的形式?并给出系统为因果稳定时的收敛域。在系统为因果稳定条件下,求出系统的单位阶跃响应 $s(t)$。

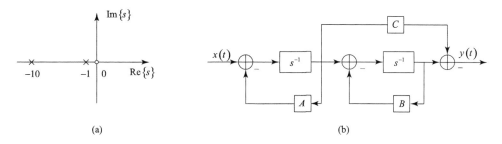

图 6-5 例 6-13
(a)零极点图;(b)系统方框图

解:(1)根据零极点图,则系统函数形式为

$$H(s)=\frac{ks}{(s+10)(s+1)}$$

由 $H(s)|_{s=-5}=\frac{1}{4}$ 得 $k=1$

$$H(s)=\frac{s}{(s+10)(s+1)}$$

(2)由系统方框图可得

$$H(s)=\left(\frac{s^{-1}}{1+As^{-1}}\right)\left(c-\frac{s^{-1}}{1+Bs^{-1}}\right)=\frac{Cs+CB^{-1}}{(s+A)(s+B)}$$

$$A=10, B=1, C=1$$

(3)根据极点,系统的收敛域有三种形式:$\mathrm{Re}(s)>-1$,$-1>\mathrm{Re}(s)>-10$,$\mathrm{Re}(s)<-10$;当系统为因果系统时,要求收敛域在最右边极点右侧;系统稳定要求收敛域包含虚轴,所以当系统为因果稳定时的收敛域为 $\mathrm{Re}(s)>-1$;

系统在单位阶跃信号作用下的响应为单位阶跃响应,则有

$$S(s)=H(s)\cdot\frac{1}{s}=\frac{s}{(s+10)(s+1)s}=\frac{-1/9}{s+10}+\frac{1/9}{s+1}$$

$$s(t)=\left[-\frac{1}{9}e^{-10t}+\frac{1}{9}e^{-t}\right]u(t)$$

例 6-14 如图 6-6 所示的因果连续时间系统。

(1)确定 k 值范围,使闭环系统是稳定系统;

(2)对于某特定的 k 值,闭环系统具有两个实极点,其中一个极点为 $s=-1$,确定另一极点及相应的 k 值,并求闭环系统的单位阶跃响应;

(3)在(2)的条件下,系统初始值 $y_0(0)=1, y_0{}'(0)=0$,若使系统的全响应 $y(t)=0$,求系统的输入。

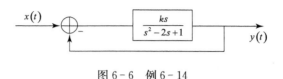

图 6-6 例 6-14

解:(1)由模拟框图可得

$$H(s)=\frac{\frac{ks}{s^2-2s+1}}{1+\frac{ks}{s^2-2s+1}}=\frac{ks}{s^2-2s+1+ks}=\frac{ks}{s^2+(k-2)s+1}$$

对于因果系统,若使系统稳定,系统函数的极点应在复平面的左半平面,则 $k>2$。

(2)当 $s=-1$ 时,$s^2+(k-2)s+1=0$,得 $k=4$

$s^2+2s+1=0,(s+1)^2=0,s_{1,2}=-1$

$X(s)=\dfrac{1}{s}, H(s)=\dfrac{4s}{s^2+2s+1}$

$Y(s)=\dfrac{4}{s^2+2s+1} \longleftrightarrow y(t)=4te^{-t}u(t)$

(3)由(2) $H(s)=\dfrac{4s}{s^2+2s+1}$,得

$$y''(t)+2y'(t)+y(t)=4x'(t)$$

对方程两边作单边拉斯变换 $(s^2Y(s)-sy_0(0))+2[sY(s)-y_0(0)]+Y(s)=4sX(s)$

$(s^2+2s+1)Y(s)-s-2=4sX(s)$

由于系统的全响应为零,则 $X(s)=\dfrac{-s-2}{4s}=-\dfrac{1}{4}-\dfrac{1}{2s}, x(t)=-\dfrac{1}{4}\delta(t)-\dfrac{1}{2}u(t)$

例 6-15 因果 LTI 系统如图 6-7 所示,其中子系统 $H_2(s)=\dfrac{k}{s-1}$,子系统 $H_1(s)$ 满足条件:当子系统 $H_1(s)$ 的输入为 $x_1(t)=2e^{-3t}u(t)$ 时,对应 $H_1(s)$ 的输出为 $y_1(t)$,即 $y_1(t)=f[x_1(t)]$,并且 $f\left[\dfrac{\mathrm{d}}{\mathrm{d}t}x_1(t)\right]=-3y_1(t)+e^{-2t}u(t)$ 成立。

(1)求子系统 $H_1(s)$ 的单位冲激响应 $h_1(t)$;

(2)求整个系统的 $H(s)$;

(3)若要使整个系统稳定,确定 k 的取值范围;

(4)当 $k=5$ 时,若整个系统的输入为 $x(t)=e^{3t}, -\infty<t<+\infty$,求整个系统的输出 $y(t)$。

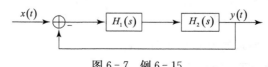

图 6-7 例 6-15

解:(1) $\frac{d}{dt}x_1(t) = -6e^{-3t}u(t) + 2e^{-3t}\delta(t) = -6e^{-3t}u(t) + 2\delta(t) = -3x_1(t) + 2\delta(t)$

$f[-3x_1(t) + 2\delta(t)] = -3y_1(t) + e^{-2t}u(t), f[2\delta(t)] = e^{-2t}u(t)$

即 $h_1(t) = \frac{1}{2}e^{-2t}u(t), H_1(s) = \frac{1}{2(s+2)}$

(2) $H(s) = \frac{H_1(s)H_2(s)}{1+H_1(s)H_2(s)} = \frac{\frac{k}{s-1}H_1(s)}{1+\frac{k}{s-1}H_1(s)} = \frac{\frac{k}{s-1} \cdot \frac{1}{2(s+2)}}{1+\frac{k}{s-1} \cdot \frac{1}{2(s+2)}} = \frac{k}{2s^2+2s+k-4}$

(3) 依据极点都在 s 的左半平面:$k>4$

(4) $H(s) = \frac{5}{2s^2+2s+1}$

$y(t) = e^{3t}H(s)|_{s=3} = \frac{1}{5}e^{3t}, -\infty < t < \infty$

例 6-16 已知系统的单位冲激响应 $h(t) = u(t) - u(t-T)$,求:

(1) 系统函数 $H(s)$ 及频率响应 $H(\omega)$,并画出 $H(\omega)$ 的幅频特性和相频特性;

(2) 当输入为 $x(t) = u(t) - u(t-T)$ 时,求系统的零状态响应 $y_x(t)$,并画出其波形;

(3) 当输入为 $x_s(t) = \sum_{n=0}^{+\infty}(1-e^{-3t})\delta(t-nT)$ 时,求系统的零状态响应 $y_x(t)$,并画出其波形。

解:(1) 系统的单位冲激响应 $h(t) = u(t) - u(t-T)$,可得

$$H(s) = \frac{1}{s} - \frac{1}{s}e^{-sT} = \frac{1}{s}(1-e^{-sT})$$

$$H(\omega) = T\text{sinc}(\frac{T}{2}\omega)e^{-j\frac{T}{2}\omega}$$

幅频特性:$|H(\omega)| = T\text{sinc}(\frac{T}{2}\omega)$ 相频特性:$\varphi(\omega) = -\frac{T}{2}\omega$

(2) 当 $t<0$ 时,$y(t) = 0$;

当 $0<t<T$ 时,$y(t) = \int_0^t dt = t$;

当 $T<t<2T$ 时,$y(t) = \int_{t-T}^T dt = 2T-t$;

当 $t>T$ 时,$y(t) = 0$;

故

$y_x(t) = \begin{cases} 0, & \text{其他} \\ t, & 0<t<T \\ 2T-t, & T<t<2T \end{cases}$,图解过程参见图 6-8。

或者利用式子求解 $y_x(t) = [u(t)-u(t-T)] * [u(t)-u(t-T)]$

$= u(t) * [\delta(t)-\delta(t-T)] * u(t) * [\delta(t)-\delta(t-T)]$

$= u(t) * u(t) * [\delta(t)-2\delta(t-T)+\delta(t-2T)]$

$= \int_0^t 1 dt \cdot u(t) * [\delta(t)-2\delta(t-T)+\delta(t-2T)]$

$$= tu(t)[\delta(t) - 2\delta(t-T) + \delta(t-2T)]$$
$$= tu(t) - 2(t-T) \cdot u(t-T) + (t-2T) \cdot u(t-2T)$$

(3) $y(t) = x_s(t) * h(t)$
$$= \sum_{n=0}^{+\infty}(1-e^{-3t})\delta(t-nT) * [u(t) - u(t-T)]$$
$$= \sum_{n=0}^{+\infty}(1-e^{-3nT})[u(t-nT) - u(t-T-nT)]$$

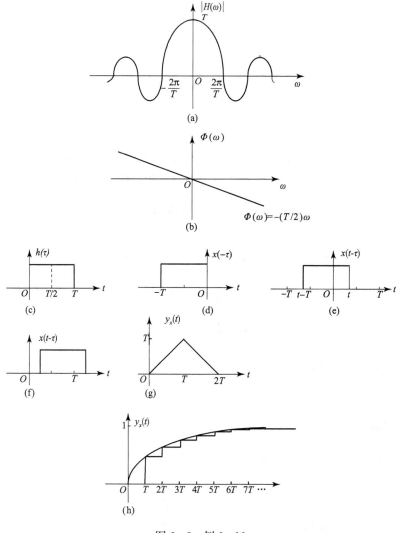

图 6-8 例 6-16

例 6-17 已知一个 LTI 系统[图 6-9(a)]在以下两种输入信号的情况下具有相同初始条件,当输入信号 $x_1(t) = \delta(t)$ 时,其全响应 $y_1(t) = \delta(t) + e^{-t}u(t)$;当输入信号 $x_1(t) = u(t)$ 时,其全响应 $y_2(t) = 3e^{-t}u(t)$。求:

(1) 根据以上两个条件,求出该系统的系统响应 $H(s)$,单位冲激响应 $h(t)$ 和系统的零输入响应 $y_0(t)$;

(2) 用拉氏变换法求当输入信号 $x_3(t) = tu(t) + (t-1)u(t-1)$ 时的零状态响应及全响应;

(3)画出该系统的任意一种模拟图和幅频特性曲线[图 6-9(b)]。

解: (1)当 $x_1(t)=\delta(t)$ $\quad y_1(t)=y_0(t)+y_x(t)$
当 $x_2(t)=u(t)$ $\quad y_2(t)=y_0(t)+y_x(t)*u(t)$
$x_2(t)-x_1(t)=u(t)-\delta(t), y_2(t)-y_1(t)=y_x(t)*[u(t)-\delta(t)]$
$3e^{-t}u(t)-[\delta(t)+e^{-t}u(t)]=2e^{-t}u(t)-\delta(t)=y_x(t)*[u(t)-\delta(t)]$

$$H(s)=Y_x(s)=\frac{\frac{2}{s+1}-1}{\frac{1}{s}-1}=\frac{2-s-1}{(1-s)(s+1)}=\frac{s}{s+1}, \sigma>-1$$

$h(t)=\delta(t)-e^{-t}u(t)$
$y_0(t)=y_1(t)-y_x(t)=\delta(t)+e^{-t}u(t)-[\delta(t)-e^{-t}u(t)]=2e^{-t}u(t)$

(2) $X_3(s)=\frac{1}{s^2}+\frac{1}{s^2}e^{-s}$

$Y_x(s)=H(s)X_3(s)=\frac{s(1+e^{-s})}{(s+1)s^2}=\frac{1+e^{-s}}{(s+1)s}=\left(\frac{-1}{s+1}+\frac{1}{s}\right)(1+e^{-s})$

$y_x(t)=(-e^{-t}+1)u(t)+(-e^{-(t-1)}+1)u(t-1)$
$y(t)=y_0(t)+y_x(t)=(e^{-t}+1)u(t)+(e^{-(t-1)}+1)u(t-1)$

(3) $y'(t)+y(t)=x'(t)$

$H(\omega)=\frac{j\omega}{j\omega+1} \qquad |H(j\omega)|=\frac{\omega}{\sqrt{\omega^2+1}}$

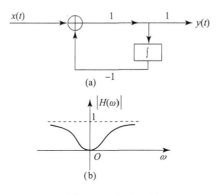

图 6-9 例 6-17

例 6-18 已知实信号 $x(t)$ 及其拉普拉斯变换 $X(s)$ 满足以下条件：
①$X(s)$ 只有两个极点；②$X(s)$ 没有有限零点；③$X(s)$ 有一个极点 $s=-1+j$；④$e^{2t}x(t)$ 不绝对可积；⑤$\int_{-\infty}^{+\infty}x(t)dt=4$，试确定 $X(s)$ 及其 ROC。

解: $x(t)$ 是实信号，$X(s)$ 的极点要么是实极点，要么是成对共轭的复极点。由③$X(s)$ 有一个极点 $s=-1+j$，则 $s=-1-j$ 必然也是 $X(s)$ 的一个极点；再由条件②，设 $X(s)$ 的表达式为 $X(s)=\frac{A}{(s+1-j)(s+1+j)}=\frac{A}{s^2+2s+2}$，由条件⑤ $X(0)=\int_{-\infty}^{+\infty}x(t)dt=4=\frac{A}{2}$，即 $A=8$。

由于 $X(s)$ 的两个极点的实部为 -1，所以 ROC 要么是 Re$\{s\}>-1$，要么是 Re$\{s\}<-1$，根据条件④，$e^{2t}x(t)$ 的拉普拉斯变换 $X(s-2)$ 的收敛域不包含 jω 轴，所以 $X(s)$ 的收敛域只能

是 $\text{Re}\{s\}>-1$。

故 $X(s)=\dfrac{8}{s^2+2s+2}$,$\text{Re}\{s\}>-1$。

例 6-19 已知稳定的 LTI 系统的输入 $x(t)=0,t>0$,其拉普拉斯变换 $X(s)=\dfrac{s+2}{s-2}$,系统的输出 $y(t)=-\dfrac{2}{3}e^{2t}u(-t)+\dfrac{1}{3}e^{-t}u(t)$。

(1) 确定 $H(s)$ 及其 ROC;
(2) 确定单位冲激响应;
(3) 如若整个系统的输入为 $x(t)=e^{3t}$,$-\infty<t<+\infty$,求整个系统的输出 $y(t)$。

解: (1) 由已知 $x(t)=0,t>0,x(t)$ 为反因果信号。

其拉普拉斯变换 $X(s)=\dfrac{s+2}{s-2}$ 的收敛域为 $\text{Re}\{s\}<2$;

$y(t)$ 的拉氏变换 $Y(s)=\dfrac{2}{3}\cdot\dfrac{1}{s-2}+\dfrac{1}{3}\cdot\dfrac{1}{s+1}$,ROC 为 $-1<\text{Re}\{s\}<2$;

则 $H(s)=\dfrac{Y(s)}{X(s)}=\dfrac{s}{(s+1)(s+2)}$,ROC 为 $\text{Re}\{s\}>-1$;

(2) $H(s)=\dfrac{s}{(s+1)(s+2)}=\dfrac{-1}{s+1}+\dfrac{2}{s+2}$,

因 ROC 为 $\text{Re}\{s\}>-1$,$h(t)$ 为右边信号,

故 $h(t)=[-e^{-t}+2e^{-2t}]u(t)$

(3) $y(t)=e^{3t}H(s)\big|_{s=3}=\dfrac{3}{20}e^{3t}$,$-\infty<t<+\infty$

例 6-20 已知 LTI 因果连续时间系统 1,其输入为 $x_1(t)$,输出为 $y_1(t)$,系统函数 $H_1(s)$ 满足以下条件:

① $H_1(s)$ 是有理分式,且有两个极点 $s_1=-2,s_2=4$;
② 当输入 $x_1(t)=1$ 时,输出 $y_1(t)=0$;
③ 在 $t=0_+$ 时,其单位冲激响应 $h_1(t)=4$;

现将 $H_1(s)$ 引入框图 6-10,构成系统 2。

求:(1) 系统 1 的系统函数的表达式;
(2) 讨论系统 2 的稳定性随 k 变化的情况;
(3) 当 $k=9/4$,系统 2 输入 $x_2(t)=(2e^{-5t}-e^{-3t})u(t)$ 时,求输出 $y_2(t)$。

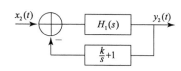

图 6-10 例 6-20

解: (1) 由系统函数 $H_1(s)$ 所给的条件可知,$H_1(s)=\dfrac{p(s)}{(s+2)(s-4)}=\dfrac{p(s)}{s^2-2s-8}$

由条件②可知 $p(0)=0$,则 $p(s)=sq(s)$

由条件③可知,$h_1(0_+)=\lim\limits_{s\to\infty}sH(s)=\lim\limits_{s\to\infty}\dfrac{s^2q(s)}{s^2-2s-8}=4$,由此式可知分子阶次等于分母阶次,

从而 $q(s)=k$,则有 $h_1(0_+)=\lim\limits_{s\to\infty}\dfrac{s^2k}{s^2-2s-8}=k=4$

故 $H_1(s)=\dfrac{4s}{s^2-2s-8}$。

(2) 令 $\dfrac{k}{s}+1=H(s)$，$H_2(s)=\dfrac{H_1(s)}{1+H_1(s)H(s)}=\dfrac{\dfrac{4s}{s^2-2s-8}}{1+\dfrac{4s}{s^2-2s-8}\left(\dfrac{k}{s}+1\right)}=\dfrac{4s}{s^2+2s+4k}$

若使因果系统 $H_2(s)$ 稳定，其极点应位于复平面的左半平面，故 $k>\dfrac{1}{4}$。

(3) 当 $k=\dfrac{5}{4}$，$H_2(s)=\dfrac{4s}{s^2+2s+5}$，$\sigma>-1$

输入 $x_2(t)=(2e^{-5t}-e^{-3t})u(t)$，$X(s)=\dfrac{2}{s+5}-\dfrac{1}{s+3}=\dfrac{s+1}{(s+5)(s+3)}$，$\sigma>-3$

输出 $Y_2(s)=X(s)H_2(s)=\dfrac{4s^2+4s}{(s^2+2s+5)(s+5)(s+3)}$，$\sigma>-1$

$Y_2(s)=\dfrac{4s^2+4s}{(s^2+2s+5)(s+5)(s+3)}=\dfrac{k_1}{s+5}+\dfrac{k_2}{s+3}+\dfrac{As+B}{(s+1)^2+8}$

$k_1=\dfrac{4s^2+4s}{(s^2+2s+5)(s+3)}\bigg|_{s=-5}=-2$；$k_2=\dfrac{4s^2+4s}{(s^2+2s+5)(s+5)}\bigg|_{s=-3}=\dfrac{3}{2}$，由待定系数法得

$A=\dfrac{1}{2}$，$B=-\dfrac{1}{2}$

$Y_2(s)=\dfrac{-2}{s+5}+\dfrac{\dfrac{3}{2}}{s+3}+\dfrac{\dfrac{1}{2}s-\dfrac{1}{2}}{(s+1)^2+4}$，反变换 $y_2(t)=\left(-2e^{-5t}+\dfrac{3}{2}e^{-3t}+\dfrac{1}{2}e^{-t}\cos 2t-\dfrac{1}{2}e^{-t}\sin 2t\right)u(t)$

例 6-21 因果线性时不变系统如图 6-11 所示，其中包含两个子系统 $h_1(t)$，$h_2(t)$。当子系统 $h_1(t)$ 的输入为单位阶跃信号 $u(t)$ 时，输出为 $e^{-2t}u(t)$；子系统 $h_2(t)$ 的输入 $x_2(t)$ 和输出 $y_2(t)$ 的关系满足如下微分方程：

$$y'_2(t)+2y_2(t)=\int_{-\infty}^{+\infty}x_2(\tau)f(t-\tau)d\tau-x_2(t)，f(t)=e^{-t}u(t)+3\delta(t)$$

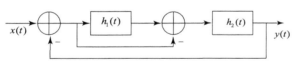

图 6-11 例 6-21

求：

(1) $h_1(t)$，$h_2(t)$；

(2) 系统函数 $H(s)=\dfrac{Y(s)}{X(s)}$。

解：(1) 由题意知，$x_1(t)=u(t)$，$y_1(t)=e^{-2t}u(t)$；

则 $X_1(s)=\dfrac{1}{s}$　$\sigma>0$，$Y_1(s)=\dfrac{1}{s+2}$　$\sigma>-2$，

$H_1(s)=\dfrac{Y_1(s)}{X_1(s)}=\dfrac{s}{s+2}$，$h_1(t)=\delta(t)-2e^{-2t}u(t)$

对子系统 2 的微分方程两边作双边拉普拉斯变换，得

$$sY_2(s)+2Y_2(s)=X_2(s)(F(s)-1), \text{而} f(t)=e^{-t}u(t)+3\delta(t)\longleftrightarrow F(s)=3+\frac{1}{s+1}, \sigma>-1$$

$$H_2(s)=\frac{Y_2(s)}{X_2(s)}=\frac{\frac{2s+3}{s+1}}{s+2}=\frac{2s+3}{(s+1)(s+2)}, h_2(t)=(e^{-2t}+e^{-t})u(t)$$

(2)由框图 6-11 得系统函数 $H(s)=\dfrac{Y(s)}{X(s)}=\dfrac{H_1(s)H_2(s)-H_2(s)}{1-H_2(s)-H_1(s)H_2(s)}$

例 6-22 某系统框图如图 6-12 所示,其中 $H_1(s)$ 有 4 个极点 $\{0,-1,-2,-3\}$ 及一个多极零点 $s=-4$,同时其单位冲激响应 $h_1(t)$ 在 $t=0$ 有一个冲激信号,并且当 $x_1(t)=e^{-5t}$, $-\infty<t<\infty$ 时,通过 $h_1(t)$ 的输出 $y_1(t)=\dfrac{1}{60}e^{-5t}$,$H_2(s)$ 的状态空间模型为 $x(t)=\begin{bmatrix}0 & 1\\-16 & -8\end{bmatrix}x(t)+\begin{bmatrix}0\\1\end{bmatrix}$,$y(t)=\begin{bmatrix}3 & 1\end{bmatrix}x(t)$,求:(1) $H_1(s)$;(2) $H_2(s)$;(3) $H(s)$。

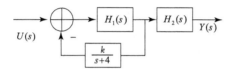

图 6-12 例 6-22

解:(1)由题意单位冲激响应 $h_1(t)$ 在 $t=0$ 有一个冲激信号知,$H_1(s)$ 的分子与分母阶次相同,可有 $H_1(s)=\dfrac{A(s+4)^4}{s(s+1)(s+2)(s+3)}$

当 $x_1(t)=e^{-5t}$, $-\infty<t<+\infty$ 时,通过 $h_1(t)$ 的输出 $y_1(t)=H_1(s)|_{s=-5}e^{-5t}=\dfrac{1}{60}e^{-5t}$

$$H_1(s)|_{s=-5}=\frac{A(s+4)^4}{s(s+1)(s+2)(s+3)}\bigg|_{s=-5}=\frac{1}{60}, A=2$$

故 $$H_1(s)=\frac{2(s+4)^4}{s(s+1)(s+2)(s+3)}$$

(2)根据 $H_2(s)$ 的状态空间及输出模型,可得到系统的微分方程

$$y''(t)+8y'(t)+16y(t)=3x'(t)+x(t)$$

故 $$H_2(s)=\frac{3s+1}{s^2+8s+16}$$

(3)令 $H_3(s)=\dfrac{k}{s+4}$,$H(s)=\dfrac{H_1(s)H_2(s)}{1+H_1(s)H_3(s)}$

$$H(s)=\frac{2(s+4)^2(3s+1)}{[1+2k(s+4)^2]}$$

第 7 章

离散时间信号与系统的 z 域分析

7.1 学习要求

- 求序列的 z 变换:利用 z 变换的定义,借助 z 变换的性质
- 逆 z 变换的确定:部分分式展开法。注意在不同形式收敛域下逆变换的求法
- 掌握 z 变换的主要性质,特别是位移性和卷积定理
- 利用 z 变换解差分方程,求解零状态、零输入及全响应

7.2 学习要点

1. z 变换及其收敛域

(1) z 变换的定义

① 双边 z 变换

$$X(z) = Z[x(n)] = \sum_{n=-\infty}^{+\infty} x(n) z^{-n} = \cdots + x(-2) z^{+2} + x(-1) z + x(0) + x(1) z^{-1} + \cdots$$

② 单边 z 变换

$$X(z) = Z[x(n)] = \sum_{n=0}^{+\infty} x(n) z^{-n} = x(0) + x(1) z^{-1} + x(2) z^{-2} + \cdots$$

其中 z 为复变量。通常称 $X(z)$ 为 $x(n)$ 的象函数,$x(n)$ 为 $X(z)$ 的原序列。

若 $x(n)$ 是因果的,则其双边 z 变换与单边 z 变换相同。

(2) z 变换的收敛域

满足绝对可和的条件是 z 平面收敛的充要条件,即要求

双边 z 变换满足 $\sum_{n=-\infty}^{+\infty} |x(n) z^{-n}| < +\infty$,单边 z 变换满足 $\sum_{n=0}^{+\infty} |x(n) z^{-n}| < +\infty$,

则 z 的取值范围称为 z 变换 $X(z)$ 的收敛域,记为 ROC。

根据 z 变换的定义,可归纳出不同序列 z 变换收敛域的一般形式如下:

① 有限长序列 ($n_1 \leqslant n \leqslant n_2$)

当 $n_1 \geqslant 0$,ROC 为 $0 < |z| \leqslant +\infty$;

当 $n_2 \leq 0$，ROC 为 $0 \leq |z| < +\infty$；

当 $n_1 < 0, n_2 > 0$，ROC 为 $0 < |z| < +\infty$。

② 右边序列($n \geq n_1$)

ROC 为 $R_+ < |z| < +\infty$；当 $n_1 \geq 0$ 时为因果序列，ROC 为 $R_+ < |z| \leq +\infty$。

③ 左边序列($n \leq n_2$)

ROC 为 $0 < |z| < R_-$；当 $n_2 \leq 0$ 时为反因果序列，ROC 为 $0 \leq |z| < R_-$。

④ 双边序列

$$x(n) = x(n)u(n) + x(n)u(-n-1)$$

ROC 为 $R_- < |z| < R_+$，其中 $R_- < R_+$；若 $R_- > R_+$，则 $x(n)$ 的双边 z 变换不存在。

上述中的 R_-、R_+ 可以根据级数收敛的条件来确定。

当 $X(z)$ 为有理函数时，可根据 $X(z)$ 极点的模值来确定，R_+ 为 $X(z)$ 各极点模值的最大值，R_- 等于 z 变换后象函数各极点的模值的最小值。

双边 z 变换 $X(z)$，只有当明确给出它的收敛域时，才会有唯一的原序列与之对应。而单边 z 变换的收敛域始终满足 $|z| > R_+$，R_+ 等于 $X(z)$ 各极点的模值的最大值，单边 z 变换 $X(z)$ 的序列是唯一的，是因果序列。

(3) 常用离散时间序列的 z 变换

① $\delta(n) \longleftrightarrow 1 \quad |z| \geq 0$

② $u(n) \longleftrightarrow \dfrac{z}{z-1} = \dfrac{1}{1-z^{-1}} \quad |z| > 1$

③ $-u(-n-1) \longleftrightarrow \dfrac{z}{z-1} \quad |z| < 1$

④ $a^n u(n) \longleftrightarrow \dfrac{z}{z-a} = \dfrac{1}{1-az^{-1}} \quad |z| > |a|$

⑤ $-a^n u(-n-1) \longleftrightarrow \dfrac{z}{z-a} = \dfrac{1}{1-az^{-1}} \quad |z| < |a|$

⑥ $nu(n) \longleftrightarrow \dfrac{z}{(z-1)^2} \quad |z| > 1$

⑦ $na^n u(n) \longleftrightarrow \dfrac{az}{(z-a)^2} \quad |z| > |a|$

⑧ $a^{n-1} u(n-1) \longleftrightarrow \dfrac{1}{z-a} \quad |z| > |a|$

⑨ $-a^{n-1} u(-n) \longleftrightarrow \dfrac{1}{z-a} \quad |z| < |a|$

2. z 变换的性质

(1) 线性

若 $x_1(n) \longleftrightarrow X_1(z)$，ROC=$R_1$，$x_2(n) \longleftrightarrow X_2(z)$，ROC=$R_2$

$a_1 x_1(n) + a_2 x_2(n) \longleftrightarrow a_1 X_1(z) + a_2 X_2(z)$，ROC=$R_1 \cap R_2$

(2) 移序性质

双边 z 变换：

$x(n-m) \longleftrightarrow z^{-m} X(z)$

单边 z 变换：
$$x(n-m) \longleftrightarrow z^{-m}\left[X(z)+\sum_{k=-m}^{-1}x(k)z^{-k}\right]$$
$$x(n-1) \longleftrightarrow z^{-1}X(z)+x(-1)$$
$$x(n-2) \longleftrightarrow z^{-2}X(z)+z^{-1}x(-1)+x(-2)$$

(3) z 域尺度变换

$$a^n x(n) \longleftrightarrow X\left(\frac{z}{a}\right) \quad \text{ROC}=|a|\cdot R$$
$$e^{j\Omega_0 n}x(n) \longleftrightarrow X(e^{-j\Omega_0}\cdot z)$$

(4) z 域微分性

$$n^m x(n), m\geq 0 \longleftrightarrow \left(-z\cdot\frac{\mathrm{d}}{\mathrm{d}z}\right)^m X(z)$$
$$nx(n) \longleftrightarrow -z\cdot\frac{\mathrm{d}X(z)}{\mathrm{d}z}$$
$$n^2 x(n) \longleftrightarrow z^2\cdot\frac{\mathrm{d}^2 X(z)}{\mathrm{d}z^2}+z\cdot\frac{\mathrm{d}X(z)}{\mathrm{d}z}$$

(5) 反转

$$x(-n) \longleftrightarrow X\left(\frac{1}{z}\right) \quad \text{ROC}=\frac{1}{R}$$

(6) 时域卷积定理

$$x_1(n)*x_2(n) \longleftrightarrow X_1(z)X_2(z) \quad \text{ROC}=R_1\cap R_2$$

(7) z 域卷积定理

$$x_1(n)\cdot x_2(n) \longleftrightarrow \frac{1}{2\pi j}\oint_C X_1\left(\frac{z}{v}\right)X_2(v)v^{-1}\mathrm{d}v$$

(8) 初值定理

$x(n)$ 为因果序列，$x(0)=\lim\limits_{z\to\infty}X(z)$

(9) 终值定理

$x(n)$ 为因果序列，且 $X(z)$ 除 $z=1$ 处允许一阶极点外，其余极点均位于 z 平面单位圆内，则 $x(\infty)=\lim\limits_{z\to 1}(z-1)X(z)$

(10) 复共轭序列

$$x^*(n) \longleftrightarrow X^*(z^*)$$
$$\text{Re}[x(n)] \longleftrightarrow \frac{1}{2}[X(z)+X^*(z^*)], \text{Im}[x(n)] \longleftrightarrow \frac{1}{2j}[X(z)-X^*(z^*)]$$

若 $x(n)$ 为实序列，$X(z)=X^*(z^*)$，$X(z)$ 中的多极点或复零点一定是共轭成对出现的。

3. z 反变换

反变换定义：

单边：$x(n)=Z^{-1}[X(z)]=\dfrac{1}{2\pi j}\oint_C X(z)\cdot z^{n-1}\mathrm{d}z\cdot u(n)$

双边：$x(n) = Z^{-1}[X(z)] = \dfrac{1}{2\pi j} \oint_C X(z) \cdot z^{n-1} dz$

式中，C是位于收敛域内且包含$X(z) \cdot z^{n-1}$所有极点之逆时针闭合积分路径。

z反变换的计算主要有三种方法：幂级数展开法，部分分式展开法及留数定理法。重点掌握部分分式展开法。

将$X(z)$表示成部分分式和的形式，利用常用z变换对和z变换性质求出各部分分式的原序列，然后再求和，即可得$x(n)$。

注意：要将$X(z)$的分子多项式和分母多项式都表示成z的负幂或都表示成z的正幂。

当$X(z)$的分子阶次大于分母阶次，即$M > N$，要用长除法降次。

$$X(z) = \dfrac{B(z)}{N(z)} = \sum_{n=1}^{M-N} B_n z^n + X_1(z), X_1(z)\text{的阶次满足}M \leqslant N。$$

(1) $X_1(z)$只有一阶极点情况下，$X_1(z) = \dfrac{\sum_{k=0}^{M} b_k z^k}{\prod_{k=1}^{N}(z - z_k)}$

则$X_1(z)/z$展开成$\dfrac{X_1(z)}{z} = \dfrac{A_0}{z} + \dfrac{A_1}{z-z_1} + \dfrac{A_2}{z-z_2} + \cdots + \dfrac{A_m}{z-z_m}, A_i = (z-z_i)\dfrac{X_1(z)}{z}\bigg|_{z=z_i}$

当各个系数确定后，可将$X(z)$表示成$X_1(z) = A_0 + \dfrac{A_1 z}{z-z_1} + \dfrac{A_2 z}{z-z_2} + \cdots + \dfrac{A_m z}{z-z_m}$。

(2) 对$X_1(z)$的重极点展开。如果$X_1(z)$中有k阶重极点，设z_i是k阶重极点，此时，对应k阶重极点z_i的部分分式应为$\dfrac{X_1(z)}{z} = \dfrac{B_1}{z-z_i} + \dfrac{B_2}{(z-z_i)^2} + \cdots + \dfrac{B_k}{(z-z_i)^k}$

各个系数按下列公式计算：

$$B_k = (z-z_i)^k \cdot \dfrac{X_1(z)}{z}\bigg|_{z=z_i},$$

$$B_j = \dfrac{1}{(k-j)!}\dfrac{d^{k-j}}{dz^{k-j}}\left[(z-z_i)^k \cdot \dfrac{X(z)}{z}\right]\bigg|_{z=z_i}, j=1,2\cdots,(k-1)$$

$$X_1(z) = \dfrac{B_1 z}{z-z_i} + \dfrac{B_2 z}{(z-z_i)^2} + \cdots + \dfrac{B_k z}{(z-z_i)^k}$$

根据收敛域，对照指数序列的z变换对，可得$X_1(z)$的逆变换为$x_1(n)$。

幂级数展开法，留数定理法参见例题。

4. z变换分析法

(1) 全响应的z域求解

z变换域求解有两种求解方法，一是直接对差分方程进行单边z变换，一次求出全响应、零状态响应、零输入响应的方法；二是分别求出零输入和零状态响应的方法。

① 设n阶LTI离散系统的后向差分方程为

$$\sum_{k=0}^{n} a_k y(n-k) = \sum_{k=0}^{m} b_k x(n-k)$$

设$x(n)$是在$n=0$时接入的，系统的初始状态为$y(-1), y(-2), \cdots, y(-n)$。

差分方程两边取单边 z 变换,有

$$\sum_{k=0}^{n} a_k z^{-k} \left[Y(z) + \sum_{l=-k}^{-1} y(l) z^{-l} \right] = \sum_{r=0}^{m} b_r z^{-r} \left[X(z) + \sum_{m=-r}^{-1} x(m) z^{-m} \right]$$

$$\sum_{k=0}^{n} a_k z^{-k} Y(z) + \sum_{k=0}^{n} \left[a_k z^{-k} \sum_{l=-k}^{-1} y(l) z^{-l} \right] = \sum_{r=0}^{m} b_r z^{-r} X(z)$$

$$Y(z) = \underbrace{\left[\frac{\sum_{r=0}^{m} b_r z^{-r}}{\sum_{k=0}^{n} a_k z^{-k}} \right] \cdot X(z)}_{\text{零状态响应的 } z \text{ 变换} Y_x(z)} + \underbrace{\frac{-\sum_{k=0}^{n} \left[a_k z^{-k} \sum_{l=-k}^{-1} y(l) z^{-l} \right]}{\sum_{k=0}^{n} a_k z^{-k}}}_{\text{零输入响应的 } z \text{ 变换} Y_0(z)}$$

分别取反变换即得全响应、零状态响应、零输入响应。

若已知是初始条件 $y(0), y(1), \cdots, y(n-1)$,则需要由 $x(n)$ 及差分方程递推到初始状态 $y(-1), y(-2), \cdots, y(-n)$,然后再利用上式求解。

②零输入响应—零状态响应的 z 域求解

零输入响应:系统的输入信号为零,此时系统的差分方程化为齐次方程,如下:

$a_0 y(n) + a_1 y(n-1) + a_2 y(n-2) + \cdots + a_{N-1} y(n-N+1) + a_N y(n-N) = 0$,

对上述差分方程进行单边 z 变换,并利用单边 z 变换移序性质,可得零输入响应的 z 域解为

$$Y_0(z) = \frac{-\sum_{k=0}^{n} \left[a_k z^{-k} \sum_{l=-k}^{-1} y(l) z^{-l} \right]}{\sum_{k=0}^{n} a_k z^{-k}}$$

进行 z 反变换便可求出零输入响应的时域表达式。上式中的 $y(-1), y(-2), \cdots, y(-n)$ 为系统的初始状态。

零状态响应:利用 z 变换的卷积性质,零状态响应的 z 域求解为 $Y_x(z) = X(z) H(z)$。

(2) 系统函数 $H(z)$ 的定义

① $H(z) = Z[h(n)]$

② $H(z) = \dfrac{Y_x(z)}{X(z)}$

(a) 系统零状态响应的 z 变换 $Y_x(z)$ 与输入信号的 z 变换 $X(z)$ 之比称为离散时间系统的系统函数;

(b) 利用系统的差分方程直接列写 $H(z)$

$$H(z) = \frac{b_0 + b_1 z^{-1} + b_2 z^{-2} + \cdots + b_M z^{-M}}{a_0 + a_1 z^{-1} + a_2 z^{-2} + \cdots + a_N z^{-N}} = \frac{\sum_{i=0}^{M} b_i z^{-i}}{\sum_{k=0}^{N} a_k z^{-k}}.$$

③ 输入 $x(n) = \alpha^n$,输出 $y(n) = H(z)|_{z=\alpha} \cdot \alpha^n$

α^n 称为系统的特征函数,$H(z)|_{z=\alpha}$ 为系统的特征值。

(3) $H(z)$ 的一般表达式及零极点图

$H(z)$ 的一般表达式为：

$$H(z) = \frac{b_m z^m + b_{m-1} z^{m-1} + \cdots + b_1 z + b_0}{a_n z^n + a_{n-1} z^{n-1} + \cdots + a_1 z + a_0} = \frac{\sum_{r=0}^{m} b_r z^{-r}}{\sum_{k=0}^{n} a_k z^{-k}} = \frac{N(z)}{D(z)} \quad (m < n)$$

特征多项式：$a_n z^n + a_{n-1} z^{n-1} + \cdots + a_1 z + a_0 = D(z)$；

特征方程：$D(z) = 0$；

特征根：特征方程的根，又称为系统的自然频率或 $H(z)$ 的极点；

零点：$N(z) = 0$ 的根；

零极点图：将 $H(z) = \dfrac{N(z)}{D(z)}$ 的零极点在 z 平面上得到的图，常规×代表极点，⊙代表零点。

(4) $H(e^{j\Omega})$ 的确定

①若系统稳定或 $H(z)$ 的收敛域包含单位圆，系统的频率响应 $H(e^{j\Omega})$ 为 $H(z)$ 在单位圆上的 z 变换

$$H(e^{j\Omega}) = H(z)\big|_{z=e^{j\Omega}} = |H(e^{j\Omega})| e^{j\varphi(n)} = H_0 \frac{\prod_{i=1}^{M}(e^{j\Omega} - z_i)}{\prod_{k=1}^{N}(e^{j\Omega} - p_k)}$$

式中极点为 p_k，零点为 z_i。

②根据 $H(z)$ 的零极点分布与 $H(e^{j\Omega})$ 分布，还可得出：

(a) 最小相移网络：$H(z)$ 的极点、零点均位于 z 平面的单位圆内；

(b) 全通网络：$H(z)$ 的极点和零点在径向上对称，即 $z_i = \dfrac{1}{|p_k|} \cdot e^{j\arg[p_k]}$。

(5) 从 $H(z)$ 反映系统的特性

①因果性

时域中系统为因果系统的充分必要条件为 $h(n) = 0, n < 0$

z 域中要求 $H(z)$ 的收敛域满足如下条件：$R_+ < |z| \leqslant +\infty$，即 $H(z)$ 的收敛域包含无穷远点。

一个具有有理系统函数 $H(z)$ 的 LTI 系统要是因果的，当且仅当：

(a) ROC 位于最外层极点的外边，且无穷远点必须在收敛域内，等效地说，$\lim\limits_{z \to \infty} H(z)$ 是有限值；

(b) 若 $H(z)$ 表示成 z 的多项式之比，其分子的阶次不能大于分母的阶次。

②稳定性

时域中系统稳定的充分必要条件为 $\sum\limits_{n=-\infty}^{+\infty} |h(n)| < +\infty$

z 域中系统稳定要求 $H(z)$ 的收敛域包含单位圆。

当象函数为有理函数时，根据收敛域确定稳定性的原则有如下结论：

(a) 对于因果稳定系统，$H(z)$ 的极点应位于 z 平面的单位圆内；

(b) 对于非因果稳定系统，$H(z)$ 的极点既可位于单位圆内，也可位于 z 平面的单位圆外，但 $H(z)$ 的收敛域包含单位圆。

7.3 习题精解

例 7-1 已知 $x(n) = \left(\dfrac{1}{2}\right)^n u(n-2)$,求 $x(n)$ 的 z 变换,并确定其收敛域。

$$x(n) \longleftrightarrow X(z) = \frac{1}{4} \cdot \frac{1}{z(z-0.5)} \qquad |z| > 0.5$$

$$x(n) \longleftrightarrow X\left(\frac{1}{z}\right) = -\frac{1}{2} \cdot \frac{z^2}{z-2} \qquad |z| < 2$$

例 7-2 求下列 $X(z)$ 的反变换:$X(z) = \dfrac{2z^2 - 0.5z}{z^2 - 1.5z + 0.5}$,并讨论收敛域及相应 $x(n)$ 的几种情况。

解:$X(z) = \dfrac{2z^2 - 0.5z}{z^2 - 1.5z + 0.5}$

$$\frac{X(z)}{z} = \frac{2z - 0.5}{(z-1)(z-0.5)} = \frac{3}{z-1} - \frac{1}{z-0.5}$$

$$X(z) = \frac{3z}{z-1} - \frac{z}{z-0.5}$$

$|z| > 1$ $x(n) = 3u(n) - (0.5)^n u(n) = (3 - 0.5^n) u(n)$

$1 > |z| > 0.5$ $x(n) = -3u(-n-1) - (0.5)^n u(n)$

$|z| < 0.5$ $x(n) = 3u[-n-1] + (0.5)^n u[-n-1]$

例 7-3 已知 $X(z)$,求 $x(n)$。

(1) $X(z) = \dfrac{z^3 + 2z^2 + 1}{z^3 - 1.5z^2 + 0.5z}, |z| > 1$

(2) $X(z) = \dfrac{z\left(z^3 - 4z^2 + \dfrac{9}{2}z + \dfrac{1}{2}\right)}{\left(z - \dfrac{1}{2}\right)(z-1)(z-2)(z-3)}, 1 < |z| < 2$

(3) $X(z) = \dfrac{2z^3 - 5z^2 + z + 3}{(z-1)(z-2)}, |z| < 1$

(4) $X(z) = \ln(1 + az^{-1}), |z| > |a|$

(5) $X(z) = \ln(1 - 2z), |z| < \dfrac{1}{2}$

解:(1) 由 $|z| > 1$,得 $x(n)$ 为右边序列。

方法 1:部分分式展开法

$$X(z) = \frac{z^3 + 2z^2 + 1}{z(z-1)(z-0.5)}$$

$$\frac{X(z)}{z} = \frac{A}{z} + \frac{B}{z^2} + \frac{C}{z-1} + \frac{D}{z-0.5} = \frac{z^3 + 2z^2 + 1}{z^2(z-1)(z-0.5)}$$

$$B = \frac{X(z)}{z} \cdot z^2 \bigg|_{z=0} = \frac{z^3 + 2z^2 + 1}{(z-1)(z-0.5)} \bigg|_{z=0} = 2$$

$$C = \frac{X(z)}{z} \cdot (z-1) \bigg|_{z=1} = 8$$

$$D = \frac{X(z)}{z} \cdot (z-0.5) \Big|_{z=0.5} = -13$$

$$A = \frac{\mathrm{d}}{\mathrm{d}z}\left[\frac{X(z)}{z} \cdot z^2\right]\Big|_{z=0} = 6$$

则 $X(z) = 6 + \dfrac{2}{z} + \dfrac{8z}{z-1} - \dfrac{13z}{z-0.5}$ $|z|>1$

$x(n) = 6\delta(n) + 2\delta(n-1) + 8u(n) - 13(0.5)^n u(n)$。

方法 2：幂级数展开法（长除法）

由于收敛域为 $|z|>1$，因而 $x(n)$ 为右边序列，故得的分子、分母多项式按 z 的降幂排列后，采用长除法把 $X(z)$ 展开成幂级数表示的形式：

$$\begin{array}{r}
1+3.5z^{-1}+4.75z^{-2}+6.375z^{-3}+\cdots \\
z^3-1.5z^2+0.5z \overline{\smash{)}\, z^3+2z^2+1} \\
\underline{z^3-1.5z^2+0.5z} \\
3.5z^2-0.5z+1 \\
\underline{3.5z^2-5.25z+1.75} \\
4.75z-0.75 \\
\underline{4.75z-7.125+2.395z^{-1}} \\
6.375-2.375z^{-1} \\
\underline{6.375-9.5625z^{-1}+3.1875z^{-2}} \\
7.1875z^{-1}-3.1875z^{-2}
\end{array}$$

则

$$x(n) = \{1, 3.5, 4.75, 6.375, \cdots\}$$
   ↑

方法 3：用线积分法（留数法）

根据逆变换定义： $x(n) = \dfrac{1}{2\pi\mathrm{j}} \oint_C X(z) z^{n-1} \mathrm{d}z$

可以把该围线积分表示为围线 C 内所包含 $X(z)z^{n-1}$ 的各极点留数之和，即

$$x(n) = \sum_m \mathrm{Res}[X(z)z^{n-1}]\Big|_{z=z_m}$$

C 是收敛域内包围坐标原点，逆时针方向的闭合曲线，z_m 为 $X(z)z^{n-1}$ 的极点。

令 $G(z) = X(z)z^{n-1} = \dfrac{z^3+2z^2+1}{z(z-1)(z-0.5)} z^{n-1}$

显然，当 n 取不同的值时，$G(z)$ 包含的极点可能不同。

当 $n=0$ 时，$G(z)$ 有 4 个极点：$p_1=p_2=0$，$p_3=1$，$p_4=0.5$，由于 $|z|>1$，故此 4 个极点均落入围线 C 内，于是

$$\mathrm{Res}[X(z)z^{n-1}]\Big|_{z=0} = \frac{\mathrm{d}}{\mathrm{d}z}\left[\frac{z^3+2z^2+1}{(z-1)(z-0.5)}\right]\Big|_{z=0} = 6$$

$$\mathrm{Res}[X(z)z^{n-1}]\Big|_{z=1} = \left[\frac{z^3+2z^2+1}{z^2(z-0.5)}\right]\Big|_{z=1} = 8$$

$$\mathrm{Res}[X(z)z^{n-1}]\Big|_{z=0.5} = \left[\frac{z^3+2z^2+1}{z^2(z-1)}\right]\Big|_{z=0.5} = -13$$

则 $x(0)=6+8-13=1$；

当 $n=1$ 时，$G(z)$ 有 3 个极点：$p_1=0, p_2=1, p_3=0.5$，则

$$x(1)=\sum_3 \text{Res}[X(z)z^{n-1}]|_{z=0,1,0.5}$$

$$=\frac{z^3+2z^2+1}{(z-1)(z-0.5)}\bigg|_{z=0}+\frac{z^3+2z^2+1}{z(z-0.5)}\bigg|_{z=1}+\frac{z^3+2z^2+1}{z(z-1)}\bigg|_{z=0.5}$$

$$=2+8-6.5=3.5$$

当 $n>1$ 时，$G(z)$ 有 2 个极点：$p_1=1, p_2=0.5$，有

$$x(n)=\sum_2 \text{Res}[X(z)z^{n-1}]|_{z=1,0.5}$$

$$=\frac{z^3+2z^2+1}{z(z-0.5)}z^{n-1}\bigg|_{z=1}+\frac{z^3+2z^2+1}{z(z-1)}z^{n-1}\bigg|_{z=0.5}$$

$$=[8-6.5(0.5)^{n-1}]u(n-2)$$

由于收敛域为 $|z|>2$，$x(n)$ 必定为因果序列，即 $n<0, x(n)=0$，则
$x(n)=\delta(n)+3.5\delta(n-1)+[8-6.5(0.5)^{n-1}]u(n-2)$。

(2) $X(z)=\dfrac{z\left(z^3-4z^2+\dfrac{9}{2}z+\dfrac{1}{2}\right)}{\left(z-\dfrac{1}{2}\right)(z-1)(z-2)(z-3)}$，$1<|z|<2$

方法 1：部分分式法

$$\frac{X(z)}{z}=\frac{A_1}{z-\dfrac{1}{2}}+\frac{A_2}{z-1}+\frac{A_3}{z-2}+\frac{A_4}{z-3}$$

$$A_1=\frac{X(z)}{z}\cdot\left(z-\frac{1}{2}\right)\bigg|_{z=\frac{1}{2}}=\frac{z^3-4z^2+\dfrac{9}{2}z+\dfrac{1}{2}}{(z-1)(z-2)(z-3)}\bigg|_{z=\frac{1}{2}}=-1$$

同理，$A_2=2, A_3=-1, A_4=1$，有

$$X(z)=\frac{-z}{z-\dfrac{1}{2}}+\frac{2}{z-1}+\frac{-z}{z-2}+\frac{z}{z-3}$$

上式的前两项收敛域满足 $|z|>1$，故属于因果序列的象函数 $X_1(z)$，第三、四项收敛域满足 $|z|<2$，故属于反因果序列的象函数 $X_2(z)$，即

$$X_1(z)=\frac{-z}{z-\dfrac{1}{2}}+\frac{2}{z-1}, |z|>1; X_2(z)=\frac{-z}{z-2}+\frac{z}{z-3}, |z|<2$$

则有 $x_1(n)=\left[2-\left(\dfrac{1}{2}\right)^n\right]u(n), x_2(n)=(2^n-3^n)u(-n-1)$

最后得 $x(n)=x_1(n)+x_2(n)=(2^n-3^n)u(-n-1)+\left[2-\left(\dfrac{1}{2}\right)^n\right]u(n)$。

方法 2：留数法

$$X(z)z^{n-1}=\frac{z^n\cdot\left(z^3-4z^2+\dfrac{9}{2}z+\dfrac{1}{2}\right)}{\left(z-\dfrac{1}{2}\right)(z-1)(z-2)(z-3)}$$

对于因果序列$(n \geq 0)$，$X(z)z^{n-1}$在围线C内有两个极点$z_1=\dfrac{1}{2}, z_2=1$，则

$$x_1(n) = \underset{z=\frac{1}{2}}{\operatorname{Res}}[X(z)z^{n-1}] + \underset{z=1}{\operatorname{Res}}[X(z)z^{n-1}]$$

$$\underset{z=\frac{1}{2}}{\operatorname{Res}}[X(z)z^{n-1}] = \left(z-\dfrac{1}{2}\right)\dfrac{z^n\left(z^3-4z^2+\dfrac{9}{2}z+\dfrac{1}{2}\right)}{\left(z-\dfrac{1}{2}\right)(z-1)(z-2)(z-3)}\bigg|_{z=\frac{1}{2}} = -\left(\dfrac{1}{2}\right)^n u(n)$$

$$\underset{z=1}{\operatorname{Res}}[X(z)z^{n-1}] = (z-1)\dfrac{z^n\left(z^3-4z^2+\dfrac{9}{2}z+\dfrac{1}{2}\right)}{\left(z-\dfrac{1}{2}\right)(z-1)(z-2)(z-3)}\bigg|_{z=1} = 2u(n)$$

于是 $x_1(n) = \left[2-\left(\dfrac{1}{2}\right)^n\right]u(n)$。

对于反因果序列$(n \leq -1)$，$X(z)z^{n-1}$在C外有两个极点$z_3=2, z_4=3$，则

$$x_2(n) = \underset{z=2}{\operatorname{Res}}[X(z)z^{n-1}] + \underset{z=3}{\operatorname{Res}}[X(z)z^{n-1}] = (2^n-3^n)u(-n-1)$$

最后得$X(z)$的逆变换：

$$x(n) = x_1(n) + x_2(n) = (2^n-3^n)u(-n-1) + \left[2-\left(\dfrac{1}{2}\right)^n\right]u(n)$$

(3) $X(z) = \dfrac{2z^3-5z^2+z+3}{(z-1)(z-2)} \quad (|z|<1)$

由于$X(z)$是假分式，分子的阶次大于分母的阶次，利用长除法和部分分式法把表达式变成部分分式和的形式，结合收敛域，可以求出相应逆变换，先长除得

$$X(z) = 2z + \dfrac{z^2-3z+3}{z^2-3z+2}$$

令 $X_1(z) = \dfrac{z^2-3z+3}{z^2-3z+2}$

则 $\dfrac{X_1(z)}{z} = \dfrac{z^2-3z+3}{z(z-1)(z-2)} = \dfrac{\dfrac{3}{2}}{z} + \dfrac{-1}{z-1} + \dfrac{\dfrac{1}{2}}{z-2}$

故 $X_1(z) = \dfrac{3}{2} - \dfrac{z}{z-1} + \dfrac{1}{2} \cdot \dfrac{z}{z-2}$

则 $X(z) = 2z + \dfrac{3}{2} - \dfrac{z}{z-1} + \dfrac{1}{2} \cdot \dfrac{z}{z-2}$

由于收敛域$|z|<1$，则对应序列为反因果序列，由此可得

$$y(n) = 2\delta(n+1) + \dfrac{3}{2}\delta(n) + u(-n-1) + \dfrac{1}{2}(-2^n u(-n-1))$$

$$=2\delta(n+1)+\frac{3}{2}\delta(n)+(1-2^{n-1})u(-n-1)$$

(4) $X(z)=\ln(1+az^{-1}), |z|>|a|$

方法1：利用幂级数法

利用泰勒级数展开 $\ln(1+x)=\sum_{n=1}^{+\infty}\frac{(-1)^{n+1}\cdot x^n}{n}, |x|<1$

则 $$X(z)=\sum_{n=1}^{+\infty}\frac{(-1)^{n+1}\cdot\left(\frac{a}{z}\right)^n}{n}, \left|\frac{a}{z}\right|<1$$

与z变换公式对比，得

$$x(n)=\frac{(-1)^{n+1}\cdot a^n}{n}u(-n-1)$$

方法2：利用z域微分性质求解

$X(z)=\ln(1+az^{-1}), \dfrac{\mathrm{d}X(z)}{\mathrm{d}z}=\dfrac{-az^{-2}}{1+az^{-1}}$

$nx(n)\longleftrightarrow -z\dfrac{\mathrm{d}X(z)}{\mathrm{d}z}=\dfrac{az^{-1}}{1+az^{-1}}\quad |z|>|a|$

由 $a(-a)^n u(n)\longleftrightarrow \dfrac{a}{1+az^{-1}}, |z|>|a|$

$a(-a)^{n-1}u(n-1)\longleftrightarrow \dfrac{az^{-1}}{1+az^{-1}}, |z|>|a|$

则 $x(n)=\dfrac{-(-a)^{n-1}}{n}u(n-1)$。

(5) $X(z)=\ln(1-2z), |z|<\dfrac{1}{2}$

解：方法1：利用z域微分性质求解

$X(z)=\ln(1-2z), \dfrac{\mathrm{d}X(z)}{\mathrm{d}z}=-\dfrac{2}{1-2z}=\dfrac{1}{z-\dfrac{1}{2}}$

利用z域的微分性质有 $nx(n)\longleftrightarrow -z\dfrac{\mathrm{d}X(z)}{\mathrm{d}z}=\dfrac{-z}{z-\dfrac{1}{2}}$

又$|z|<\dfrac{1}{2}$，则原序列为左边序列，即 $\dfrac{-z}{z-\dfrac{1}{2}}\longleftrightarrow \left(\dfrac{1}{2}\right)^n u(-n-1)$

$nx(n)=\left(\dfrac{1}{2}\right)^n u(-n-1)$

则 $x(n)=\dfrac{1}{n}\cdot\left(\dfrac{1}{2}\right)^n u(-n-1)$。

方法2：幂级数展开法

$X(z)=\ln(1-2z)=\sum_{n=1}^{+\infty}\dfrac{(-1)^{n+1}\cdot(-2z)^n}{n}=\sum_{n=1}^{+\infty}\dfrac{-(2z)^n}{n}=-\left[2z+\dfrac{(2z)^2}{2}+\dfrac{(2z)^3}{3}+\cdots\right]$

又因收敛域 $|z|<\frac{1}{2}$,原序列为左边序列,将上面的幂级数展开式与双边 z 变换的定义式对照有 $x(-1)=-2, x(-2)=\frac{-2^2}{2}, x(-3)=\frac{-2^3}{3}, \cdots, x(-n)=\frac{2^n}{-n}$

则 $x(n)=\frac{1}{n} \cdot 2^{-n}=\left(\frac{1}{n}\right)\left(\frac{1}{2}\right)^n, n \leqslant -1$

或 $x(n)=\frac{1}{n} \cdot \left(\frac{1}{2}\right)^n u(-n-1)$

例 7-4 已知 LTI 系统的输入 $x(n)$ 和输出 $y(n)$ 满足如下关系

$$y(n)=\sum_{k=-\infty}^{n} 3^k \left(\frac{1}{3}\right)^n x(k)$$

试确定该系统是否因果,稳定?并说明理由。

$y(n)=\sum_{k=-\infty}^{n} 3^{k-n} x(k)=\sum_{k=-\infty}^{n}\left(\frac{1}{3}\right)^{n-k} x(k)=x(n)*\left(\frac{1}{3}\right)^n u(n)$

$h(n)=\left(\frac{1}{3}\right)^n u(n)$

$H(z)=\frac{1}{1-\frac{1}{3}z^{-1}}=\frac{z}{z-\frac{1}{3}}$

当 $|z|>\frac{1}{3}$,收敛域包含单位圆,且在最右极点以右,因此因果稳定(或说因为 $x<0$ 时,$y(n)=0$ 因果且输入有界,输出有界,故稳定)。

例 7-5 若由下列系统函数描述的离散时间系统是稳定的,那它一定是因果的吗?为什么?

$$H(z)=\frac{1-\frac{1}{2}z}{1-\frac{1}{3}z}$$

解:$H(z)$ 的收敛域在稳定时包含虚轴,$|z|<3$,因为收敛域在极点之内,所以该离散时间系统是非因果系统。

例 7-6 系统函数 $H(z)=1/1-az^{-1}$,其中 $|a|<1$,试问 $\arg\{a\}$ 无论如何取值,$H(z)$ 代表的一定是低通滤波器吗?为什么?

解:$H(z)=\frac{z}{z-a}$,a 为其极点,如图 7-1 所示,当在单位圆上移动时,与零点距离一直为 1,与 a 点距离越短则频谱幅度值越大,因此不一定是低通的,根据所处位置可形成带通、高通滤波器。

例 7-7 某 LTI 系统,在输入 $x(n)=(2)^n u(n)$,产生输出 $y(n)=[-1/3(-1)^n+(-2)^n+1/3(2)^n]u(n)$,求:

(1)系统函数,画出零极点图,并标明收敛域;
(2)系统的单位抽样响应,判断系统的因果稳定性;
(3)写出系统的差分方程;

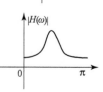

图 7-1 例 7-6

(4)当 $x(n)=(-3)^n, -\infty<n<+\infty$,系统的输出;

(5)当初始状态为 $y(-1)=8, y(-2)=2$ 时,系统的全响应。

解:零状态响应 $Y(z)=-\dfrac{z}{3(z+1)}+\dfrac{z}{(z+2)}+\dfrac{z}{3(z-2)}, |z|>2$

输入 $X(z)=\dfrac{z}{z-2}, |z|>2$

(1) $H(z)=\dfrac{Y(z)}{X(z)}=\dfrac{z^2}{(z+1)(z+2)}, |z|>2$

(2) $H(z)=\dfrac{-z}{(z+1)}+\dfrac{2z}{(z+2)} \quad |z|>2$

$h(n)=[(-1)^{n+1}+2(-2)^n]u(n)$

(3) $y(n)+3y(n-1)+2y(n-2)=x(n)$

(4) $y(n)=(-3)^n \cdot H(z)\big|_{z=-3}=\dfrac{9}{2}(-3)^n$

(5)零输入响应 $y_0(n)=c_1(-1)^n+c_2(-2)^n$

代入 $y(-1)=8, y(-2)=2$ 得 $c_1=12, c_2=-40$

$y_0(n)=[12(-1)^n-40(-2)^n]u(n)$

系统的全响应为 $y(n)=[-1/3(-1)^n+(-2)^n+1/3(2)^n]u(n)+[12(-1)^n-40(-2)^n]u(n)$

例 7-8 已知离散系统的差分方程为 $y(n)+0.2y(n-1)-0.24y(n-2)=x(n)+x(n-1)$

(1)求系统函数 $H(z)$;

(2)写出系统函数的零极点和收敛域;

(3)说明系统的因果稳定性;

(4)单位抽样响应 $h(n)$;

(5)若 $x(n)=(0.4)^n u(n)$,求系统的零状态响应 $y(n)$。

解:(1)对所给差分方程两边进行 z 变换,利用时移性质可得

$$Y(z)(1+0.2z^{-1}+0.24z^{-2})=X(z)(1+z^{-1})$$

从而得到系统函数为 $H(z)=\dfrac{1+z^{-1}}{1+0.2z^{-1}-0.24z^{-2}}$

(2)零点:$z=0, z=-1$;极点:$p1=0.4, p2=-0.6$;收敛域① $|z|>0.6$;② $0.4<|z|<0.6$;③ $|z|<0.4$;

(3)当 $|z|>0.6$,由于收敛域位于所有极点以外,系统是因果的;收敛域包含单位圆,系统是稳定的;

当 $0.4<|z|<0.6$,系统是非因果的;收敛域不包含单位圆,系统是不稳定的;

当 $|z|<0.4$,系统是非因果的;收敛域不包含单位圆,系统是不稳定的;

(4) $H(z)=\dfrac{z^2+z}{z^2+0.2z-0.24}=\dfrac{-0.4}{z+0.6}+\dfrac{1.4}{z-0.4}$

当 $|z|>0.6, y(n)=[1.4(0.4)^n-0.4(-0.6)^n]u(n)$;

当 $0.4<|z|<0.6, y(n)=1.4(0.4)^n u(n)+0.4(-0.6)^n u(-n+1)$;

当 $|z|<0.4, y(n)=-1.4(0.4)^n u(-n+1)+0.4(-0.6)^n u(-n+1)$;

(5) $x(n)=(0.4)^n u(n) \longleftrightarrow X(z)=\dfrac{z}{z-0.4}, |z|>0.4$

$$Y(z)=X(z)H(z)=\frac{z}{z-0.4}\frac{z(z+1)}{(z+0.6)(z-0.4)}=1.4\frac{0.4z}{(z-0.4)^2}+1.24\frac{z}{z-0.4}-0.24\frac{z}{z+0.6}$$

$$y(n)=[1.4n(0.4)^n+1.24(0.4)^n-0.24(-0.6)^n]u(n)$$

例 7-9 已知 LTI 离散时间系统

$$y(n)-\frac{5}{2}y(n-1)+y(n-2)=x(n-1)$$

求:

(1) 系统函数 $H(z)$;

(2) 确定系统所有可能的 $h(n)$ 形式,并说明对应系统的因果、稳定性;

(3) 上述哪种情况下系统存在频率响应?若存在写之;若无,说明理由;

(4) 当输入为 $x(n)=3^n$ 时,求稳定系统的零状态响应 $y_x[n]$;

(5) 画出系统直接 II 型模拟框图。

解:(1) 对所给差分方程两边进行 z 变换,利用时移性质可得

$$Y(z)\left(1-\frac{5}{2}z^{-1}+z^{-2}\right)=X(z)z^{-1}$$

$$H(z)=\frac{z^{-1}}{1-\frac{5}{2}z^{-1}+z^{-2}}=\frac{z}{z^2-\frac{5}{2}z+1}=\frac{-2/3z}{z-1/2}+\frac{2/3z}{z-2};$$

(2) $|z|>2, h(n)=-\frac{2}{3}\left(\frac{1}{2}\right)^n u(n)+\frac{2}{3}(2)^n u(n)$,系统满足因果性;

$\frac{1}{2}<|z|<2, h(n)=-\frac{2}{3}\left(\frac{1}{2}\right)^n u(n)-\frac{2}{3}(2)^n u(-n-1)$,系统满足稳定性;

$|z|<\frac{1}{2}, h(n)=\frac{2}{3}\left(\frac{1}{2}\right)^n u(-n-1)-\frac{2}{3}(2)^n u(-n-1)$,系统既不满足因果性,又不满足稳定性;

(3) 当 $\frac{1}{2}<|z|<2$,收敛域包含单位圆,有 $H(e^{j\Omega})=\dfrac{e^{-j\Omega}}{1-\dfrac{5}{2}e^{-j\Omega}+e^{-j2\Omega}}$,

其他两种情况无 $H(e^{j\Omega})$,因为系统函数的 ROC 不包含单位圆,系统不稳定;

(4) $y_x(n)=H(z)|_{z=3}\cdot 3^n=\dfrac{6}{5}\cdot 3^n$;

(5)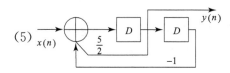

例 7-10 已知某因果离散时间系统如图 7-2 所示,求

(1) 系统函数 $H(z)$ 的表达式;

(2) 当 k 为何值时,该系统稳定;

(3) 当 $k=1$ 时,求输入为 $x(n)=\left(\dfrac{3}{4}\right)^n$, $-\infty<n<+\infty$ 时的响应 $y(n)$。

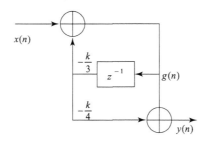

图 7-2 例 7-10

解：(1) 设中间变量 $g(n)$，根据加法器列方程：
$G(z) = z^{-1}(-k/3)G(z) + X(z)$
$Y(z) = G(z) + (-k/4)z^{-1}G(z)$

消中间变量，$H(z) = \dfrac{1-(k/4)z^{-1}}{1+(k/3)z^{-1}}$

(2) $|k| < 3$ 时，系统稳定；

(3) 当 $k=1$，$H(z) = \dfrac{1-(1/4)z^{-1}}{1+(1/3)z^{-1}} = \dfrac{z-1/4}{z+1/3}$，系统为因果，则 $|z| > \dfrac{1}{3}$ 有

$x(n) = \left(\dfrac{3}{4}\right)^n \longrightarrow y(n) = H(z)\bigg|_{z=\frac{3}{4}} \cdot \left(\dfrac{3}{4}\right)^n$

$\qquad\qquad\qquad\qquad = \dfrac{6}{13} \cdot \left(\dfrac{3}{4}\right)^n, -\infty < n < +\infty$

例 7-11 如图 7-3 所示因果离散系统，求：

(1) 系统的差分方程；

(2) 系统的单位抽样响应；

(3) 当 $x(n) = \cos\left(\dfrac{\pi}{2}n + 45°\right)u(n)$ 时，系统的正弦稳态响应 $y(n)$。

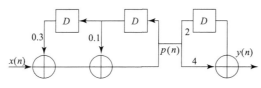

图 7-3 例 7-11

解：(1) 由系统框图得

$$\begin{cases} X(z) + 0.1p(z)z^{-1} + 0.3p(z)z^{-2} = p(z) \\ 2p(z)z^{-1} + 4p(z) = Y(z) \end{cases}$$

消去中间变量 $p(z)$，$H(z) = \dfrac{2z^{-1}+8}{1-0.1z^{-1}-0.3z^{-2}}$，又由于系统是因果的，即

$H(z) = \dfrac{Y(z)}{X(z)} = \dfrac{2z^{-1}+8}{1-0.1z^{-1}-0.3z^{-2}}, |z| > \dfrac{3}{5}$

$Y(z)(1-0.1z^{-1}-0.3z^{-2}) = (2z^{-1}+8)X(z)$

$y(n) - 0.1y(n-1) - 0.3y(n-2) = 8x(n) + 2x(n-1)$

(2) $H(z) = \dfrac{2z^{-1}+8}{1-0.1z^{-1}-0.3z^{-2}} = \dfrac{23}{275}\dfrac{z}{z-\dfrac{3}{5}} + \dfrac{7}{110}\dfrac{z}{z+\dfrac{1}{2}}, \quad |z| > \dfrac{3}{5}$

$h(n) = \left[\dfrac{23}{275}\left(\dfrac{3}{5}\right)^n + \dfrac{7}{110}\left(-\dfrac{1}{2}\right)^n\right]u(n)$

(3) $H(e^{j\Omega}) = \dfrac{2e^{-j\Omega}+8}{1-0.1e^{-j\Omega}-0.3e^{-j2\Omega}}$

$H(e^{j\Omega})\big|_{\Omega=\frac{\pi}{2}} = \dfrac{8-2j}{1.3+0.1j} = 6-2j = |H(e^{j\frac{\pi}{2}})|e^{j\varphi(j\frac{\pi}{2})}$

$|H(e^{j\frac{\pi}{2}})| = 2\sqrt{10}$

$\varphi\left(j\dfrac{\pi}{2}\right) = \arctan\left(-\dfrac{1}{3}\right)$

$y(n) = |H(e^{j\frac{\pi}{2}})|\cos\left(\dfrac{\pi}{2}n + 45° + \varphi\left(j\dfrac{\pi}{2}\right)\right)$

例 7 - 12 已知某离散 LTI 的系统函数的零极点图如图 7-4(a)所示,当输入为 2^n 时,输出为 $\dfrac{16}{9}2^n$,求:

(1) 离散 LTI 的系统函数;
(2) 差分方程;
(3) 直接 Ⅱ 型的模拟框图;
(4) 单位抽样响应;
(5) 离散 LTI 的频率响应;

解:(1) 由零极点图 $H(z) = \dfrac{Az\left(z+\dfrac{1}{3}\right)}{\left(z-\dfrac{1}{2}\right)\left(z-\dfrac{1}{4}\right)}$

当输入 2^n,输出 $|H(z)|_{z=2}2^n = \dfrac{16}{9}$,从而 $A=1$

系统函数 $H(z) = \dfrac{z\left(z+\dfrac{1}{3}\right)}{\left(z-\dfrac{1}{2}\right)\left(z-\dfrac{1}{4}\right)}$

(2) $H(z) = \dfrac{Y(z)}{X(z)} = \dfrac{z\left(z+\dfrac{1}{3}\right)}{\left(z-\dfrac{1}{2}\right)\left(z-\dfrac{1}{4}\right)} = \dfrac{z^2+\dfrac{1}{3}z}{z^2-\dfrac{3}{4}z+\dfrac{1}{8}}$

$Y(z)\left(z^2-\dfrac{3}{4}z+\dfrac{1}{8}\right) = X(z)\left(z^2+\dfrac{1}{3}z\right)$

$y(n) - \dfrac{3}{4}y(n-1) + \dfrac{1}{8}y(n-2) = x(n) + \dfrac{1}{3}x(n-1)$

(3) 模拟框图参见图 7-4(b)

(4) $H(z) = \dfrac{z^2 + \dfrac{1}{3}z}{z^2 - \dfrac{3}{4}z + \dfrac{1}{8}} = \dfrac{10}{3}\dfrac{z}{z - \dfrac{1}{2}} - \dfrac{7}{3}\dfrac{z}{z - \dfrac{1}{4}}$

$|z| > \dfrac{1}{2}$ $\qquad h(n) = \left[\dfrac{10}{3}\left(\dfrac{1}{2}\right)^n - \dfrac{7}{3}\left(\dfrac{1}{4}\right)^n\right]u(n)$

$|z| < \dfrac{1}{4}$ $\qquad h(n) = \left[-\dfrac{10}{3}\left(\dfrac{1}{2}\right)^n + \dfrac{7}{3}\left(\dfrac{1}{4}\right)^n\right]u(-n-1)$

$\dfrac{1}{4} < |z| < \dfrac{1}{2}$ $\quad h(n) = -\dfrac{10}{3}\left(\dfrac{1}{2}\right)^n u(-n-1) - \dfrac{7}{3}\left(\dfrac{1}{4}\right)^n u(n)$

(5) 当 $|z| > \dfrac{1}{2}$，收敛域包含单位圆，频率响应存在。

$$H(e^{j\Omega}) = |H(z)|_{z=e^{j\Omega}} = \dfrac{e^{j\Omega}\left(e^{j\Omega} + \dfrac{1}{3}\right)}{\left(e^{j\Omega} - \dfrac{1}{2}\right)\left(e^{j\Omega} - \dfrac{1}{4}\right)}$$

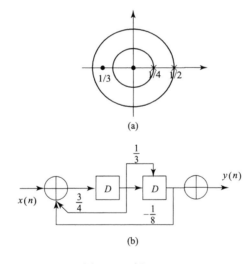

图 7-4 例 7-12

例 7-13 已知离散时间系统的差分方程

$y(n) - 3y(n-1) + 2y(n-2) = x(n-1) - 2x(n-2)$

当系统的初始状态 $y(-1) = -\dfrac{1}{2}, y(0) = 0$，及从 $n=0$ 开始施加输入 $x(n)$ 时，系统的完全响应 $y(n) = 2(2^n - 1)u(n)$，求 $x(n)$。

解：令 $n=0, y(0) - 3y(-1) + 2y(-2) = x(-1) - 2x(-2) = 0$

代入 $y(-1), y(0)$ 得 $y(-2) = -\dfrac{3}{4}$

方法 1：

$y(n) - 3y(n-1) + 2y(n-2) = 0$

特征方程 $\alpha^2 - 3\alpha + 2 = 0, \alpha_1 = 2, \alpha_2 = 1$

$y_0(n) = (c_1 + c_2 \cdot 2^n)u(n)$,代入 $y(-1), y(-2)$ 得

$$\begin{cases} c_1 + c_2 \cdot 2^{-1} = -\dfrac{1}{2} \\ c_1 + c_2 \cdot 2^{-2} = -\dfrac{3}{4} \end{cases}, 得 \begin{cases} c_1 = -1 \\ c_2 = 1 \end{cases}$$

则 $y_0(n) = (-1 + 2^n)u(n)$

$y_x(n) = y(n) - y_0(n) = 2(2^n - 1)u(n) - (-1 + 2^n)u(n) = (-1 + 2^n)u(n)$

对差分方程 $y(n) - 3y(n-1) + 2y(n-2) = x(n-1) - 2x(n-2)$ 两边作双边 z 变换,并利用时移性质,$Y(z)(1 - 3z^{-1} + 2z^{-2}) = X(z)(z^{-1} - 2z^{-2})$

$$H(z) = \frac{Y(z)}{X(z)} = \frac{z^{-1} - 2z^{-2}}{1 - 3z^{-1} + 2z^{-2}} = \frac{z - 2}{z^2 - 3z + 2} = \frac{1}{z - 1}$$

$X(z) = \dfrac{Y_x(z)}{H(z)} = \dfrac{z}{z-2}, |z| > 2$,故 $x(n) = 2^n u(n)$。

方法 2:由单边 z 变换,得

$Y(z) - 3[Y(z)z^{-1} + y(-1)] + 2[z^{-2}Y(z) + z^{-1}y(-1) + y(-2)] = X(z)z^{-1} - 2z^{-2}X(z)$

$Y(z)(1 - 3z^{-1} + 2z^{-2}) + [3y(-1) + 2z^{-1}y(-1) + 2y(-2)] = X(z)(z^{-1} - 2z^{-2})$

$$Y(z) = X(z) \frac{z^{-1} - 2z^{-2}}{1 - 3z^{-1} + 2z^{-2}} + \frac{3y(-1) - 2z^{-1}y(-1) - 2y(-2)}{1 - 3z^{-1} + 2z^{-2}} \quad (1)$$

由已知全响应 $y(n)$,知

$$Y(z) = 2\left(\frac{z}{z-2} - \frac{z}{z-1}\right), |z| > 2$$

代入式(1)中 $y(-1), y(-2)$,有

$$2\left(\frac{z}{z-2} - \frac{z}{z-1}\right) = X(z) \frac{z-2}{z^2 - 3z + 2} + \frac{2}{z^2 - 3z + 2}$$

$X(z) = \dfrac{Y(z)}{H(z)} = \dfrac{z}{z-2}, |z| > 2$

$x(n) = 2^n u(n)$。

例 7-14 已知描述因果离散 LTI 系统的差分方程为

$$y(n) + ay(n-1) + by(n-2) = x(n) + cx(n-1) + dx(n-2)$$

其中 $a、b、c、d$ 均是实常数,系统函数具有如下特征:$H(z)$ 在原点 $z = 0$ 有二阶零点;$H(z)$ 在 $z = 1/2$ 处有一极点;$H(1) = 8/3$,试求:

(1) 该系统的系统函数,并确定常数 $a、b、c、d$;
(2) 绘制出该系统的零极点图,并说明系统的稳定性;
(3) 当系统的输入为 $x(n) = \delta(n) + \delta(n-2)$ 时,求系统的输出 $y(n)$;
(4) 如果系统输入为 $x(n) = (-1)^n$,求系统的输出 $y(n)$;
(5) 绘制出系统的直接 II 型模拟框图。

解:(1) 对差分方程两边作 z 变换,有

$$H(z) = \frac{Y(z)}{X(z)} = \frac{1 + cz^{-1} + dz^{-2}}{1 + az^{-1} + bz^{-2}} \text{ 或 } = \frac{z^2 + cz + d}{z^2 + az + b}$$

又由已知条件：$H(z) = \dfrac{Kz^2 P(z)}{\left(z-\dfrac{1}{2}\right)(z-M)}$

其中 K、M 为常数，$P(z) = a_0 + a_1 z + a_2 z^2 + \cdots$，其中 $a_0, a_1, a_2, \cdots$ 为实常数，即

$$\frac{z^2 + cz + d}{z^2 + az + b} = \frac{Kz^2 P(z)}{\left(z-\dfrac{1}{2}\right)(z-M)}$$

比较等式两边系数，得 $K=1$, $P(z)=1$, $c=d=0$

即
$$H(z) = \frac{z^2}{\left(z-\dfrac{1}{2}\right)(z-M)}$$

由 $H(1) = 8/3$，得 $H(z)\big|_{z=1} = \dfrac{z^2}{\left(z-\dfrac{1}{2}\right)(z-M)}\bigg|_{z=1} = \dfrac{8}{3}$，有 $M = \dfrac{1}{4}$

故 $H(z) = \dfrac{z^2}{\left(z-\dfrac{1}{2}\right)\left(z-\dfrac{1}{4}\right)} = \dfrac{z^2}{z^2 - \dfrac{3}{4}z + \dfrac{1}{8}}$，故 $a = -\dfrac{3}{4}$, $b = \dfrac{1}{8}$

因为因果系统，则收敛域为 $|z| > \dfrac{1}{2}$。

(2) 系统零极点如图 7-5(a) 所示，该因果系统的极点全部在单位圆内，故系统稳定。

(3) $H(z) = \dfrac{z^2}{\left(z-\dfrac{1}{2}\right)\left(z-\dfrac{1}{4}\right)} = \dfrac{z}{z-\dfrac{1}{2}} - \dfrac{2z}{z-\dfrac{1}{4}}$, $|z| > \dfrac{1}{2}$

$$h(n) = \left[\left(\dfrac{1}{2}\right)^n - 2\left(\dfrac{1}{4}\right)^n\right] u(n)$$

因 $x(n) = \delta(n) + \delta(n-2)$

则 $y(n) = x(n) * h(n) = h(n) * [\delta(n) + \delta(n-2)] = h(n) + h(n-2)$

故 $y(n) = \left[\left(\dfrac{1}{2}\right)^n - 2\left(\dfrac{1}{4}\right)^n\right] u(n) + \left[\left(\dfrac{1}{2}\right)^{n-2} - 2\left(\dfrac{1}{4}\right)^{n-2}\right] u(n-2)$;

(4) 如果 $x(n) = (-1)^n$, $-\infty < n < +\infty$，根据系统函数定义 $H(z)\big|_{z=-1} = \dfrac{8}{15}$

$y(n) = H(-1)(-1)^n = \dfrac{8}{15}(-1)^n$;

(5) 模拟框图如图 7-5(b) 所示。

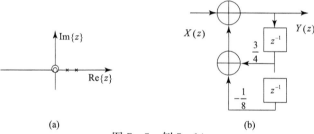

图 7-5 例 7-14

例 7-15 某线性时不变系统的单位脉冲响应为 $h(n)$,系统函数为 $H(z)$,已知

(1) $h(n)$ 是实序列;

(2) $h(n)$ 是右边序列;

(3) $\lim\limits_{z \to \infty} H(z) = \dfrac{3}{2}$;

(4) $H(z)$ 在原点 $z=0$ 有二阶零点;

(5) $H(z)$ 的极点中有一个位于 $|z|=1/2$ 圆周上的非实数位置;

(6) 当系统的输入为 $x(n)=(-1)^n u(n)$ 时,系统稳态响应 $y_{ss}(n)=2(-1)^n u(n)$。

试确定系统的系统函数,并判断系统的因果性和稳定性。

解: 先从条件(1)看,$h(n)$ 是实序列时,$H(z)$ 的零极点将共轭成对出现

因 $h(n)=h^*(n)$,有 $H(z)=H^*(z^*)$

此式表明,如果 $H(z)$ 在 $z=re^{j\Omega_0}$ 有一个极点或零点,则在该极点或零点共轭对称位置 $z=re^{-j\Omega_0}$ 上也有一个极点或零点。

由条件(4)知 $H(z)$ 在 $z=0$ 有一个二阶零点,则由条件(3)可知 $H(z)$ 又有两个极点,否则(3)不成立;且由(1)知有两个极点成共轭对称关系;由(5)知,设其中一极点为 $z_1 = \dfrac{1}{2} e^{j\Omega_0}$,则另一个极点 $z_2 = \dfrac{1}{2} e^{-j\Omega_0}$,利用给出的 Z 域条件写出 $H(z)$ 表达式

$$H(z) = \dfrac{kz^2}{\left(z - \dfrac{1}{2} e^{j\Omega_0}\right)\left(z - \dfrac{1}{2} e^{-j\Omega_0}\right)}$$

由条件(2)(3)知 $h(n)$ 为因果序列,系统是因果系统,有 $|z| > \dfrac{1}{2}$

且 $\lim\limits_{z \to \infty} H(z) = k = \dfrac{3}{2}$

由条件(6) $x(n)=(-1)^n u(n) \rightarrow y_{ss}(n) = H(-1)(-1)^n u(n)$,知 $H(-1)=2$

$$H(-1) = \left.\dfrac{\dfrac{3}{2} z^2}{\left(z - \dfrac{1}{2} e^{j\Omega_0}\right)\left(z - \dfrac{1}{2} e^{-j\Omega_0}\right)}\right|_{z=-1} = \dfrac{\dfrac{3}{2}}{\left(1 + \dfrac{1}{2} e^{j\Omega_0}\right)\left(1 + \dfrac{1}{2} e^{-j\Omega_0}\right)} = 2,有$$

$\Omega_0 = \dfrac{2\pi}{3}$,则

$$H(z) = \dfrac{\dfrac{3}{2} z^2}{z^2 + \dfrac{1}{2} z + \dfrac{1}{4}}, \quad |z| > \dfrac{1}{2}, H(z) 包含单位圆,则系统稳定。$$

例 7-16 一个离散时间 LTI 系统,输入为 $x(n)$,输出为 $y(n)$。已知下列情况:

① 若 $x(n)=(-2)^n$;则对全部 n,有 $y(n)=0$;

② 若 $x(n)=\left(\dfrac{1}{2}\right)^n u(n)$;则对全部 n,有 $y(n)=\delta(n)+a\left(\dfrac{1}{4}\right)^n u(n)$,其中 a 为一常数。

求:

(1) 求常数 a 的值；

(2) 画出系统并联结构图；

(3) 当输入为 $x(n)=\left(\dfrac{1}{3}\right)^n u(n)$ 时，求系统的响应 $y(n)$。

解： (1) $x(n)=\left(\dfrac{1}{2}\right)^n u(n) \longleftrightarrow X(z)=\dfrac{1}{1-\dfrac{1}{2}z^{-1}}=\dfrac{z}{z-\dfrac{1}{2}}$

$y(n)=\delta(n)+a\left(\dfrac{1}{4}\right)^n u(n) \longleftrightarrow Y(z)=1+\dfrac{a}{1-\dfrac{1}{4}z^{-1}}=1+\dfrac{az}{z-\dfrac{1}{4}}$

$H(z)=\dfrac{Y(z)}{X(z)}=\dfrac{\left(z-\dfrac{1}{4}+az\right)\left(z-\dfrac{1}{2}\right)}{\left(z-\dfrac{1}{4}\right)z}$

由于 $a^n \to y(n)=H(z)|_{z=a}a^n$

则 $x(n)=(-2)^n \to y(n)=H(-2)(-2)^n=0$

得 $H(-2)=0$

由 $H(-2)=\dfrac{\left(-2-\dfrac{1}{4}+(-2)a\right)\left(z-\dfrac{1}{2}\right)}{\left(-2-\dfrac{1}{4}\right)(-2)}=0$

$-\dfrac{9}{4}=2a,\; a=-\dfrac{9}{8}$

(2) 系统并联结构图如图 7-6 所示，可以有多种结构，但部分分式的形式不同。

$H(z)=\dfrac{\left(-\dfrac{1}{8}z-\dfrac{1}{4}\right)\left(z-\dfrac{1}{2}\right)}{z\left(z-\dfrac{1}{4}\right)}$

$\dfrac{H(z)}{z}=\dfrac{-\dfrac{1}{8}(z+2)\left(z-\dfrac{1}{2}\right)}{z^2\left(z-\dfrac{1}{4}\right)}=\dfrac{\dfrac{9}{8}}{z-\dfrac{1}{4}}+\dfrac{-\dfrac{5}{4}}{z}+\dfrac{-\dfrac{1}{2}}{z^2}$

$H(z)=\dfrac{\dfrac{9}{8}}{1-\dfrac{1}{4}z^{-1}}-\dfrac{5}{4}-\dfrac{1}{2}z^{-1}$

(3) $x(n)=\left(\dfrac{1}{3}\right)^n u(n) \longleftrightarrow X(z)=\dfrac{1}{1-\dfrac{1}{3}z^{-1}}=\dfrac{z}{z-\dfrac{1}{3}}$

$Y(z)=X(z)H(z)$

$$Y(z) = \frac{-\frac{1}{8}(z+2)\left(z-\frac{1}{2}\right)}{\left(z-\frac{1}{4}\right)\left(z-\frac{1}{3}\right)} = \frac{3}{2} + \frac{-\frac{27}{8}z}{z-\frac{1}{4}} + \frac{\frac{7}{4}z}{z-\frac{1}{3}}$$

$$y(n) = \frac{3}{2}\delta(n) - \frac{27}{8}\left(\frac{1}{4}\right)^n u(n) + \frac{7}{4}\left(\frac{1}{3}\right)^n u(n)$$

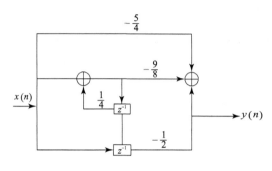

图 7-6 例 7-16

例 7-17 当系统单位抽样响应 $h(n)$ 和它的 z 变换 $H(z)$ 符合下列条件：
① $h(n)$ 是实因果序列；
② $H(z)$ 有两个极点；
③ $H(z)$ 有两个零点位于坐标原点；
④ $H(z)$ 的一个极点是 $z = \frac{1}{3}e^{j\frac{\pi}{3}}$；
⑤ $H(1) = 9$。

求：

(1) $H(z)$ 及收敛域；
(2) 写出响应的差分方程；
(3) 画出系统直接 II 型结构框图 (图 7-7)。

解：(1) 令 $H(z) = \dfrac{kz^2}{\left(z - \frac{1}{3}e^{j\frac{\pi}{3}}\right)\left(z - \frac{1}{3}e^{-j\frac{\pi}{3}}\right)}$

$H(1) = \dfrac{k}{\left(1 - \frac{1}{3}e^{j\frac{\pi}{3}}\right)\left(1 - \frac{1}{3}e^{-j\frac{\pi}{3}}\right)} = 9$ 得 $k = 7$

$$H(z) = \frac{7z^2}{z^2 - \frac{1}{3}(e^{j\frac{\pi}{3}} + e^{-j\frac{\pi}{3}})z + \frac{1}{9}} = \frac{7z^2}{z^2 - \frac{2}{3}\cos\left(\frac{\pi}{3}\right)z + \frac{1}{9}} = \frac{7z^2}{z^2 - \frac{1}{3}z + \frac{1}{9}}$$

又由于系统是实因果系统，所以 $|z| > \dfrac{2}{3}$

(2) $y(n) - \dfrac{1}{3}y(n-1) + \dfrac{1}{9}y(n-2) = x(n)$

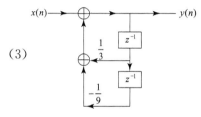

(3)

图 7-7 例 7-17

例 7-18 某系统由两个 LTI 子系统并联而成,其中一个子系统的单位抽样响应为 $h_1(n)=\left(\dfrac{1}{3}\right)^n u(n)$,并联后的系统频率响应为

$$H(e^{j\Omega})=\frac{-12+5e^{-j\Omega}}{12+-7e^{-j\Omega}+e^{-j2\Omega}}$$

求:

(1) 另一个子系统的单位抽样响应 $h_2(n)$;

(2) 假设系统输入 $x(n)=\left(\dfrac{1}{2}\right)^n u(n)$,用频域分析法分别求两个子系统的输出 $y_1(n)$ 和 $y_2(n)$;

(3) 在相同输入情况下,求并联系统的输出 $y(n)$;

(4) 写出并联系统输入和输出的差分方程,并画出模拟图(图 7-8)。

解:(1) $h_1(n)=\left(\dfrac{1}{3}\right)^n u(n) \longleftrightarrow H_1(e^{j\Omega})=\dfrac{1}{1-\dfrac{1}{3}e^{-j\Omega}}$

$H_1(e^{j\Omega})+H_2(e^{j\Omega})=H(e^{j\Omega})$

$H_2(e^{j\Omega})=H(e^{j\Omega})-H_1(e^{j\Omega})=\dfrac{-12+5e^{-j\Omega}}{12-7e^{-j\Omega}+e^{-2j\Omega}}-\dfrac{1}{1-\dfrac{1}{3}e^{-j\Omega}}$

$=\dfrac{3}{3-e^{-j\Omega}}+\dfrac{-8}{4-e^{-j\Omega}}-\dfrac{1}{1-\dfrac{1}{3}e^{-j\Omega}}$

$h_2(n)=\left[\left(\dfrac{1}{3}\right)^n-2\left(\dfrac{1}{4}\right)^n-\left(\dfrac{1}{3}\right)^n\right]u(n)=-2\left(\dfrac{1}{4}\right)^n u(n)$

(2) $Y_1(e^{j\Omega})=H_1(e^{j\Omega}) \cdot X(e^{j\Omega})$

$=\dfrac{1}{1-\dfrac{1}{2}e^{-j\Omega}} \cdot \dfrac{1}{1-\dfrac{1}{3}e^{-j\Omega}}=\dfrac{3}{1-\dfrac{1}{2}e^{-j\Omega}}-\dfrac{2}{1-\dfrac{1}{3}e^{-j\Omega}}$

$y_1(n)=\left[3\left(\dfrac{1}{2}\right)^n-2\left(\dfrac{1}{3}\right)^n\right]u(n)$

$Y_2(e^{j\Omega})=H_2(e^{j\Omega}) \cdot X(e^{j\Omega})$

$=\dfrac{-8}{4-e^{-j\Omega}} \cdot \dfrac{1}{1-\dfrac{1}{2}e^{-j\Omega}}=\dfrac{2}{1-\dfrac{1}{4}e^{-j\Omega}}+\dfrac{-4}{1-\dfrac{1}{2}e^{-j\Omega}}$

$$y_2(n) = \left[2\left(\frac{1}{4}\right)^n - 4\left(\frac{1}{2}\right)^n\right]u(n)$$

(3) $y(n) = y_1(n) + y_2(n) = \left[-\left(\frac{1}{2}\right)^n - 2\left(\frac{1}{3}\right)^n + 2\left(\frac{1}{4}\right)^n\right]u(n)$

(4) $\dfrac{Y(z)}{X(z)} = \dfrac{-1 + \dfrac{5}{12}z^{-1}}{1 - \dfrac{7}{12}z^{-1} + \dfrac{1}{12}z^{-2}}$

$y(n) - \dfrac{7}{12}y(n-1) + \dfrac{1}{12}y(n-2) = -x(n) + \dfrac{5}{12}x(n-1)$

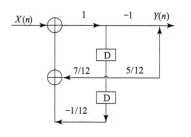

图 7 - 8 例 7 - 18

例 7 - 19 线性时不变因果系统如图 7 - 9 所示。

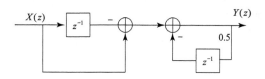

图 7 - 9 例 7 - 19

(1) 写出系统差分方程；
(2) 求系统的单位抽样响应和系统函数，并判定系统是 FIR 滤波器还是 IIR 滤波器；
(3) 求系统的幅频特性，并指出该系统是低通还是高通滤波器；
(4) 当输入 $x(n) = \begin{cases} 2\sin(0.5\pi n) + 4, & n \geq 0 \\ 0, & n < 0 \end{cases}$，求系统稳态输出的最大幅值；
(5) 当输入 $x(n)$ 的 z 变换为 $X(z) = z^2 + 3z^{-1}$ 时，求输出 $y(n)$。

解：(1) 由框图，$(1 - z^{-1})X(z) = (1 + 0.5z^{-1})Y(z)$

差分方程 $y(n) + 0.5y(n-1) = x(n) - x(n-1)$

(2) $H(z) = \dfrac{Y(z)}{X(z)} = \dfrac{1 - z^{-1}}{1 + 0.5z^{-1}}$

因系统是线性时不变因果，收敛域 $|z| > 0.5$

又 $H(z) = \dfrac{1 - z^{-1}}{1 + 0.5z^{-1}} = -2 + \dfrac{3z}{z + 0.5}$

故 $h(n) = -2\delta(n) + 3(-0.5)^n$

系统是 IIR 滤波器；

(3) 因系统函数的收敛域 $|z|>0.5$，包含单位圆，则

$$H(e^{j\Omega}) = |H(z)|_{z=e^{j\Omega}} = \frac{1-e^{-j\Omega}}{1+0.5e^{-j\Omega}}$$，该系统是高通滤波器；

(4) 系统稳态输出的最大幅值为 $2|H(e^{j\Omega})|_{\Omega=\frac{\pi}{2}} = \dfrac{4\sqrt{10}}{5}$

(5) 已知 $X(z) = z^2 + 3z^{-1}$，$Y(z) = X(z)H(z) = (z^2+3z^{-1})\left(\dfrac{1-z^{-1}}{1+0.5z^{-1}}\right)$

$$Y(z) = (z^2+3z^{-1})\left(\dfrac{1-z^{-1}}{1+0.5z^{-1}}\right) = \dfrac{-5z}{z+0.5} + \dfrac{-2z}{z^2} + \dfrac{6z}{z}$$

$$y(n) = -5(-0.5)^n u(n) - 2\delta(n-1) + 6\delta(n)$$

第 8 章

基于 MATLAB 的信号与系统实验

实验 1　信号的时域描述与运算
（基础型实验）

一、实验目的

①掌握信号的 MATLAB 表示及其可视化方法。
②掌握信号基本时域运算的 MATLAB 实现方法。
③利用 MATLAB 分析常用信号,加深对信号时域特性的理解。

二、实验原理与方法

1. 连续时间信号的 MATLAB 表示

连续时间信号指的是在连续时间范围内有定义的信号,即除了若干个不连续点外,在任何时刻信号都有定义。在 MATLAB 中连续时间信号可以用两种方法来表示,即向量表示法和符号对象表示法。

从严格意义上来说,MATLAB 并不能处理连续时间信号,在 MATLAB 中连续时间信号是用信号等时间间隔采样后的采样值来近似表示的,当采样间隔足够小时,这些采样值就可以很好地近似表示出连续时间信号,这种表示方法称为向量表示法。表示一个连续时间信号需要使用两个向量,其中一个向量用于表示信号的时间范围,另一个向量表示连续时间信号在该时间范围内的采样值。例如一个正弦信号可以表示如下:

>>t = 0:0.01:10;

>>x = sin(t);

利用 plot(t,x)命令可以绘制上述信号的时域波形,如图 8-1 所示。

如果连续时间信号可以用表达式来描述,则还可以采用符号表达式来表示信号。例如对于上述正弦信号,可以用符号对象表示如下:

>>syms t;

>>x = sin(t);

利用 ezplot(x)命令可以绘制上述信号的时域波形,如图 8-2 所示。

MATLAB 提供了一些函数用于常用信号的产生,例如阶跃信号、脉冲信号、指数信号、正弦信号等,表 8-1 中列出了一些常用的基本函数。

第 8 章 基于 MATLAB 的信号与系统实验

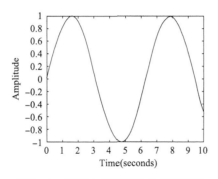

图 8-1 利用向量表示连续时间信号

表 8-1 常用的信号产生函数

函数名	功能	函数名	功能
heaviside	单位阶跃函数	rectpuls	门函数
sin	正弦函数	tripuls	三角脉冲函数
cos	余弦函数	square	周期方波
sinc	sinc 函数	sawtooth	周期锯齿波或三角波
exp	指数函数		

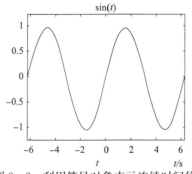

图 8-2 利用符号对象表示连续时间信号

2. 连续时间信号的时域运算

对连续时间信号的运算包括两信号相加、相乘、微分、积分,以及移位、反转、尺度变换(尺度伸缩)等。

1) 相加和相乘

信号相加和相乘指两信号对应时刻的值相加和相乘,对于两个采用向量表示的可以直接使用算术运算的运算符"＋"和"＊"来计算,此时要求表示两信号的向量时间范围和采样间隔相同。采用符号对象表示的两个信号,可以直接根据符号对象的运算规则运算。

2) 微分和积分

对于向量表示法表示的连续时间信号,可以通过数值计算的方法计算信号的微分和积分。这里微分是用差分来近似求取的,由时间向量$[t_1,t_2,\cdots,t_N]$和采样值向量$[x_1,x_2,\cdots,x_N]$表示的连续时间信号,其微分可以通过式(8-1)求得

$$x'(t)|_{t=t_k} \approx \frac{x_{k+1}-x_k}{\Delta t}, k=1,2,\cdots,N-1 \qquad (8-1)$$

其中 Δt 表示采样间隔。MATLAB 中用 diff 函数来计算差分 $x_{k+1}-x_k$。

连续时间信号的定积分可以由 MATLAB 的 quad 函数实现,调用格式为

$$\text{quad}('\text{function\_name}', a, b)$$

其中,function_name 为被积函数名,a、b 为积分区间。

对于符号对象表示的连续时间信号,MATLAB 提供了 diff 函数和 quad 函数分别用于求微分和积分。

例 8-1 计算定积分 $f = \int_0^{3\pi} e^{-t} \sin\left(t + \dfrac{\pi}{2}\right) dt$。

解: 可以分别采用两种方法计算如下:

```
>>y = inline('exp(-t).*sin(t+pi/2)');
>>f = quad(y,0,3*pi)
f =
    0.5000
>>f = int('exp(-t)*sin(t+pi/2)',0,3*pi)
f =
    1/(2*exp(3*pi)) + 1/2
>>double(f)
ans =
    0.5000
```

上述两种方法的计算结果相同,其中,inline 命令用于由 MATLAB 表达式创建 inline 函数对象。

例 8-2 绘制图 8-3 所示三角波信号的一阶导数和积分的波形图。

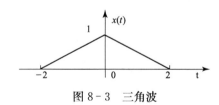

图 8-3 三角波

解: 我们分别采用数值计算的方法和符号计算的方法实现。

(a) 数值计算方法的程序如下:

```
% Eg_8_2_a.m
ts = -3;
te = 3;
dt = 0.01;
t = ts:dt:te;
x = tripuls(t,4);                    % 生成三角波信号
subplot(311);
plot(t,x);                           % 绘制 x(t)波形
xlabel('t(s)');
title('x(t)');
grid on;
```

```
dx = diff(x)/dt;                        % 求一阶导数
subplot(312);
plot(t(1:length(t) - 1),dx);
xlabel('t(s)');
title('Derivative of x(t)');
grid on;

fun = inline('tripuls(t,4)');           % 定义 inline 函数对象
intx = zeros(size(x));
for i = 1:length(t)
    intx(i) = quad(fun, - 3,t(i));      % 求积分
end
subplot(313);
plot(t,intx);
xlabel('t(s)');
title('Integral of x(t)');
grid on;
```
程序运行结果如图 8 - 4 所示。

(b) 符号计算方法的程序如下：
```
% Eg_8_2_b.m
syms t;
x = sym('(1/2 * t + 1) * (heaviside(t + 2) - heaviside(t)) +
    ( - 1/2 * t + 1) * (heaviside(t) - heaviside(t - 2))');
subplot(311);
ezplot(x,[ - 3,3]);
title('x(t)');
grid on;

dx = diff(x);                           % 求一阶导数
subplot(312);
ezplot(dx,[ - 3,3]);
title('Derivative of x(t)');
grid on;

intx = int(x);                          % 求积分
subplot(313);
ezplot(intx,[ - 3,3]);
title('Integral of x(t)');
grid on;
```

程序运行结果如图 8-5 所示。

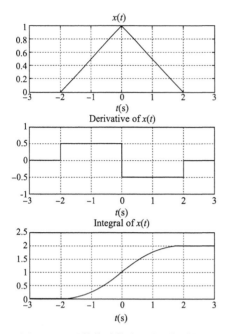

图 8-4 用数值计算方法得到的结果

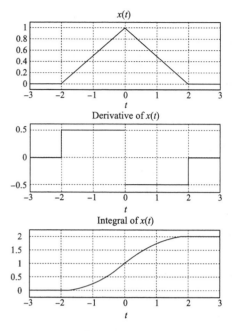

图 8-5 用符号计算方法得到的结果

3) 移位、反转和尺度变换

信号的移位：信号 $x(t)$ 的自变量 t 更换为 $(t-t_0)$，表示 $x(t)$ 波形在 t 轴上整体移动，当 $t_0>0$ 整体右移，当 $t_0<0$ 整体左移。

信号的反转：信号 $x(t)$ 的自变量 t 更换为 $-t$，相当于 $x(t)$ 的波形以 $t=0$ 为轴反转过来。

信号的尺度变换：信号 $x(t)$ 的自变量 t 更换为 at，$x(at)$ 表示信号压缩 ($a>1$) 或拉伸 ($a<1$)。

这里，我们通过一个实例来学习 MATLAB 中这些变换的实现方法。

例 8-3 已知 $x(t)=\sin(3\pi t^2)[u(t)-u(t-2)]$，绘制 $x(t)$ 和 $x(6-2t)$ 波形。

解：这里我们还是分别使用数值计算的方法和符号计算的方法来实现。

(a) 数值计算的方法：

```
% Eg_8_3_a.m
t = -0.5:0.001:3.5;
x = (sin(3*pi*t.^2)).*(heaviside(t)-heaviside(t-2));
x1 = (sin(3*pi*(6-2*t).^2)).*(heaviside(6-2*t)-heaviside(6-2*t-2));
subplot(211);
plot(t,x);                    % 绘制 x(t) 波形
xlabel('t'); title('x(t)');
subplot(212);
plot(t,x1);                   % 绘制 x(3-2t) 波形
xlabel('t'); title('x(6-2t)');
```

程序运行结果如图 8-6 所示。
(b)符号计算的方法：
```
%Eg_8_3_b.m
syms t
x = sin(3 * pi * t^2) * (heaviside(t) - heaviside(t - 2));
x1 = subs(x,t,6 - 2 * t);            %使用 subs 命令替换变量
subplot(211);
ezplot(x,[0,3]);
xlabel('t'); title('x(t)');
subplot(212);
ezplot(x1,[0,3]);
xlabel('t'); title('x(6 - 2t)');
```
程序运行结果如图 8-7 所示。

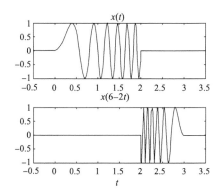

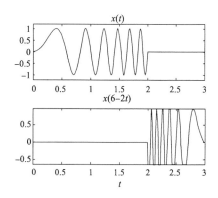

图 8-6 用数值计算的方法实现信号变换　　图 8-7 用符号计算的方法实现信号变换

3. 离散时间信号的 MATLAB 表示

离散时间信号仅在一些离散时刻有定义。在 MATLAB 中离散时间信号需要使用两个向量来表示，其中一个向量用于表示离散的时间点，另一个向量表示在这些时间点上的值。例如对于如下离散时间信号

$$x(n) = \{-3, 2, -1, \underset{\uparrow}{2}, 1, -1, 2, 3\}$$

采用 MATLAB 可以表示如下：
```
>>n = -3:4;
>>x = [-3 2 -1 2 1 -1 2 3];
>>stem(n,x,'filled');
>>xlabel('n');
>>title('x(n)');
```
stem 函数用于绘制离散时间信号波形，为了与我们表示离散时间信号的习惯相同，在绘图时一般需要添加'filled'选项，以绘制实心的杆状图形。上述命令绘制的信号时域波形如图 8-8 所示。

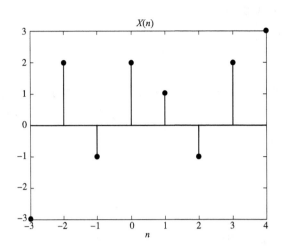

图 8-8 离散时间信号示例

4. 离散时间信号的时域运算

离散时间信号的相加相乘是将两个信号对应的时间点上的值相加或相乘,可以直接使用算术运算的运算符"+"或"*"来计算。

离散时间信号的移位,则可看作是将表示时间的向量平移,而表示对应时间点上的值的向量不变。

离散时间信号的反转,则可看作是将表示时间的向量和表示对应时间点上的值的向量以零点为基准点,以纵轴为对称轴反折,向量的反折可以利用 MATLAB 的 fliplr 函数实现。

例 8-4 已知 $x(n)=\{-1,\underset{\uparrow}{0},1,2\}$,求 $x_1(n)=x(n-2)$。

解:MATLAB 实现方法如下:

```
>>n = -1:2;
>>x = -1:2;
>>n1 = n + 2;    % 时间向量平移
>>subplot(121);
>>stem(n,x,'filled');
>>xlabel('n');
>>title('x(n)');
>>subplot(122);
>>stem(n1,x,'filled');
>>xlabel('n');
>>title('x(n-2)');
```

结果如图 8-9 所示。

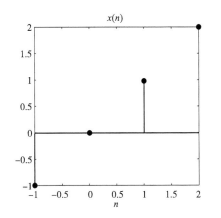
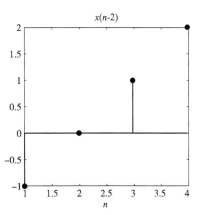

图 8-9　信号移位示例

例 8-5　已知 $x(n)=\{-1,\overset{\uparrow}{0},1,2\}$，求 $x_1(n)=x(-n)$。

解：MATLAB 实现方法如下：
```
>>n = -1:2;
>>x = -1:2;
>>n1 = - fliplr(n);
>>x1 = fliplr(x);
>>subplot(121);
>>stem(n,x,'filled');
>>xlabel('n');
>>title('x(n)');
>>subplot(122);
>>stem(n1,x1,'filled');
>>xlabel('n');
>>title('x(-n)');
```
结果如图 8-10 所示。

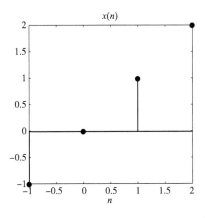
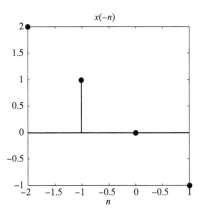

图 8-10　信号反转示例

三、实验内容

(1)利用 MATLAB 绘制下列连续时间信号波形：

① $x(t) = (1-e^{-0.5t})u(t)$

② $x(t) = \cos(\pi t)[u(t) - u(t-2)]$

③ $x(t) = \dfrac{|t|}{2}\cos(\pi t)[u(t+2) - u(t-2)]$

④ $x(t) = e^{-t}\sin(2\pi t)[u(t) - u(t-3)]$

(2)利用 MATLAB 绘制下列离散时间信号波形：

① $x(n) = u(n-3)$

② $x(n) = (-1/2)^n u(n)$

③ $x(n) = n[u(n) - u(n-5)]$

④ $x(n) = \sin(n\pi/2)u(n)$

(3)利用 MATLAB 生成并绘制连续周期矩形波信号，要求周期为 2，峰值为 3，显示 3 个周期的波形。

(4)已知如图 8-11 所示信号 $x_1(t)$，及信号 $x_2(t) = \sin(2\pi t)$，用 MATLAB 绘出下列信号的波形：

(1) $x_3(t) = x_1(t) + x_2(t)$

(2) $x_4(t) = x_1(t) \times x_2(t)$

(3) $x_5(t) = x_1(-t) + x_1(t)$

(4) $x_6(t) = x_2(t) \times x_3(t-1)$

(5)已知离散时间信号 $x(n)$ 波形如图 8-12 所示，用 MATLAB 绘出 $x(n)$、$x(-n)$、$x(n+2)$ 和 $x(n-2)$ 的波形。

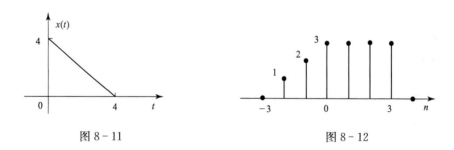

图 8-11　　　　　　　　图 8-12

(6)用 MATLAB 编程绘制下列信号的时域波形，观察信号是否为周期信号？若是周期信号，周期是多少？若不是周期信号，请说明原因。

① $x(t) = 1 + \cos\left(\dfrac{\pi}{4}t - \dfrac{\pi}{3}\right) + 2\cos\left(\dfrac{\pi}{2}t - \dfrac{\pi}{4}\right) + \cos(2\pi t)$

② $x(t) = \sin(t) + 2\sin(\pi t)$

③ $x(n) = 2 + 3\sin\left(\dfrac{2n\pi}{3} - \dfrac{\pi}{8}\right)$

④ $x(n) = \cos\left(\dfrac{n\pi}{6}\right) + \sin\left(\dfrac{n\pi}{3}\right) + \cos\left(\dfrac{n\pi}{2}\right)$

四、实验报告要求

①简述实验目的和实验原理。
②列出完成各项实验内容所编写的程序代码并给出实验结果,程序代码中在必要的地方应加上注释,必要时应对实验结果进行分析。
③总结实验中遇到的问题及解决方法,谈谈你的收获和体会。

实验 2 LTI 系统的时域分析
（基础型实验）

一、实验目的

①掌握利用 MATLAB 对系统进行时域分析的方法。
②掌握连续时间系统零状态响应、冲激响应和阶跃响应的求解方法。
③掌握求解离散时间系统响应、单位抽样响应的方法。
④加深对卷积积分和卷积和的理解。掌握利用计算机进行卷积积分和卷积和计算的方法。

二、实验原理与方法

1. 连续时间系统时域分析的 MATLAB 实现
1) 连续时间系统的 MATLAB 表示
LTI 连续系统通常可以由系统微分方程描述,设描述系统的微分方程为:
$$a_N y^{(N)}(t) + a_{N-1} y^{(N-1)}(t) \cdots + a_0 y(t) = b_M x^{(N)}(t) + b_{M-1} x^{(M-1)}(t) \cdots + b_0 x(t) \quad (8-2)$$
则在 MATLAB 里,可以建立系统模型如下:
$b = [b_M, b_{M-1}, \cdots, b_0]$;
$a = [a_N, a_{N-1}, \cdots, a_0]$;
sys=tf(b,a);
其中,tf 是用于创建系统模型的函数,向量 a 与 b 的元素是以微分方程求导的降幂次序来排列的,如果有缺项,应用 0 补齐,例如由微分方程
$$2y''(t) + y'(t) + 3y(t) = x(t)$$
描述的系统可以表示为:
>>b = [1];
>>a = [2 1 3];
>>sys = tf(b,a);
而微分方程由
$$y''(t) + y'(t) + y(t) = x''(t) - x(t)$$
描述的系统则要表示成
>>b = [1 0 - 1];

```
>>a = [1 1 1];
>>sys = tf(b,a);
```

2)连续时间系统的零状态响应

零状态响应指系统的初始状态为零,仅由输入信号所引起的响应。MATLAB 提供了一个用于求解零状态响应的函数 lism,其调用格式如下:

lsim(sys,x,t)绘出输入信号及响应的波形,x 和 t 表示输入信号数值向量及其时间向量。

y=lsim(sys,x,t)这种调用格式不绘出波形,而是返回响应的数值向量。

例 8-6 绘出由微分方程 $y''(t)+2y'(t)+2y(t)=2x'(t)+x(t)$ 描述的连续系统,对输入信号 $x(t)=e^{-2t}u(t)$ 的零状态响应波形。

解:这里通过 MATLAB 的 lsim 函数解决该问题,代码如下:

```
>>b = [2 1];
>>a = [1 2 2];
>>sys = tf(b,a);                    % 创建系统模型
>>t = 0:0.01:10; x = exp(-2*t);     % 输入信号
>>lsim(sys,x,t);                    % 绘制零状态响应波形
```

执行上述命令绘制的零状态响应时域波形图如图 8-13 所示。

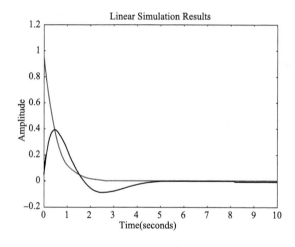

图 8-13 零状态响应时域波形

3)连续时间系统的冲激响应与阶跃响应

MATLAB 提供了函数 impulse 来求指定时间范围内,由模型 sys 描述的连续时间系统的单位冲激响应。impulse 函数的基本调用格式如下:

impulse(sys)在默认的时间范围内绘出系统冲激响应的时域波形。

impulse(sys,T)绘出系统在 0~T 范围内冲激响应的时域波形。

impulse(sys,ts:tp:te)绘出系统在 ts~te 范围内,以 tp 为时间间隔取样的冲激响应波形。

[y,t]=impulse(…)该调用格式不绘出冲激响应波形,而是返回冲激响应的数值向量及其对应的时间向量。

函数 step 用于求解单位阶跃响应,函数 step 同样也有如下几种调用格式:

```
step(sys)
step(sys,T)
step(sys,ts:tp:te)
[y,t] = step(…)
```
各种调用格式参数所代表的意思可参考上述 impulse 函数。

例 8 - 7 绘出例 8 - 6 微分方程所描述连续系统的冲激响应波形。

解：利用 MATLAB 的 impulse 函数可以绘出系统的冲激响应波形，具体代码如下：
```
>>b=[2 1];
>>a=[1 2 2];
>>sys = tf(b,a);        % 创建系统模型
>>subplot(121);
>>impulse(sys);         % 绘制冲激响应波形
>>subplot(122);
>>step(sys);            % 绘制阶跃响应波形
```
执行上述命令绘制的波形如图 8 - 14 所示。

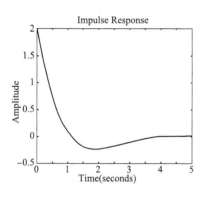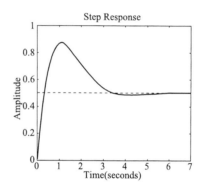

图 8 - 14 系统的冲激响应和阶跃响应时域波形

2. 离散时间系统时域分析的 MATLAB 实现

1）离散时间系统的 MATLAB 表示

LTI 离散系统通常可以由系统差分方程描述，设描述系统的差分方程为：

$$a_0y(n)+a_1y(n-1)+\cdots+a_Ny(n-M)=b_0x(n)+b_1x(n-1)+\cdots+b_Mx(n-N) \quad (8-3)$$

则在 MATLAB 里，我们可以用如下两个向量来表示这个系统：

$b=[b_0,b_1,\cdots,b_M]$；

$a=[a_0,a_1,\cdots,a_N]$；

2）离散时间系统对任意输入的响应

MATLAB 提供了求 LTI 离散系统响应的专用函数 filter，该函数用于求取由差分方程所描述的离散时间系统在指定时间范围内对输入序列所产生的响应，该函数基本调用格式为

$$y = filter(b,a,x)$$

其中，x 为输入序列，y 为输出序列，输出序列 y 对应的时间区间与 x 对应的时间区间相同。

例 8-8 已知描述离散系统的差分方程为

$$6y(n)+5y(n-1)+2y(n-2)=x(n)+x(n-2)$$

且该系统的输入序列为

$$x(n)=\left(\frac{3}{4}\right)^n u(n)$$

试用 MATLAB 绘出输入序列 $x(n)$ 的时域波形,求出系统响应 $y(n)$ 在 0~20 时间点上的值,并绘出系统响应的时域波形。

解:这个问题可以调用 filter 函数来实现,实现上述过程的 MATLAB 代码如下:

```
% Eg_8_8.m
b=[1 0 1];
a=[6 5 2];                %创建系统模型
n=0:20;
x=(3/4).^n;               %输入序列
disp('输出序列 0~20 时间点上的值如下:')
y=filter(b,a,x)           %计算输出序列
subplot(121);
stem(n,x,'filled');       %绘制输入序列波形
xlabel('n');
title('x(n)');
subplot(122);
stem(n,y,'filled');       %绘制输出序列波形
xlabel('n');
title('y(n)');
```

运行上述代码,在命令窗口中将显示输出序列 0~20 时间点上的值如下:

y =

  Columns 1 through 9

  0.1667 -0.0139 0.2164 0.0196 0.0580 0.0550 0.0172 0.0291 0.0163

  Columns 10 through 18

  0.0114 0.0111 0.0065 0.0056 0.0042 0.0029 0.0024 0.0017 0.0013

  Columns 19 through 21

  0.0010 0.0007 0.0005

绘出的系统输入及输出序列时域波形如图 8-15 所示。

3)离散时间系统的单位抽样响应

MATLAB 提供了函数 impz 来求指定时间范围内,由向量 b 和 a 描述的离散时间系统的单位抽样响应,具体调用格式如下:

impz(b,a)在默认的时间范围内绘出系统单位抽样响应的时域波形。

impz(b,a,N)绘出系统在 0~N 范围单位抽样响应的时域波形。

impz(b,a,ns:ne)绘出系统在 ns~ne 范围的单位抽样响应波形。

[y,t]=impz(…)该调用格式不绘出单位抽样响应波形,而是返回单位抽样响应的数值向量及其对应的时间向量。

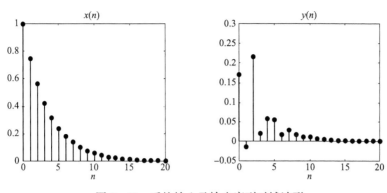

图 8-15 系统输入及输出序列时域波形

例 8-9 已知描述离散系统的差分方程为
$$y(n)+3y(n-1)+2y(n-2)=x(n)$$
试用 MATLAB 绘出系统单位抽样响应在 0~10 的时域波形。

解:利用 impz 函数来实现,实现上述过程的 MATLAB 代码如下:
```
>>b=[1];
>>a=[1 3 2];
>>impz(b,a,0:10);
```
代码运行结果如图 8-16 所示。

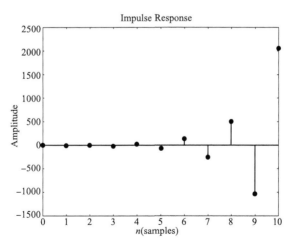

图 8-16 系统的单位抽样响应

3. 卷积和与卷积积分

1) 离散时间序列的卷积和

卷积和是离散系统时域分析的基本方法之一,离散时间序列 $x_1(n)$ 和 $x_2(n)$ 的卷积和 $x(n)$ 定义如下:

$$x(n)=x_1(n)*x_2(n)=\sum_{k=-\infty}^{+\infty}x_1(k)x_2(n-k) \tag{8-4}$$

对已离散 LTI 系统,设其输入信号为 $x(n)$,单位抽样响应为 $h(n)$,则其零状态响应

$y(n)$为

$$y(n) = x(n) * h(n) \tag{8-5}$$

即离散 LTI 系统的零状态响应可以表示成输入信号 $x(n)$ 和单位抽样响应 $h(n)$ 的卷积。因此,离散时间序列的卷积和计算对我们进行离散系统时域分析具有重要的意义。

MATLAB 的 conv 函数可以用来求两个离散序列的卷积和,调用格式为 x=conv(x1,x2)。例如:

```
>>x1 = ones(1,3);
>>x2 = [1 2 3 4];
>>x = conv(x1,x2)
x =
    1    3    6    9    7    4
```

然而,我们不难发现,此例中序列 $x1$、$x2$、x 都没有时间信息,而实际上我们要考察的信号不仅需要知道各时刻的取值,还需要知道其对应的时间序列。因此,我们还需要根据序列 $x1$、$x2$ 对应的时间序列确定卷积结果 x 对应的时间序列。

设 $x1$、$x2$ 为两个在有限时间区间内非零的离散时间序列,即序列 $x1$ 在区间 $n1\sim n2$ 内非零,序列 $x2$ 在区间 $m1\sim m2$ 内非零,则序列 $x1$ 的时域宽度为 $L1=n2-n1+1$,序列 $x2$ 的时域宽度为 $L2=m2-m1+1$。由卷积和的定义可知,卷积和序列 x 的时域宽度为 $L=L1+L2-1$,且只在区间 $(n1+m1)\sim(n1+m1)+(L1+L2-2)$ 非零。

2) 连续时间信号的卷积积分

卷积积分是连续系统时域分析的有效方法和工具之一,连续时间信号 $x_1(t)$ 和 $x_2(t)$ 的卷积积分 $x(t)$ 定义如下

$$x(t) = x_1(t) * x_2(t) = \int_{-\infty}^{+\infty} x_1(\tau) x_2(t-\tau) d\tau \tag{8-6}$$

对于连续 LTI 系统,设其输入信号为 $x(t)$,单位冲激响应为 $h(t)$,其零状态响应为 $y(t)$,则有

$$y(t) = x(t) * h(t) \tag{8-7}$$

即连续 LTI 系统的零状态响应可以表示成输入信号和单位冲激响应的卷积。因此,连续时间信号卷积积分对连续系统的时域分析具有非常重要的意义。

利用 MATLAB 可以采用数值计算的方法近似计算卷积积分。卷积积分可用求和运算来实现

$$x(t) = x_1(t) * x_2(t) = \int_{-\infty}^{+\infty} x_1(\tau) x_2(t-\tau) d\tau = \lim_{\Delta \to 0} \sum_{k=-\infty}^{+\infty} x_1(k\Delta) x_2(t-k\Delta) \cdot \Delta \tag{8-8}$$

现在考虑只求 $t=n\Delta$ 时 $x(t)$ 的值 $x(n\Delta)$,则由式(8-8)可得

$$x(n\Delta) = \Delta \cdot \sum_{k=-\infty}^{+\infty} x_1(k\Delta) x_2((n-k)\Delta) \tag{8-9}$$

当 Δ 足够小,$x(n\Delta)$ 就是 $x(t)$ 的数值近似。我们可以利用计算离散序列卷积和的 conv 函数来计算卷积积分,具体步骤如下:

① 将连续时间信号 $x_1(t)$ 和 $x_2(t)$ 以时间间隔 Δ 进行取样,得到离散序列 $x_1(n\Delta)$ 和 $x_2(n\Delta)$;

② 构造离散序列 $x_1(t)$ 和 $x_2(t)$ 对应的时间向量 t_1 和 t_2;

③调用函数 conv 计算卷积积分在 $t=n\Delta$ 时的近似采样值 $x(n\Delta)$；
④构造离散序列 $x(n\Delta)$ 对应的时间向量 n。

根据上述过程可以自定义一个用于计算卷积积分的通用函数 sconv,函数源代码如下：

```
function [x,t] = sconv(x1,x2,t1,t2,dt)
% 计算连续信号卷积积分 x(t) = x1(t) * x2(t)
% ——数值方法——
% x:卷积积分 x(t)对应的非零样值向量
% t：f(t)的对应时间向量
% x1：x1(t)非零样值向量
% x2：x2(t)的非零样值向量
% t1：x1(t)的对应时间向量
% t2：x2(t)的对应时间向量
% dt：取样时间间隔
%
x = conv(x1,x2);                    % 计算序列 x1 与 x2 的卷积和 x
x = x * dt;
t0 = t1(1) + t2(1);                 % 计算序列 x 非零样值的起点位置
l = length(x1) + length(x2) - 2;    % 计算卷积和 f 的非零样值的宽度
t = t0:dt:(t0 + l * dt);            % 确定卷积和 x 非零样值的时间向量
```

下面我们通过一个例子来说明这个函数的使用方法。

例 8-10　已知两个连续时间信号如图 8-17 所示,绘出这两个信号卷积的图形。

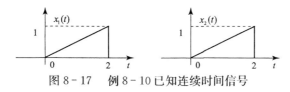

图 8-17　例 8-10 已知连续时间信号

解：绘制上述两个信号卷积的图形的 MATLAB 代码如下：

```
%Eg_8_10.m
dt = 0.01;
t1 = 0:dt:2;
x1 = 0.5 * t1;
x2 = x1;t2 = t1;
subplot(321);
plot(t1,x1);
xlabel('t(s)');title('x_1(t)');
subplot(322);
plot(t2,x2);
xlabel('t(s)');title('x_2(t)');
[x,t] = sconv(x1,x2,t1,t2,dt);      % 调用自定义函数 sconv 计算卷积积分
subplot(312);
```

```
plot(t,x); xlabel('t(s)');
title('x(t) = x_1(t) * x_2(t)        \Deltat = 0.01');
%改变采样间隔,再次计算
dt = 0.5;
t1 = 0:dt:2;
x1 = 0.5 * t1;
x2 = x1;t2 = t1;
[x,t] = sconv(x1,x2,t1,t2,dt);        %调用自定义函数 sconv 计算卷积积分
subplot(313);
plot(t,x);
xlabel('t(s)');title('x(t) = x_1(t) * x_2(t)        \Deltat = 0.5');
```

代码运行结果如图 8-18 所示。可见利用 sconv 函数计算连续时间信号的卷积积分的效果取决于信号采样时间间隔的大小,当采样间隔足够小时,计算结果才是连续时间信号卷积积分的较好近似。

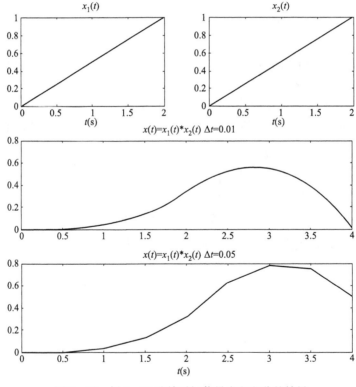

图 8-18　例 8-10 连续时间信号卷积积分的结果

三、实验内容

(1) 已知描述模拟低通、高通、带通和带阻滤波器的微分方程如下,试采用 MATLAB 绘出各系统的单位冲激响应和单位阶跃响应波形。

① $y''(t) + \sqrt{2}y'(t) + y(t) = x(t)$

② $y''(t)+\sqrt{2}y'(t)+y(t)=x''(t)$
③ $y''(t)+y'(t)+y(t)=x'(t)$
③ $y''(t)+y'(t)+y(t)=x''(t)+x(t)$

(2) 已知某系统可以由如下微分方程描述
$$y''(t)+y'(t)+6y(t)=x(t)$$
① 请利用 MATLAB 绘出该系统冲激响应和阶跃响应的时域波形;
② 根据冲激响应的时域波形分析系统的稳定性;
③ 如果系统的输入为 $x(t)=\mathrm{e}^{-t}u(t)$,求系统的零状态响应。

(3) 已知描述离散系统的微分方程如下,试采用 MATLAB 绘出各系统的单位抽样响应,并根据单位抽样响应的时域波形分析系统的稳定性。
① $y(n)+3y(n-1)+2y(n-2)=x(n)$
② $y(n)-0.5y(n-1)+0.8y(n-2)=x(n)-3x(n-1)$

(4) 已知系统可以由如下差分方程描述
$$y(n)+y(n-1)+0.25y(n-2)=x(n)$$
试采用 MATLAB 绘出该系统的单位抽样响应波形和单位阶跃响应波形。

(5) 采用 MATLAB 计算如下两个序列的卷积,并绘出图形
$x_1(n)=\{1,\overset{\uparrow}{2},1,1\}$ $\qquad x_2(n)=\begin{cases}1,&-2\leqslant n\leqslant 2\\0,&\text{其他}\end{cases}$

(6) 已知某 LTI 离散系统,其单位抽样响应 $h(n)=\sin(0.5n),n\geqslant 0$,系统的输入为 $x(n)=\sin(0.2n),n\geqslant 0$,计算当 $n=0,1,2,\cdots,40$ 时系统的零状态响应 $y(n)$,绘出 $x(n),h(n)$ 和 $y(n)$ 时域波形。

(7) 已知两个连续时间信号如图 8-19 所示,试采用 MATLAB 求这两个信号的卷积。

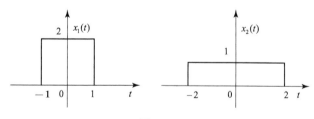

图 8-19

四、实验报告要求

① 简述实验目的和实验原理。
② 列出完成各项实验内容所编写的程序代码并给出实验结果,程序代码中在必要的地方应加上注释,必要时应对实验结果进行分析。
③ 总结实验中遇到的问题及解决方法,谈谈你的收获和体会。

实验 3　信号的频域分析

（综合型实验）

一、实验目的

① 深入理解信号频谱的概念，掌握信号的频域分析方法。
② 观察典型周期信号和非周期信号的频谱，掌握其频谱特性。

二、实验原理与方法

1. 连续周期信号的频谱分析

如果周期信号满足狄里赫利(Dirichlet)条件，就可以展开为傅里叶级数的形式，即

$$x(t) = \sum_{k=-\infty}^{+\infty} c_k e^{jk\omega_0 t} \tag{8-10}$$

$$c_k = \frac{1}{T_0} \int_{T_0} x(t) e^{-jk\omega_0 t} dt \tag{8-11}$$

式中，T_0 表示基波周期，$\omega_0 = 2\pi/T_0$ 为基波频率，$\int_{T_0} (\cdot)$ 表示任一个基波周期内的积分。

式(8-10)和式(8-11)定义为周期信号复指数形式的傅里叶级数，系数 c_k 称为 $x(t)$ 的傅里叶系数。周期信号的傅里叶级数还可以由三角函数的线性组合来表示，即

$$x(t) = a_0 + \sum_{k=1}^{+\infty} a_k \cos k\omega_0 t + \sum_{k=1}^{+\infty} b_k \sin k\omega_0 t \tag{8-12}$$

其中

$$a_0 = \frac{1}{T_0}\int_{T_0} x(t)dt, \quad a_k = \frac{2}{T_0}\int_{T_0} x(t)\cos k\omega_0 t\, dt, \quad b_k = \frac{2}{T_0}\int_{T_0} x(t)\sin k\omega_0 t\, dt \tag{8-13}$$

式(8-12)中同频率的正弦项和余弦项可以合并，从而得到三角函数形式的傅里叶级数，即

$$x(t) = A_0 + \sum_{k=1}^{+\infty} A_k \cos(k\omega_0 t + \theta_k) \tag{8-14}$$

其中

$$A_0 = a_0, \quad A_k = \sqrt{a_k^2 + b_k^2}, \quad \theta_k = -\arctan\frac{b_k}{a_k} \tag{8-15}$$

可见，任何满足狄里赫利条件的周期信号都可以表示成一组谐波关系的复指数函数或三角函数的叠加。一般来说周期信号表示为傅里叶级数时需要无限多项才能完全逼近原信号，但在实际应用中经常采用有限项级数来替代，所选项数越多就越逼近原信号。

例 8-11　周期矩形波如图 8-20 所示，求出该信号的傅里叶级数，并采用 MATLAB 实现其各次谐波叠加。

解： 根据式(8-12)和式(8-13)可以求得

$$a_k = 0, \quad b_k = \begin{cases} \dfrac{4}{k\pi}, & k\text{ 为奇数} \\ 0, & k\text{ 为偶数} \end{cases}$$

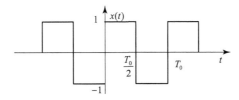

图 8-20 周期矩形波信号

因此,信号 $x(t)$ 的傅里叶级数为

$$x(t) = \frac{4}{\pi}\left(\sin\omega_0 t + \frac{1}{3}\sin 3\omega_0 t + \frac{1}{5}\sin 5\omega_0 t + \cdots\right)$$

利用 MATLAB 可以形象的观察前 N 次谐波合成信号的近似波形,具体程序代码如下:

```
%Eg_8_11.m
t = -1.5:0.01:1.5;
N = input('N = ');              % 从键盘输入 N 的取值
x = zeros(size(t));             % 初始化 x 变量
for n = 1:2:N
    x = x + (4/(pi * n)) * sin(2 * pi * n * t);
end
plot(t,x);
xlabel('Time(sec)');
title(['N = ' num2str(N)]);
```

图 8-21 分别画出了 $N=7$ 和 $N=28$ 时的波形,这里取 $T_0=1$,可见傅里叶级数所取的的项数越多,合成的波形越接近于原来的矩形波信号。

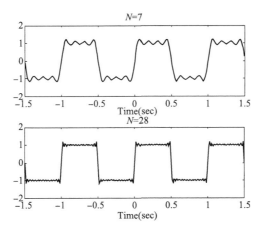

图 8-21 前 N 次谐波合成的近似波形

如上所述,周期信号可以表示为如式(8-10)或式(8-14)所示的傅里叶级数形式,我们将各次谐波的幅度 A_k 和相位 θ_k 或 c_k 的幅度 $|c_k|$ 和相位 $\arg c_k$ 随频率变化的规律画出来,这就是频谱图。

例 8-12 利用 MATLAB 画出如图 8-22 所示的周期三角波信号的频谱。

解:根据式(8-11)可以计算出,该周期三角波信号的傅里叶系数为:

$$c_k = \begin{cases} \dfrac{-4j}{k^2\pi^2}\sin\left(\dfrac{k\pi}{2}\right), & k\neq 0 \\ 0, & k=0 \end{cases}$$

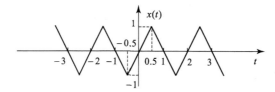

图 8-22 周期三角波信号

则画出该信号频谱的 MATLAB 代码如下：

```
%Eg_8_12.m
N = 10;
%计算n从-N到-1的傅里叶系数
n1 = -N:-1;
c1 = -4*j*sin(n1*pi/2)/pi^2./n1.^2;
%计算n=0时的傅里叶系数
c0 = 0;
%计算n从1到N的傅里叶系数
n2 = 1:N;
c2 = -4*j*sin(n2*pi/2)/pi^2./n2.^2;
cn = [c1 c0 c2];
n = -N:N;
subplot(211);
stem(n,abs(cn),'filled');
xlabel('\omega/\omega_0');
title('Magnitude of ck');
subplot(212);
stem(n,angle(cn),'filled');
xlabel('\omega/\omega_0');
title('Phase of ck');
```

以上程序运行结果如图 8-23 所示。

2. 连续非周期信号的频谱分析

对于非周期连续时间信号，信号的傅里叶变换和傅里叶逆变换定义为

$$X(\omega) = \int_{-\infty}^{+\infty} x(t)e^{-j\omega t}dt \tag{8-16}$$

$$x(t) = \frac{1}{2\pi}\int_{-\infty}^{+\infty} X(\omega)e^{j\omega t}d\omega \tag{8-17}$$

式(8-16)和式(8-17)把信号的时域特性和频域特性联系起来，确立了非周期信号 $x(t)$ 和频谱 $X(\omega)$ 之间的关系。

采用 MATLAB 可以方便地求取非周期连续时间信号的傅里叶变换，这里我们介绍常用

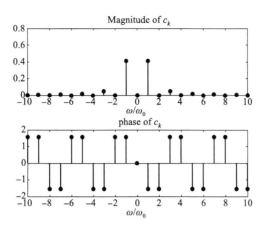

图 8-23 周期三角波信号的频谱

的几种方法。

1) 符号运算法

MATLAB 的符号数学工具箱提供了直接求解傅里叶变换和反变换的函数，fourier 函数和 ifourier 函数，基本调用格式为

$$X=\text{fourier}(x)$$
$$x=\text{ifourier}(X)$$

默认的时域变量为 t，频域变量为 ω。

例如求 $x(t) = \mathrm{e}^{-2|t|}$ 的傅里叶变换，MATLAB 代码和运行结果如下：

```
>>syms t
>>x = exp(-2*abs(t));
>>X = fourier(x)
X =
4/(w^2 + 4)
```

因此，傅里叶变换的结果为

$$X(\omega) = \frac{4}{4+\omega^2}$$

也可以利用 int 函数直接根据式(8-16)求解傅里叶变换，我们以三角波为例来学习这种方法。

例 8-13 利用 MATLAB 的符号运算方法计算如下三角波信号的频谱

$$x(t) = \begin{cases} 1-|t|, & |t| \leqslant 1 \\ 0, & |t| > 1 \end{cases}$$

解：可由如下命令计算傅里叶变换：

```
%Eg_8_13.m
syms t w
X = int((1-abs(t))*exp(-j*w*t),t,-1,1);
ezplot(abs(X),[-6*pi,6*pi]);
grid on;
```

```
xlabel('\omega');
ylabel('Magnitude');
title('|X(\omega)|');
```
程序运行结果如图 8-24 所示。

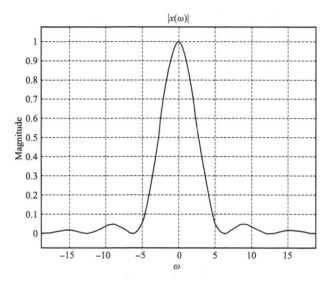

图 8-24 符号运算法计算三角波信号频谱

2)数值积分法

除了采用符号运算的方法外,我们还可以利用 MATLAB 的 quad 函数,采用数值积分的方法来进行连续信号的频谱分析。quad 函数是一个用来计算数值积分的函数。利用 quad 函数可以计算非周期连续时间信号的频谱。quad 函数的一般调用格式为:

y = quad(fun,a,b)

y = quad(fun,a,b,TOL,TRACE,p1,p2,…)

其中 fun 指定被积函数,可以采用 inline 命令来创建,也可以通过传递函数句柄的形式来指定,a、b 表示定积分的下限和上限,TOL 表示允许的相对或绝对积分误差,TRACE 表示以被积函数的点绘图形式来跟踪该函数的返回值,如果 TOL 和 TRACE 为空矩阵,则使用缺省值,"p1,p2,…"表示被积函数除时间 t 之外所需的其他额外输入参数。

我们通过一个例子来学习 quad 函数的使用方法。

例 8-14 求 $f(x) = 1/(x^3 - 2x - 5)$ 在 0~2 的积分。

解:我们可以使用 inline 命令来创建被积函数然后计算积分,MATLAB 代码及运行结果如下:

```
>>f = inline('1./(x.^3-2*x-5)');
>>F = quad(f,0,2)
F =
    -0.4605
```

我们还可以通过传递函数句柄的形式来指定被积函数,调用格式如下:

F = quad(@myfun,0,2)

其中@表示取函数句柄,myfun 指根据被积函数编写的 MATLAB 函数,例如本例中可以将被积函数写成一个函数：
function y = myfun(x)
y = 1./(x.^3 - 2 * x - 5);

将该函数保存到 myfun.m 文件中,然后调用如下命令：
>>F = quad(@myfun,0,2)
F =
 - 0.4605

两种方法计算的结果一样。

利用 MATLAB 的 quad 函数,我们可以根据式(8 - 16)采用数值积分的方法来近似计算连续时间傅里叶变换。

例 8 - 15 利用 MATLAB 的数值积的方法近似计算例 8 - 13 中三角波信号的频谱。

解：为了利用 quad 函数计算频谱,先定义如下被积函数：
function y = sf(t,w)
y = (abs(t)<=1).*(1 - abs(t)).*exp(-j*w*t);

该函数表示被积函数,该函数保存在 sf.m 文件中。接下来我们计算被积函数的积分,即可得到该三角波信号频谱的近似数值解。

计算三角波信号频谱近似数值解的 MATLAB 程序如下：

```
% Eg_8_15.m
w = linspace(-6*pi,6*pi,512);    % 对频率轴取样
N = length(w);
X = zeros(1,N);                   % 初始化频谱序列
% 每个频率取样点上对被积函数积分
for k = 1:N
    X(k) = quad(@sf,-1,1,[],[],w(k));
end
plot(w,abs(X));
grid on;
xlabel('\omega');
ylabel('Magnitude');
title('|X(\omega)|');
```

程序运行结果如图 8 - 25 所示,与例 8 - 13 的计算结果一致。

3) 数值近似法

我们还可以利用 MATLAB 的数值计算的方法近似计算连续时间傅里叶变换。傅里叶变换 $X(\omega)$ 可以由式(8 - 18)近似计算

$$X(\omega) = \int_{-\infty}^{+\infty} x(t) e^{-j\omega t} dt = \lim_{\Delta \to 0} \sum_{k=-\infty}^{+\infty} x(k\Delta) e^{-j\omega k\Delta} \Delta \qquad (8-18)$$

当 $x(t)$ 为时限信号,且 Δ 足够小,式(8 - 18)可以演变为

$$X(\omega) = \Delta \sum_{k=a}^{b} x(k\Delta) e^{-jk\omega\Delta} \qquad (8-19)$$

而式(8 - 19)中求和部分又可以表示成一个行向量和一个列向量的乘积

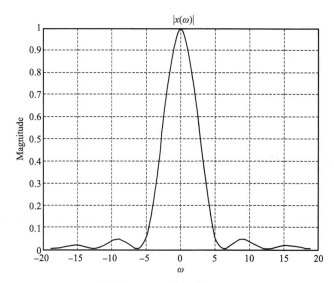

图 8-25 数值积分法近似计算三角波信号频谱

$$\sum_{k=a}^{b} x(k\Delta) e^{-jk\omega\Delta} = [x(a\Delta), x((a+1)\Delta), \cdots, x(b\Delta)] \cdot \begin{bmatrix} e^{-j\cdot a\Delta\cdot\omega} \\ e^{-j\cdot(a+1\Delta)\cdot\omega} \\ \vdots \\ e^{-j\cdot b\Delta\cdot\omega} \end{bmatrix} \quad (8-20)$$

式(8-20)可以很方便地利用 MATLAB 实现。

例 8-16 利用 MATLAB 的数值近似方法计算例 8-13 中三角波信号的频谱。

解:根据上述介绍的方法,可以采用如下 MATLAB 代码计算三角波信号的频谱:

```
% Eg_8_16.m
% 对频率轴取样
w = linspace(-6*pi,6*pi,512);
% 对信号取样
dt = 0.001;
t = -1:dt:1;
x = 1 - abs(t);

% 计算傅里叶变换
X = x * exp(-j*t'*w) * dt;
plot(w,abs(X)); grid on;
xlabel('\omega');
ylabel('Magnitude');
title('|X(\omega)|');
```

程序运行结果如图 8-26 所示,与例 8-13、例 8-15 的计算结果一致。

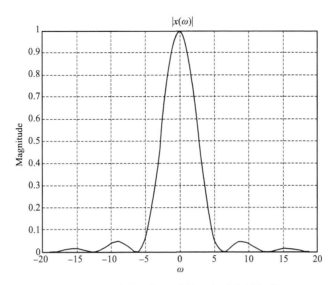

图 8-26 数值近似法计算三角波信号频谱

3. 离散周期时间信号的频域分析

基波周期为 N 的周期序列 $x(n)$ 可以用 N 个成谐波关系的复指数序列的加权和表示,即

$$x(n) = \sum_{k=<N>} c_k e^{jk(2\pi/N)n} \tag{8-21}$$

这里 $k=<N>$ 表示求和仅需包括一个周期内的 N 项,周期序列在一个周期内的求和与起点无关。将周期序列表示成式(8-21)的形式,称为离散傅里叶级数,而系数 c_k 则称为离散傅里叶系数。离散傅里叶系数 c_k 可以由式(8-22)确定。

$$c_k = \frac{1}{N} \sum_{k=<N>} x(n) e^{-jk(2\pi/N)n} \tag{8-22}$$

傅里叶系数 c_k 也称为 $x(n)$ 的频谱系数,而且可以证明 c_k 是以 N 为周期的离散频率序列。这说明了周期的离散时间函数对应于频域为周期的离散频率。

这里,我们用周期 N 与傅里叶系数 c_k 的乘积来表示周期离散时间信号的频谱,即

$$X(k) = N \cdot c_k = \sum_{k=<N>} x(n) e^{-jk(2\pi/N)n} \tag{8-23}$$

$X(k)$ 可以利用 MATLAB 提供的函数 fft 用来计算,调用格式为

$$X = \text{fft}(x)$$

该函数返回 $X(k)$ 一个周期内的值,其中 x 表示 $x(n)$ 一个周期内的样本值。

例 8-17 求周期序列 $x(n) = \cos(n\pi/6)$ 的频谱。

解:该信号基波周期为 12,可在 $0 \leqslant k \leqslant 11$ 一个周期内进行计算,实现代码如下:

```
%Eg_8_17.m
n = 0:11;
x = cos(pi * n/6);
%使用 fft 函数计算频谱一个周期的值
X = fft(x);
subplot(211);
stem(n,x,'filled');
```

```
xlabel('n');
title('x(n)');
subplot(212);
stem(n,X,'filled');
xlabel('k');
title('X(k)');
```

运行结果如图 8-27 所示,图中分别绘制了 $x(n)$ 和 $X(k)$ 一个周期内的波形。

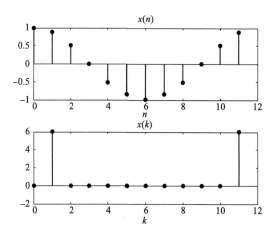

图 8-27 周期余弦序列及其频谱(一个周期内的波形)

4. 离散非周期时间信号的频域分析

非周期序列 $x(n)$ 可以表示成一组复指数序列的连续和

$$x(n) = \frac{1}{2\pi}\int_{2\pi} X(e^{j\Omega})e^{j\Omega n} d\Omega \quad (8-24)$$

其中

$$X(e^{j\Omega}) = \sum_{n=-\infty}^{+\infty} x(n)e^{-j\Omega n} \quad (8-25)$$

式(8-25)称为 $x(n)$ 的离散时间傅里叶变换,式(8-24)和式(8-25)确立了非周期离散时间信号 $x(n)$ 及其离散时间傅里叶变换 $X(e^{j\Omega})$ 之间的关系。$X(e^{j\Omega})$ 是连续频率 Ω 的函数,称为频谱函数,且 $X(e^{j\Omega})$ 是周期的连续频率函数,其周期为 2π。可见,非周期离散时间函数对应于频域中是一个连续的周期的频率函数。

对于有限长的离散时间序列,式(8-25)可以表示为

$$X(e^{j\Omega}) = \sum_{n=n_1}^{n_N} x(n)e^{-j\Omega n} = [x(n_1), x(n_2), \cdots, x(n_N)] \cdot \begin{bmatrix} e^{-jn_1\Omega} \\ e^{-jn_2\Omega} \\ \vdots \\ e^{-jn_N\Omega} \end{bmatrix} \quad (8-26)$$

式(8-26)可以方便地利用 MATLAB 实现。

例 8-18 用 MATLAB 分析图 8-28 所示矩形序列的频谱。

解:根据式(8-26),该矩形序列的频谱可以采用如下 MATLAB 代码实现:

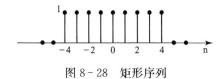

图 8-28 矩形序列

```
%Eg_8_18.m
w = -pi:0.01*pi:pi;      %对频率轴取样
n = -4:4;
x = ones(size(n));
X = x*exp(-j*n'*w);      %计算频谱
subplot(211);
stem(n,x,'filled');
xlabel('n');
title('x(n)');
subplot(212);
plot(w/pi,abs(X));
xlabel('\Omega/\pi');
title('|X(e^j^\Omega)|');
```

代码运行结果如图 8-29 所示。

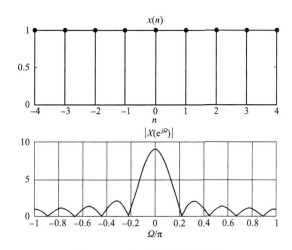

图 8-29 矩形序列及其频谱

三、实验内容

(1) 已知 $x(t)$ 是如图 8-30 所示的周期矩形脉冲信号。

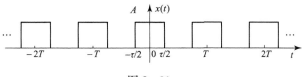

图 8-30

①计算该信号的傅里叶级数;

②利用 MATLAB 绘出由前 N 次谐波合成的信号波形,观察随着 N 的变化合成信号波形的变化规律;

③利用 MATLAB 绘出周期矩形脉冲信号的频谱,观察参数 T 和 τ 变化时对频谱波形的影响。

观察实验结果,思考如下问题:

Q1-1. 什么是吉伯斯现象?产生吉伯斯现象的原因是什么?

Q1-2. 以周期矩形脉冲信号为例,说明周期信号的频谱有什么特点。

Q1-3. 周期矩形脉冲信号的有效频带宽度与信号的时域宽度之间有什么关系?

Q1-4. 随着矩形脉冲信号参数 τ/T 的变化,其频谱结构(如频谱包络形状、过零点、谱线间隔等)如何变化?

(2)已知 $x(t)$ 是如图 8-31 所示的矩形脉冲信号。

①求该信号的傅里叶变换;

②利用 MATLAB 绘出矩形脉冲信号的频谱,观察矩形脉冲宽度 τ 变化时对频谱波形的影响;

③让矩形脉冲的面积始终等于 1,改变矩形脉冲宽度,观察矩形脉冲信号时域波形和频谱随矩形脉冲宽度的变化趋势。

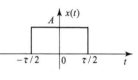

图 8-31

观察实验结果,思考如下问题:

Q2-1. 比较矩形脉冲信号和周期矩形脉冲信号的频谱,两者之间有何异同?

Q2-2. 根据矩形脉冲宽度 τ 变化时频谱的变化规律,说明信号的有效频带宽度与其时域宽度之间有什么关系。当脉冲宽度 $\tau \to 0$,脉冲的面积始终等于 1,其频谱有何特点?

(3)已知 $x(n)$ 是如图 8-32 所示的周期方波序列。

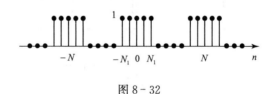

图 8-32

利用 MATLAB 绘制周期方波序列的频谱波形,改变参数 N 和 N_1 的大小,观察频谱波形的变化趋势。

观察实验结果,思考如下问题:

Q3-1. 以周期方波序列为例,说明周期序列与连续周期信号的频谱有何异同。

Q3-2. 随着周期方波序列占空比的变化,其频谱如何随之变化?

(4)已知一矩形脉冲序列。

$$x(n) = \begin{cases} 1, & |n| \leq N_1 \\ 0, & |n| > N_1 \end{cases}$$

利用 MATLAB 绘制周期方波序列的频谱波形,改变矩形脉冲序列的宽度,观察频谱波形的变化趋势。

观察实验结果,思考如下问题:

Q4-1. 随着矩形脉冲序列宽度的变化,其频谱如何随之变化?其宽度与频谱的有效频带宽度有何关系？

四、实验报告要求

① 简述实验目的和实验原理。
② 列出完成各项实验内容所编写的程序代码并给出实验结果，程序代码中在必要的地方应加上注释，必要时应对实验结果进行分析。
③ 总结实验中遇到的问题及解决方法，谈谈你的收获和体会。

实验 4 LTI 系统的频域分析
（综合型实验）

一、实验目的

① 加深对 LTI 系统频率响应基本概念的掌握和理解。
② 学习和掌握 LTI 系统频率特性的分析方法。

二、实验原理与方法

1. 连续时间系统的频率响应

系统的频率响应定义为系统单位冲激响应 $h(t)$ 的傅里叶变换，即

$$H(\omega) = \int_{-\infty}^{+\infty} h(\tau) e^{-j\omega\tau} d\tau \tag{8-27}$$

若 LTI 连续时间系统的单位冲激响应为 $h(t)$，输入信号为 $x(t)$，根据系统的时域分析可知系统的零状态响应为

$$y(t) = x(t) * h(t) \tag{8-28}$$

对式(8-28)等式两边分别求傅里叶变换，根据时域卷积定理得以得到

$$Y(\omega) = X(\omega) H(\omega) \tag{8-29}$$

因此，系统的频率响应还可以由系统的零状态响应和输入的傅里叶变换之比得到

$$H(\omega) = Y(\omega)/X(\omega) \tag{8-30}$$

$H(\omega)$ 反映了 LTI 连续时间系统对不同频率信号的响应特性，是系统内在固有的特性，与外部激励无关。$H(\omega)$ 又可以表示为

$$H(\omega) = |H(\omega)| e^{j\theta(\omega)} \tag{8-31}$$

其中 $|H(\omega)|$ 称为系统的幅度响应，$\theta(\omega)$ 称为系统的相位响应。

当虚指数信号 $e^{j\omega t}$ 作用于 LTI 系统时，系统的零状态响应 $y(t)$ 仍为同频率的虚指数信号，即

$$y(t) = e^{j\omega t} H(\omega) \tag{8-32}$$

由此还可以推导出正弦信号作用在系统上的响应如表 8-2 所示。

表 8-2 正弦信号作用与 LTI 系统的响应

输入信号	响应
$\sin(\omega_0 t + \varphi), -\infty \leqslant t \leqslant +\infty$	$|H(\omega_0)|\sin(\omega_0 t + \theta(\omega_0) + \varphi)$
$\cos(\omega_0 t + \varphi), -\infty \leqslant t \leqslant +\infty$	$|H(\omega_0)|\cos(\omega_0 t + \theta(\omega_0) + \varphi)$

对于由下述微分方程描述的 LTI 连续时间系统

$$\sum_{n=0}^{N} a_n y^{(n)}(t) = \sum_{m=0}^{M} b_m x^{(m)}(t) \tag{8-33}$$

其频率响应 $H(j\omega)$ 可以表示为式(8-34)所示的 $j\omega$ 的有理多项式。

$$H(\omega) = \frac{Y(\omega)}{X(\omega)} = \frac{b_M(j\omega)^M + b_{M-1}(j\omega)^{M-1} + \cdots + b_1 j\omega + b_0}{a_N(j\omega)^N + a_{N-1}(j\omega)^{N-1} + \cdots + a_1 j\omega + a_0} \tag{8-34}$$

MATLAB 的信号处理工具箱提供了专门的函数 freqs,用来分析连续时间系统的频率响应,该函数有下列几种调用格式:

[h,w]=freqs(b,a) 计算默认频率范围内 200 个频率点上的频率响应的取样值,这 200 个频率点记录在 w 中。

h=freqs(b,a,w) b、a 分别为表示 $H(j\omega)$ 的有理多项式中分子和分母多项式的系数向量,w 为频率取样点,返回值 h 就是频率响应在频率取样点上的数值向量。

[h,w]=freqs(b,a,n) 计算默认频率范围内 n 个频率点上的频率响应的取样值,这 n 个频率点记录在 w 中。

freqs(b,a,…) 这种调用格式不返回频率响应的取样值,而是以对数坐标的方式绘出系统的幅频响应和相频响应。

例 8-19 三阶归一化 Butterworth 低通滤波器的频率响应为

$$H(\omega) = \frac{1}{(j\omega)^3 + 2(j\omega)^2 + 2(j\omega) + 1}$$

利用 MATLAB 绘制该系统的频率响应特性曲线。

解:实现上述系统频域分析 MATLAB 程序如下:

```
%Eg_8_19.m
b=[1];
a=[1 2 2 1];
[H,w]=freqs(b,a);
subplot(211);
plot(w,abs(H));
set(gca,'xtick',[0:10]);              %指定 x 轴的显示刻度
set(gca,'ytick',[0 0.4 0.707 1]);     %指定 y 轴的显示刻度
xlabel('\omega(rad/s)');
ylabel('Magnitude');
title('|H(j\omega)|');
grid on;
subplot(212);
```

```
plot(w,angle(H));
set(gca,'xtick',[0:10]);
xlabel('\omega(rad/s)');
ylabel('Phase');
title('\phi(\omega)|);
grid on;
```
程序运行结果如图 8-33 所示。

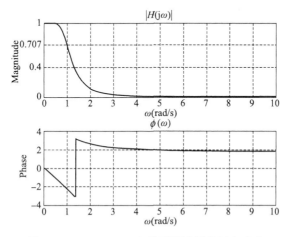

图 8-33 Butterworth 低通滤波器的频率响应

2. 离散时间系统的频率响应

LTI 离散时间系统的频率响应定义为单位抽样响应 $h(n)$ 的离散时间傅里叶变换。

$$H(e^{j\Omega}) = \sum_{n=-\infty}^{+\infty} h(n) e^{-j\Omega n} \tag{8-35}$$

对于任意的输入信号 $x(n)$,输入与输出信号的离散时间傅里叶变换有如下关系

$$Y(e^{j\Omega}) = H(e^{j\Omega}) X(e^{j\Omega}) \tag{8-36}$$

因此,系统的频率响应还可以表示为

$$H(e^{j\Omega}) = Y(e^{j\Omega})/X(e^{j\Omega}) \tag{8-37}$$

当系统输入信号为 $x(n) = e^{j\Omega n}$ 时,系统的输出

$$y(n) = e^{j\Omega n} * h(n) = \sum_{k=-\infty}^{+\infty} e^{j\Omega(n-k)} h(k) = e^{j\Omega n} H(e^{j\Omega}) \tag{8-38}$$

由式(8-38)可知,虚指数信号通过 LTI 离散时间系统后信号的频率不变,信号的幅度由系统频率响应的幅度值确定,所以 $H(e^{j\Omega})$ 表示了系统对不同频率信号的衰减量。

一般情况下离散系统的频率响应 $H(e^{j\Omega})$ 是复值函数,可用幅度和相位表示。

$$H(e^{j\Omega}) = |H(e^{j\Omega})| e^{j\theta(\Omega)} \tag{8-39}$$

其中 $|H(e^{j\Omega})|$ 称为系统的幅度响应,$\theta(\Omega)$ 称为系统的相位响应。

若 LTI 离散系统可以由如下差分方程描述。

$$\sum_{i=0}^{N} a_i y(n-i) = \sum_{j=0}^{M} b_j x(n-j) \tag{8-40}$$

则由式(8-37)描述的离散时间系统的频率响应 $H(e^{j\Omega})$ 可以表示为 $e^{j\Omega}$ 的有理多项式。

$$H(e^{j\Omega}) = \frac{Y(e^{j\Omega})}{X(e^{j\Omega})} = \frac{b_0 + b_1 e^{-j\Omega} + \cdots + b_M e^{-jM\Omega}}{a_0 + a_1 e^{-j\Omega} + \cdots + a_N e^{-jN\Omega}} \quad (8-41)$$

MATLAB 的信号处理工具箱提供了专门的函数 freqz,用来分析连续时间系统的频率响应,该函数有下列几种调用格式:

[H,w]=freqz(b,a,n)　b、a 分别为有理多项式中分子和分母多项式的系数向量,返回值 H 是频率响应在 0 到 pi 范围内 n 个频率等分点上的数值向量,w 包含了这 n 个频率点。

[H,w]=freqz(b,a,n,'whole') 计算 0～2πn 个频率点上的频率响应的取样值,这 n 个频率点记录在 w 中。

H=freqz(b,a,w)　w 为频率取样点,计算这些频率点上的频率响应的取样值。

freqz(b,a,…)　这种调用格式不返回频率响应的取样值,而是直接绘出系统的幅频响应和相频响应。

例 8-20　离散时间系统的频率响应为

$$H(e^{j\Omega}) = \frac{0.0441 e^{-j\Omega} + 0.0317 e^{-j2\Omega}}{1 - 2.0204 e^{-j\Omega} + 1.4641 e^{-j2\Omega} - 0.3679 e^{-j3\Omega}}$$

试利用 MATLAB 分析该系统的频率特性。

解:实现上述系统频域分析 MATLAB 程序如下:

```
%Eg_8_20.m
b=[0 0.0441 0.0317];
a=[1 -2.0204 1.4641 -0.3679];
[H,w]=freqz(b,a);      %计算频率响应
%绘制波形
subplot(211);
plot(w/pi,abs(H));
xlabel('\omega(\pi)');
ylabel('Magnitude');
title('|H(e^j\Omega)|');
grid on;
subplot(212);
plot(w/pi,angle(H)/pi);
xlabel('\omega(\pi)');
ylabel('Phase(\pi)');
title('\theta(\Omega)');
grid on;
```

程序运行结果如图 8-34 所示。

由系统频率特性曲线可知,该系统是一个低通滤波器,其中幅频特性采用了归一化的绝对幅度值。

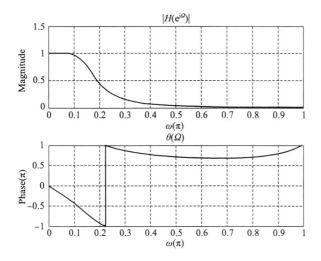

图 8-34　例 8-20 系统的频率响应

三、实验内容

(1) 已知一个 RLC 电路构造的二阶高通滤波器如图 8-35 所示,其中

$$R=\sqrt{\frac{L}{2C}}, L=0.4H, C=0.05F$$

① 计算该电路系统的频率响应及高通截止频率;

② 利用 MATLAB 绘制幅度响应和相位响应曲线,比较系统的频率特性与理论计算的结果是否一致。

(2) 已知一个 RC 电路如图 8-36 所示。

① 对不同的 RC 值,用 MATLAB 画出系统的幅度响应曲线 $|H(\omega)|$,观察实验结果,分析图 8-36 所示 RC 电路具有什么样的频率特性(高通、低通、带通或带阻)? 系统的频率特性随着 RC 值的改变,有何变化规律?

② 系统输入信号 $x(t)=\cos(100t)+\cos(3000t)$,$t=0\sim0.2s$,该信号包含了一个低频分量和一个高频分量。试确定适当的 RC 值,滤除信号中的高频分量。并绘出滤波前后的时域信号波形及系统的频率响应曲线。

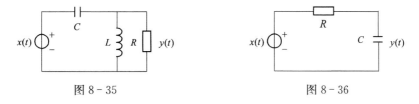

图 8-35　　　　　　　　　　　图 8-36

(3) 已知离散系统的系统框图如图 8-37 所示。

① 写出 $M=8$ 时系统的差分方程和系统函数;

② 利用 MATLAB 计算系统的单位抽样响应;

③ 试利用 MATLAB 绘出其系统零极点分布图、幅频和相频特性曲线,并分析该系统具有怎样的频率特性。

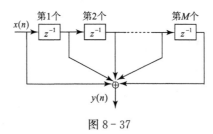

图 8-37

(4) 已知一离散时间 LTI 系统的频率响应 $H(e^{j\Omega})$ 如图 8-38 所示,输入信号为 $x(n) = \cos(0.3\pi n) + 0.5\cos(0.8\pi n)$。试根据式(8-38)分析正弦信号 $\sin(\Omega_0 n)$ 通过频率响应为 $H(e^{j\Omega})$ 的离散时间系统的响应,并根据分析结果计算系统对于 $x(n)$ 的响应 $y(n)$,用 MATLAB 绘出系统输入与输出波形。

观察实验结果,分析图 8-38 所示系统具有什么样的频率特性(高通、低通、带通或带阻)? 从输入输出信号上怎么反映出系统的频率特性?

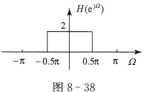

图 8-38

四、实验报告要求

① 简述实验目的和实验原理。
② 列出完成各项实验内容所编写的程序代码并给出实验结果,程序代码中在必要的地方应加上注释,必要时应对实验结果进行分析。
③ 总结实验中遇到的问题及解决方法,谈谈你的收获和体会。

实验5 连续时间系统的复频域分析

(综合型实验)

一、实验目的

① 掌握拉普拉斯变换及其反变换的定义,并掌握 MATLAB 实现方法。
② 学习和掌握连续时间系统系统函数的定义及复频域分析方法。
③ 掌握系统零极点的定义,加深理解系统零极点分布与系统特性的关系。

二、实验原理与方法

1. 拉普拉斯变换

连续时间信号 $x(t)$ 的拉普拉斯变换定义为

$$X(s) = \int_{-\infty}^{+\infty} x(t) e^{-st} dt \tag{8-42}$$

拉普拉斯反变换定义为

$$x(t) = \frac{1}{2\pi j} \int_{\sigma-j\infty}^{\sigma+j\infty} X(s) e^{st} ds \tag{8-43}$$

在 MATLAB 中,可以采用符号数学工具箱的 laplace 函数和 ilaplace 函数进行拉氏变换和拉氏反变换。

L=laplace(F)符号表达式 F 的拉氏变换,F 中时间变量为 t,返回变量为 s 的结果表达式。
L=laplace(F,t)用 t 替换结果中的变量 s。
F=ilaplace(L)以 s 为变量的符号表达式 L 的拉氏反变换,返回时间变量为 t 的结果表达式。
F=ilaplace(L,x)用 x 替换结果中的变量 t。

例 8 - 21 求 $x(t) = e^{-t}\sin(at)u(t)$ 的拉氏变换。

解:可以利用 laplace 函数求得,MATLAB 代码和执行结果如下:
```
>>f = sym('exp(-t)*sin(a*t)*heaviside(t)');
>>F = laplace(f)
F =
    a/((s+1)^2+a^2)
```
即 $x(t)$ 的拉氏变换为

$$X(s) = \frac{a}{(s+1)^2 + a^2}$$

对于拉氏反变换,除了上述符号计算的方法之外,还可以采用部分分式法,当 $X(s)$ 为有理分式时,它可以表示为两个多项式之比:

$$X(s) = \frac{N(s)}{D(s)} = \frac{b_M s^M + b_{M-1} s^{M-1} + \cdots + b_0}{a_N s^N + a_{N-1} s^{N-1} + \cdots + a_0} \tag{8-44}$$

式(8-44)可以用部分分式法展成以下形式

$$X(s) = \frac{r_1}{s - p_1} + \frac{r_2}{s - p_2} + \cdots + \frac{r_N}{s - p_N} \tag{8-45}$$

再通过查常用拉氏变换对,很容易求得反变换。

利用 MATLAB 的 residue 函数可以将 $X(s)$ 展成式(8-45)所示的部分分式展开式,该函数的调用格式为:

[r,p,k]=residue(b,a)其中 b,a 为分子和分母多项式系数向量,r、p、k 分别为上述展开式中的部分分式系数、极点和直项多项式系数。

例 8 - 22 用部分分式展开法求单边拉氏变换 $X(s)$ 的反变换

$$X(s) = \frac{s-2}{s(s+1)^3}$$

解:首先,将分母的因子相乘形式转换成为多项式形式,这可以用 conv 函数实现,MATLAB 代码及运行结果如下:
```
>>a = conv([1 0],[1 1]);
>>a = conv(a,[1 1]);
>>a = conv(a,[1 1])
a =
    1    3    3    1    0
```
所以 $X(s)$ 可以转换成如下形式

$$X(s) = \frac{s-2}{s^4 + 3s^3 + 3s^2 + s}$$

用 residue 函数求 $X(s)$ 的部分分式展开式,MATLAB 代码及运行结果如下:
```
>>b = [1 -2];
```

```
>>a=[1 3 3 1 0];
>>[r,p,k] = residue(b,a)
r =
    2.0000
    2.0000
    3.0000
   -2.0000
p =
   -1.0000
   -1.0000
   -1.0000
        0
k =
    []
```

$X(s)$ 的极点为 0 和 -1，其中 -1 为三阶极点，因此可以得到的部分分式展开式如下：

$$X(s) = \frac{2}{s+1} + \frac{2}{(s+1)^2} + \frac{3}{(s+1)^3} - \frac{2}{s}$$

然后根据基本拉氏变换对可以得到的拉氏反变换为

$$x(t) = (2e^{-t} + 2te^{-t} + 1.5t^2 e^{-t} - 2)u(t)$$

2. 连续时间系统的系统函数

连续时间系统的系统函数是系统单位冲激响应的拉氏变换

$$H(s) = \int_{-\infty}^{+\infty} h(t)e^{-st} dt \tag{8-46}$$

此外，连续时间系统的系统函数还可以由系统输入和输出信号的拉氏变换之比得到

$$H(s) = Y(s)/X(s) \tag{8-47}$$

单位冲激响应 $h(t)$ 反映了系统的固有性质，而 $H(s)$ 从复频域反映了系统的固有性质。由式(8-47)描述的连续时间系统，其系统函数为 s 的有理函数

$$H(s) = \frac{b_M s^M + b_{M-1} s^{M-1} + \cdots + b_0}{a_N s^N + a_{N-1} s^{N-1} + \cdots + a_0} \tag{8-48}$$

3. 连续时间系统的零极点分析

系统的零点指使式(8-48)的分子多项式为零的点，极点指使分母多项式为零的点，零点使系统的值为零，极点使系统函数的值无穷大。通常将系统函数的零极点绘在 s 平面上，零点用○表示，极点用×表示，这样得到的图形称为零极点分布图。

由零极点的定义可知，零点和极点分别指式(8-48)的分子多项式和分母多项式的根。利用 MATLAB 求多项式的根可以通过函数 roots 来实现，该函数的调用格式为：

r=roots(c)　　c 为多项式的系数向量，返回值 r 为多项式的根向量。

分别对式(8-48)的分子多项式和分母多项式求根即可求得零极点。

此外，在 MATLAB 中还提供了更简便的方法来求取零极点和绘制系统函数的零极点分布图，即利用 pzmap 函数，该函数的调用格式为：

pzmap(sys)绘出由系统模型 sys 描述的系统的零极点分布图。

[p,z]=pzmap(sys) 这种调用方法返回极点和零点,而不绘出零极点分布图。

其中 sys 为系统传函模型,由 t 命令 sys=tf(b,a)实现,b、a 为传递函数的分子多项式和分母多项式的系数向量。

MATLAB 还为用户提供了两个专用函数 tf2zp 和 zp2tf 来实现系统传递函数模型和零极点增益模型的转换,其调用格式为

$$[z,p,k]=tf2zp(b,a)$$
$$[b,a]=tf2zp(z,p,k)$$

其中 b、a 为传递函数的分子多项式和分母多项式的系数向量,返回值 z 为零点列向量,p 为极点列向量,k 为系统函数零极点形式的增益。

例 8-23 已知系统函数 $H(s)$,求取并画出零极点分布图。

$$H(s)=\frac{s-1}{s^2+2s+2}$$

解:求取零极点的 MATLAB 代码及运行结果如下:
≫b=[1 -1];
≫a=[1 2 2];
≫sys=tf(b,a);
≫[p,z]=pzmap(sys) %求取零极点
p=
  -1.0000+1.0000i
  -1.0000-1.0000i
z=
  1

所以系统的零点为 z=1,极点为 p=-1±i。
绘制零极点分布图的代码如下:
≫pzmap(sys); %绘制零极点分布图
绘制的零极点分布图如图 8-39 所示

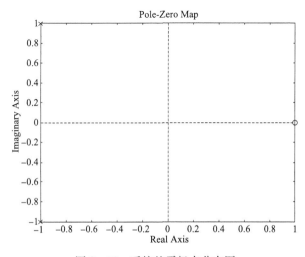

图 8-39 系统的零极点分布图

研究系统函数的零极点分布不仅可以了解系统冲激响应的形式,还可以了解系统的频率特性以及判断系统的稳定性。

1)零极点分布与冲激响应的关系

系统的极点位置决定着系统冲激响应 $h(t)$ 的波形,冲激响应的幅值是由系统函数的零点和极点共同确定的,系统的零点位置只影响冲激响应的幅度和相位,不影响波形。

2)零极点分布与系统频率响应的关系

系统函数的零极点分布不仅决定了系统函数 $H(s)$,也决定了系统的频率响应 $H(\omega)$,根据系统的零极点分布情况,可以由几何矢量法分析系统的频率响应。

3)零极点分布与系统稳定性的关系

稳定性是系统的固有性质,与激励信号无关,由于系统函数 $H(s)$ 包含了系统的所有固有性质,因而可以根据系统函数的零极点分布判断系统的稳定性。因果系统稳定的充要条件是 $H(s)$ 的全部极点位于 s 平面的左半平面。

三、实验内容

(1)已知系统的冲激响应 $h(t) = u(t) - u(t-2)$,输入信号 $x(t) = u(t)$,试采用复频域的方法求解系统的响应,编写 MATLAB 程序实现。

(2)已知因果连续时间系统的系统函数分别如下:

① $H(s) = \dfrac{1}{s^3 + 2s^2 + 2s + 1}$

② $H(s) = \dfrac{s^2 + 1}{s^5 + 2s^4 - 3s^3 + 3s^2 + 3s + 2}$

试采用 MATLAB 画出其零极点分布图,求解系统的冲激响应 $h(t)$ 和频率响应 $H(\omega)$,并判断系统是否稳定。

(3)已知连续时间系统函数的极点位置分别如下所示(设系统无零点):

① $p = 0$ ② $p = -2$

③ $p = 2$ ④ $p_1 = 2j$,$p_2 = -2j$

⑤ $p_1 = -1 + 4j$,$p_2 = -1 - 4j$ ⑥ $p_1 = 1 + 4j$,$p_2 = 1 - 4j$

试用 MATLAB 绘制上述 6 种不同情况下,系统函数的零极点分布图,并绘制相应冲激响应的时域波形,观察并分析系统函数极点位置对冲激响应时域特性的影响。

(4)已知连续时间系统的系统函数分别如下:

① $H(s) = \dfrac{1}{s^2 + 2s + 17}$

② $H(s) = \dfrac{s + 8}{s^2 + 2s + 17}$

③ $H(s) = \dfrac{s - 8}{s^2 + 2s + 17}$

上述 3 个系统具有相同的极点,只是零点不同,试用 MATLAB 分别绘制系统的零极点分布图及相应冲激响应的时域波形,观察并分析系统函数零点位置对冲激响应时域特性的影响。

四、实验报告要求

①简述实验目的和实验原理。

②列出完成各项实验内容所编写的程序代码并给出实验结果，程序代码中在必要的地方应加上注释，必要时应对实验结果进行分析。

③总结实验中遇到的问题及解决方法，谈谈你的收获和体会。

实验 6　离散时间系统的 z 域分析

（综合型实验）

一、实验目的

①掌握 z 变换及其反变换的定义，并掌握 MATLAB 实现方法。
②学习和掌握离散时间系统系统函数的定义及 z 域分析方法。
③掌握系统零极点的定义，加深理解系统零极点分布与系统特性的关系。

二、实验原理与方法

1. z 变换

序列 $x(n)$ 的 z 变换定义为

$$X(z) = \sum_{n=-\infty}^{+\infty} x(n) z^{-n} \tag{8-49}$$

z 反变换定义为

$$x(n) = \frac{1}{2\pi\mathrm{j}} \oint_r X(z) z^{n-1} \mathrm{d}z \tag{8-50}$$

在 MATLAB 中，可以采用了符号数学工具箱的 ztrans 函数和 iztrans 函数计算 z 变换和 z 反变换：

Z=ztrans(F)求符号表达式 F 的 z 变换。
F=ilaplace(Z)求符号表达式 Z 的 z 反变换。

例 8-24　求 $x(n)=(n-3)u(n)$ 的 z 变换。

解：可以利用 ztrans 函数求得，MATLAB 代码和执行结果如下：

```
>>x = sym('(n-3)');
>>Z = ztrans(x)
Z =
    z/(z-1)^2-(3*z)/(z-1)
>>Z = simplify(Z)
Z =
    -(2*z-3)/(z-1)^2-3
```

即其 z 变换为

$$X(z) = -\frac{2z-3}{(z-1)^2} - 3$$

与求解拉氏反变换的原理相同，我们可以用部分分式法求 z 反变换，即先采用 residue 函数部分分式展开，然后根据常用变换对逐项求其反变换。

例 8-25 用部分分式展开法求 $X(z)$ 的 z 反变换：

$$X(z) = \frac{z^2}{(z-0.5)(z-0.25)}, \ |z| > 0.5$$

解：由已知条件可得

$$\frac{X(z)}{z} = \frac{z^2}{z(z-0.5)(z-0.25)}$$

首先，利用 poly 函数将分母转换为多项式形式，MATLAB 代码和执行结果如下

```
>>a = poly([0  0.5  0.25])
a =
    1.0000   -0.7500    0.1250    0
```

即

$$\frac{X(z)}{z} = \frac{z^2}{z^2 - 0.75z^2 + 0.125z}$$

然后，使用 residue 对对上式进行部分分式展开，MATLAB 代码和执行结果如下

```
>>b = [1 0 0];
>>[r,p,k] = residue(b,a)
r =
    2
   -1
    0
p =
    0.5000
    0.2500
         0
k =
    []
```

因此可得

$$\frac{X(z)}{z} = \frac{2}{z-0.5} + \frac{-1}{z-0.25}$$

则

$$X(z) = \frac{2z}{z-0.5} + \frac{-z}{z-0.25}$$

所以由基本变换对可得 z 反变换的结果为

$$x(n) = \left[2\left(\frac{1}{2}\right)^n - \left(\frac{1}{4}\right)^n\right]u(n)$$

2. 离散时间系统的系统函数

离散时间系统的系统函数 $H(z)$ 定义为单位抽样响应 $h(n)$ 的 z 变换

$$H(z) = \sum_{n=-\infty}^{+\infty} h(n)z^{-n} \tag{8-51}$$

此外，连续时间系统的系统函数还可以由系统输入和输出信号的 z 变换之比得到

$$H(z) = Y(z)/X(z) \tag{8-52}$$

由式(8-52)描述的离散时间系统的系统函数可以表示为

$$H(z) = \frac{b_0 + b_1 z^{-1} + \cdots + b_M z^{-M}}{a_0 + a_1 z^{-1} + \cdots + a_N z^{-N}} \tag{8-53}$$

3. 离散时间系统的零极点分析

离散时间系统的零点和极点分别指使系统函数分子多项式和分母多项式为零的点。在 MATLAB 中可以通过函数 roots 来求系统函数分子多项式和分母多项式的根,从而得到系统的零极点。

此外,还可以利用 MATLAB 的 zplane 函数来求解和绘制离散系统的零极点分布图,zplane 函数的调用格式为:

zplane(b,a)   b、a 为系统函数的分子、分母多项式的系数向量(行向量)。
zplane(z,p)   z、p 为零极点序列(列向量)。

例 8-26 已知系统函数 $H(z)$,求取并画出零极点分布图。

$$H(z) = \frac{z^2 - z}{z^2 - 0.75z + 0.125}$$

解:求取零极点的 MATLAB 代码如下:
```
>>b = [1 -1 0];
>>a = [1 -0.75 0.125];
>>zplane(b,a);
```
绘制的零极点分布图如图 8-40 所示。

例 8-27 已知系统函数 $H(z)$,绘制零极点分布图。

$$H(z) = \frac{z(z-1.2)}{(z-0.8)(z+0.8)}$$

解:绘制零极点的 MATLAB 代码如下:
```
>>z = [0 1.2]';
>>p = [0.8 -0.8]';
>>zplane(z,p);
```
绘制的零极点分布图如图 8-41 所示。

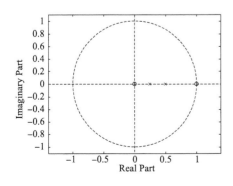

图 8-40 例 8-26 系统的零极点分布图

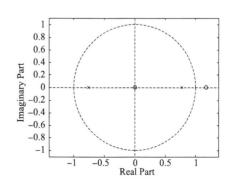

图 8-41 例 8-27 系统的零极点分布图

系统函数是描述系统的重要物理量,研究系统函数的零极点分布不仅可以了解系统单位

抽样响应的变化,还可以了解系统的频率特性响应以及判断系统的稳定性:

①系统函数的极点位置决定了系统单位抽样响应$h(n)$的波形,系统函数零点位置只影响冲激响应的幅度和相位,不影响波形。

②系统的频率响应取决于系统函数的零极点,根据系统的零极点分布情况,可以通过向量法分析系统的频率响应。

③因果的离散时间系统稳定的充要条件是$H(z)$的全部极点都位于单位圆内。

三、实验内容

(1)已知因果离散时间系统的系统函数分别为:

① $H(z) = \dfrac{z^2 + 2z + 1}{z^3 - 0.5z^2 - 0.005z + 0.3}$

② $H(z) = \dfrac{z^3 - z^2 + 2}{3z^4 + 3z^3 - z^2 + 3z - 1}$

试采用 MATLAB 画出其零极点分布图,求解系统的冲激响应$h(n)$和频率响应$H(e^{j\Omega})$,并判断系统是否稳定。

(2)已知离散时间系统系统函数的零点z和极点p分别为:

① $z = 0$,$p = 0.25$

② $z = 0$,$p = 1$

③ $z = 0$,$p = -1.25$

④ $z = 0$,$p_1 = 0.8e^{j\frac{\pi}{6}}$,$p_2 = 0.8e^{-j\frac{\pi}{6}}$

⑤ $z = 0$,$p_1 = e^{j\frac{\pi}{8}}$,$p_2 = e^{-j\frac{\pi}{8}}$

⑥ $z = 0$,$p_1 = 1.2e^{j\frac{3\pi}{4}}$,$p_2 = 1.2e^{-j\frac{3\pi}{4}}$

试用 MATLAB 绘制上述 6 种不同情况下,系统函数的零极点分布图,并绘制相应单位抽样响应的时域波形,观察分析系统函数极点位置对单位抽样响应时域特性的影响和规律。

(3)已知离散时间系统的系统函数分别为:

① $H(z) = \dfrac{z(z+2)}{(z - 0.8e^{j\frac{\pi}{6}})(z - 0.8e^{-j\frac{\pi}{6}})}$

② $H(z) = \dfrac{z(z-2)}{(z - 0.8e^{j\frac{\pi}{6}})(z - 0.8e^{-j\frac{\pi}{6}})}$

上述两个系统具有相同的极点,只是零点不同,试用 MATLAB 分别绘制上述两个系统的零极点分布图及相应单位抽样响应的时域波形,观察分析系统函数零点位置对单位抽样响应时域特性的影响。

四、实验报告要求

①简述实验目的和实验原理。

②列出完成各项实验内容所编写的程序代码并给出实验结果,程序代码中在必要的地方应加上注释,必要时应对实验结果进行分析。

③总结实验中遇到的问题及解决方法,谈谈你的收获和体会。

实验 7　连续时间系统的建模与仿真
（设计型实验）

一、实验目的

①掌握利用系统方框图模拟实际系统的分析方法。
②学习和掌握利用 Simulink 仿真工具对连续时间系统的建模与仿真。

二、实验原理与方法

连续时间系统的模型除了利用微分方程来描述之外，也可以借助方框图来模拟，模拟连续时间系统的基本单元有加法器、积分器和倍乘器，图 8-42 列出了连续时间系统的基本方框图单元，利用这些基本方框图单元即可组成一个完整的系统。

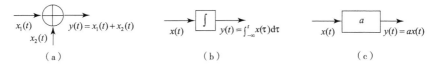

图 8-42　连续时间系统基本方框图单元
(a)加法器；(b)积分器；(c)倍乘器

例如，对于由微分方程 $y'''(t)+a_2 y''(t)+a_1 y'(t)+a_0 y(t)=b_2 x''(t)+b_1 x'(t)+b_0 x(t)$ 描述的连续时间系统，可以由图 8-43 所示系统方框图表示

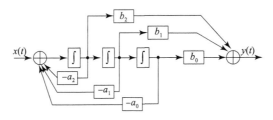

图 8-43　系统方框图

Simulink 的 Commonly Used Blocks 模块库中提供了上述 3 种基本运算单元的模块，sum 模块表示加法器，Integrator 模块表示积分器，Gain 模块表示倍乘器，此外 Math Operations 模块库中的 Add 模块也可用于实现信号的加减运算。因此，根据系统的方框图可以方便地由 Simulink 对连续时间系统进行建模，并利用 Simulink 的强大功能进行一系列仿真。

除了利用基本运算单元构成连续时间系统，Simulink 还提供了其他的模型描述方法，例如根据连续系统的系统函数、零极点分布和状态方程，分别采用 Simulink 的 Continuous 模块库中的 Transfer Fcn 模块、Zero-Pole 模块和 State-Space 模块来描述系统。

三、实验内容

(1)已知由微分方程 $y'''(t)+3y''(t)+5y'(t)+3y(t)=2x'(t)+4x(t)$ 描述的三阶连续时间因果系统：

①分别画出其直接型、级联型和并联型系统方框图；

②根据上述3种系统框图,分别采用Simulink的基本运算单元的模块创建系统的模型,并仿真实现系统的单位阶跃响应。

(2)已知一个三阶连续时间因果系统的系统函数为

$$H(s) = \frac{5s+7}{s^3+5s^2+5s+4}$$

根据系统函数,采用Simulink创建系统模型,并仿真实现对输入 $x(t) = u(t-3) - u(t)$ 的响应。

四、实验报告要求

①简述实验目的和实验原理。
②画出要求的系统方框图和完成各项实验内容所编写的Simulink模型框图及仿真结果。
③总结实验中遇到的问题及解决方法,谈谈你的收获和体会。

实验8 调制与解调
（设计型实验）

一、实验目的

①加深理解信号调制和解调的基本原理。
②从时域和频域分析信号幅度调制和解调的过程。
③掌握幅度调制和解调的实现方法。

二、实验原理与方法

1. 调制与解调

在通信系统中,信号传输之前通常需要在发送端将信号进行调制,转换成为适合传输的信号,在接收端则需要进行解调,将信号还原成原来的信息。

在实际应用中,有多种调制方法,最常用的模拟调制方式是用正弦波作为载波的幅度调制、频率调制和相位调制3种方式,其中幅度调制(Amplitude Modulation,AM)属于线性调制,这里重点介绍 AM 调制的基本原理。

正弦幅度调制和解调的原理框图如图8-44所示。

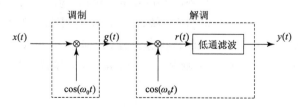

图 8-44 幅度调制与解调

其中,需要传输的信号 $x(t)$ 称为调制信号,调制过程中频率为 ω_0 的正弦信号 $\cos(\omega_0 t)$ 称为载波,调制过程输出信号 $g(t)$ 称为已调信号。同步解调过程中产生与调制过程中同频率的正弦

信号 $\cos(\omega_0 t)$（也被称为本地振荡信号，简称本振），将需要解调的信号与之相乘，就可以恢复原来的传输信号。

将调制信号 $x(t)$ 乘以载波信号 $\cos(\omega_0 t)$ 得到已调信号 $g(t)$，即

$$g(t) = x(t)\cos(\omega_0 t) \tag{8-54}$$

设调制信号 $x(t)$ 的频谱如图 8-45(a) 所示，而载波 $p(t) = \cos(\omega_0 t)$ 的频谱为

$$P(\omega) = \pi\delta(\omega - \omega_0) + \pi\delta(\omega + \omega_0) \tag{8-55}$$

如图 8-45(b) 所示，则根据频域卷积定理 $g(t) = x(t)p(t)$ 的频谱为

$$G(\omega) = \frac{1}{2\pi}[X(\omega) * P(\omega)] = \frac{1}{2}[X(\omega - \omega_0) + X(\omega + \omega_0)] \tag{8-56}$$

如图 8-45(c) 所示，即 $g(t)$ 的频谱是两个各向左右平移 ω_0 幅度减半的 $X(\omega)$ 的和，可见在调制过程中信号的全部信息 $X(\omega)$ 都被保留下来了，只是这些信息被平移到较高的频率上了。为了使 $G(\omega)$ 中的两个非零部分无重叠，应满足 $\omega_0 > \omega_m$。

在解调过程中，将 $g(t)$ 乘以本振信号 $\cos(\omega_0 t)$ 得到 $r(t)$，本振信号的频率与调制过程中载波信号频率相同，这种解调方法称为同步解调。

$$r(t) = g(t) * \cos(\omega_0 t) = x(t)\cos^2(\omega_0 t) = \frac{1}{2}x(t) + \frac{1}{2}x(t)\cos(2\omega_0 t) \tag{8-57}$$

从频域上看，根据频域卷积定理可以求得 $r(t) = g(t)p(t)$ 的频谱为

$$R(\omega) = [X(\omega - 2\omega_0)]/4 + X(\omega)/2 + [X(\omega + 2\omega_0)]/4 \tag{8-58}$$

如图 8-45(d) 所示，可以看出，$r(t)$ 中除了原始信号之外，还包含 $2\omega_0$ 的分量，将 $r(t)$ 通过频率响应如式(8-59)所示低通滤波器，滤除 $2\omega_0$ 分量，保留 $x(t)$ 的频率分量，就可以恢复出原始信号。

$$H(\omega) = 2H_{LP}(\omega) = \begin{cases} 2, |\omega| < \omega_c \\ 0, |\omega| \geqslant \omega_c \end{cases} \tag{8-59}$$

其中 $H_{LP}(\omega)$ 为理想低通滤波器的频率响应，ω_c 为低通滤波器的截止频率，$H(\omega)$ 如图 8-46 所示。

该低通滤波器的输出频谱为

$$Y(\omega) = R(\omega)H(\omega) = X(\omega) \tag{8-60}$$

即系统输出为

$$y(t) = x(t) \tag{8-61}$$

可见通过解调过程可以恢复出原来的的信号。

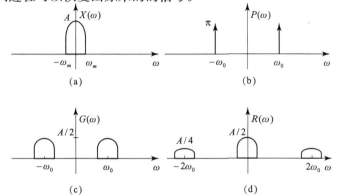

图 8-45 调制和解调过程中各信号的频谱

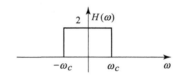

图8-46 理想低通滤波的器频率响应

在一些调幅方式中,已调信号表示为
$$s(t) = [A + x(t)]\cos(\omega_0 t) \tag{8-62}$$
其中 A 是加在传输信号上的直流分量,对于所有 t,$A + x(t) > 0$,该条件保证已调信号的包络与调制信号相同。从频域上看
$$S(\omega) = A\pi[\delta(\omega - \omega_0) + \delta(\omega + \omega_0)] + \frac{1}{2}[X(\omega - \omega_0) + X(\omega + \omega_0)] \tag{8-63}$$
注意到 $\omega = \pm \omega_0$ 处的频率分量是由已调信号中载波 $A\cos(\omega_0 t)$ 的出现引起的。与式(8-54)的已调信号相比,已调信号 $g(t) = x(t)\cos(\omega_0 t)$ 的频谱中只包含了上、下边带,抑制了载波分量,称为抑制载波双边带(Double-Sideband-Suppressed Carrier,DSB-SC)调幅,而具有 $s(t) = [A + x(t)]\cos(\omega_0 t)$ 形式的已调信号频谱中包括载波和上、下边带,称为双边带(Double-Sideband,DSB)调幅。和 DSB 相比,DSB-SC 的优点是不需要发送载波,可以节省发送功率。另一方面,DSB 信号包络与调制信号相同,可以采用简单的包络检波解调,而 DSB-SC 信号在解调时需要在调制端和解调端进行同步。

除了调幅以外,调制信号也可以通过调制正弦波的角度而叠加在上面,称为角度调制,可以分为调相(Phase Modulation,PM)和调频(Frequency Modulation,FM)。

此外,除了调制正弦波载波意外,也可以通过其他波形来进行调制,例如脉冲幅度调制(Pulse-Amplitude Modulation,PAM)等。

在 MATLAB 中,调制和解调的过程可以直接通过 MATLAB 的基本运算实现,也可以通过专门函数 modulate 和 demod 实现,基本调用格式如下:

y = modulate(x,fc,fs,'method',opt)

[y,t] = modulate(x,fc,fs,'method',opt)

x = demod(y,fc,fs,'method',opt)

modulate 函数实现调制过程,demod 函数实现解调过程,fc 代表载波,fs 代表信号采样频率,method 参数设置调制方式,opt 为额外的选项,随 method 的选择有着不同的作用。

此外,还可以根据调制解调系统框图,利用 Simulink 强大的图形化设计功能调制和解调的过程进行建模和仿真。

2. 低通滤波器的 MATLAB 实现

解调过程中需要使用低通滤波器恢复原始信号,MATLAB 和 Simulink 都提供了强大的功能用于实现滤波器的设计。为了实验的需要,这里我们简单介绍其中低通巴特沃斯滤波器的实现方法。MATLAB 提供了函数 butter 用于设计模拟巴特沃斯滤波器,设计低通巴特沃斯滤波器的函数调用格式如下:

[b,a] = butter(N,Wc,'s')

其中 N 表示巴特沃斯滤波器的阶数,Wc 表示以 rad/s 为单位的低通截止频率,'s'表示设计模拟滤波器。返回的向量 b 和 a 是描述滤波器的微分方程的系数。

第8章 基于 MATLAB 的信号与系统实验

理论上滤波器的阶数越高,设计出来的滤波器性能就越高,但是具体实现时耗费的资源也同时提高,所以实际应用中需要根据实际需要选区合适的阶数,既能满足性能指标要求又适合实际实现。

例 8-28 采用 MATLAB 设计截止频率为 300Hz 的 3 阶巴特沃斯低通滤波器。

解:实现上述巴特沃斯低通滤波的 MATLAB 程序如下,程序运行结果如图 8-47 所示。

```
%Eg_8_28.m
wc = 300 * 2 * pi;
[b,a] = butter(3,wc,'s');        %设计巴特沃斯低通滤波器
w = (0:1000) * 2 * pi;
H = freqs(b,a,w);
subplot(211);
plot(w/(2 * pi),abs(H));         %绘制滤波器幅频特性曲线
xlabel('Hz');
ylabel('Magtinude');
subplot(212);
plot(w/(2 * pi),angle(H));       %绘制滤波器相频特性曲线
xlabel('Hz');
ylabel('Phase');
```

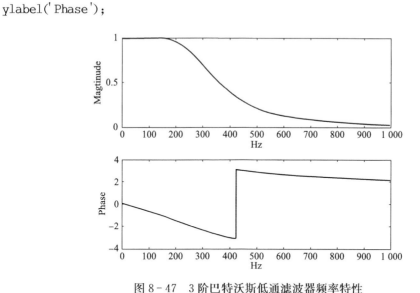

图 8-47 3 阶巴特沃斯低通滤波器频率特性

三、实验内容

(1)设 $x(t) = u(t) - u(t-1)$,以 $\cos(10\pi t)$ 作为载波进行 DSB-SC 幅度调制,利用 MATLAB 观察调制信号及已调信号的时域和频域波形。观察调制信号及已调信号的频谱,两者之间有什么关系?已调信号中是否保留了调制信号的信息?

(2)设信号 $x(t)$ 的波形如图 8-48 所示,以 $\cos(5\pi t)$ 作为载波,分别进行 DSB-SC 和 DSB 幅度调制,分析比较已调信号的波形。

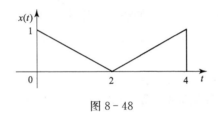

图 8-48

(3)设调制信号为 $x(t) = S_a(t-10)$,$0 \leqslant t \leqslant 20$,其中

$$S_a(t) = \frac{\sin(t)}{t}$$

①选定载波信号为 $\cos(500t)$,利用 MATLAB 编程实现 DSB-SC 幅度调制与解调的过程;

②采用一个与载波信号不同频率和相位的正弦信号作为本振信号对已调信号进行解调,观察解调结果。

观察实验结果,分析抑制载波幅度调制的解调过程中,对本振信号有何要求,不符合要求将会对信号传输带来什么影响?

(4)图 8-49 为正交幅度调制原理框图,可以实现正交多路复用(Quadrature Multiplexing)。两路载波信号的载频相同,但相位相差 90°。设计解调器,使得解调输出 $y_1(t) = x_1(t)$,$y_2(t) = x_2(t)$,并在 MATLAB 或 Simulink 环境中进行仿真实验。

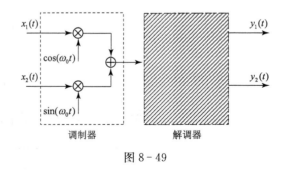

图 8-49

四、实验报告要求

①简述实验目的和实验原理。

②列出完成各项实验内容所编写的程序代码或 Simulink 模型并给出实验结果,程序代码中在必要的地方应加上注释,对实验结果进行详细分析和总结。

③总结实验中遇到的问题及解决方法,谈谈你的收获和体会。

实验 9　信号的采样与恢复

(设计型实验)

一、实验目的

①深入理解采样定理的内容和意义。

②熟悉信号的采样过程,掌握采样频率的确定方法。
③掌握由采样序列恢复信号的基本原理和实现方法。

二、实验原理与方法

在很多信号处理的实际应用中,数字信号处理逐渐取代了以往的模拟信号处理,如果要用数字系统处理实际应用中的连续时间信号,首先需要对信号进行采样。采样就是按一定的时间间隔 T_s 对连续时间信号 $x(t)$ 取值,从而得到不连续的信号 $x(nT_s)$,$x(nT_s)$ 称为采样信号。

对于一个有限带宽信号 $x(t)$,设它的最高频率分量为 ω_m,如果按照高于最高频率分量两倍的频率对之采样,即采样频率 $\omega_s > 2\omega_m$,则采样以后的信号可以恢复出原信号。这就是著名的奈奎斯特(Nyquist)定理,也称为采样定理。通常把采样频率 ω_s 称为奈奎斯特频率,把采样定理规定的最低采样频率 $2\omega_m$ 称为奈奎斯特采样率,把 $T = 1/2f_m$ 称为奈奎斯特采样间隔。

在满足采样定理的条件下,采样以后的信号通过理想低通滤波器就能恢复出原信号,设理想低通滤波器的截止频率为 ω_c,则从时域上看,原连续时间信号可以由其采样序列 $x(nT_s)$ 按式(8-64)重构。

$$x(t) = \frac{T_s \omega_c}{\pi} \sum_{n=-\infty}^{\infty} x(nT_s) Sa[\omega_c(t - nT_s)] \quad (8-64)$$

其中:

$$Sa(t) = \frac{\sin(t)}{t} \quad (8-65)$$

式(8-64)称为内插公式,在满足采样定理的条件下可由采样信号 $x(nT_s)$ 进行插值来恢复原信号 $x(t)$。

我们通过一个例子来学习使用 MATLAB 实现信号采样与重构的方法。

例 8-29 对于给定的有限时宽信号

$$x(t) = \sin(0.2\pi t), 0 \leqslant t \leqslant 10$$

采用 MATLAB 模拟信号的采样与重构过程。

解:设采样间隔 $T_s = 1$,我们对上述信号进行采样并分析采样前后信号的频谱,MATLAB 代码如下

```
% Eg_8_29_a.m
dt = 0.005;
t = 0:dt:10;
fx = 0.1;
x = sin(2 * pi * fx * t);         % 原始信号
subplot(221)
plot(t,x);
xlabel('t/s');
title('x(t)');
% 采样
Ts = 1;                            % 采样间隔
ts = 0:Ts:10;
xs = sin(2 * pi * fx * ts);
```

```
subplot(222)
plot(t,x,':');
hold on;
stem(ts,xs);                        % 绘制采样信号
xlabel('t/s');
title('x_s(t)');
w = linspace( - 4 * pi,4 * pi,1024);
X = x * exp( - j * t' * w) * dt;    % 采用数值近似的方法计算原始信号频谱
subplot(223)
plot(w/pi,abs(X));
xlabel('\omega/\pi');
title('|X(\omega)|');
X = xs * exp( - j * ts' * w);       % 计算采样信号的频谱
subplot(224)
plot(w/pi,abs(X));
xlabel('\omega/\pi');
title('|X_s(\omega)|');
```

程序运行结果如图 8-50 所示。

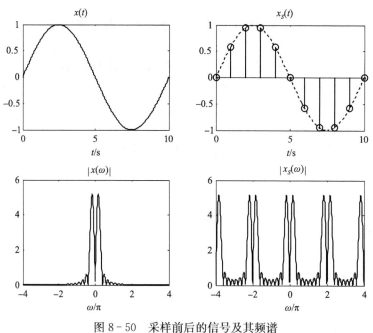

图 8-50 采样前后的信号及其频谱

可见，本例中信号采样以后，其频谱是原信号频谱的周期重复，周期为 ω_s。接下来我们利用采样信号重构原始信号，实现代码如下

```
%Eg_8_29_b.m
dt = 0.005;
t = 0:dt:10;
```

```
fx = 0.1;
x = sin(2 * pi * fx * t);                    %原始信号
Ts = 1;                                       %采样间隔
ws = 2 * pi/Ts;
ts = 0:Ts:10;
xs = sin(2 * pi * fx * ts);                  %采样信号
subplot(311);
plot(t,x,':');
hold on;
stem(ts,xs);
xlabel('t(s)');
title('Sampling');

%重构信号
subplot(312);
hold on
wc = ws/2;                                    %滤波器截止频率wc设为ws/2
f = zeros(size(x));
for i = 0:Ts:10
    sa = xs(i/Ts + 1) * sinc(wc/pi * (t - i)); %求每个重构分量
    f = f + sa;                                %重构分量叠加
    plot(t,sa,':');                            %绘制每个重构分量波形
end
plot(ts,xs,'o');                              %绘制每个采样点
plot(t,f);                                    %绘制原始信号波形
xlabel('t(s)');
title('Reconstruction');
err = abs(x - f);                             %计算重构信号与原始信号之间的误差
subplot(313);
plot(t,err);
xlabel('t(s)');
title('Error');
```

程序运行结果如图 8-51 所示。

三、实验内容

(1)已知升余弦信号

$$x(t) = \frac{A}{2}\left[1 + \cos\left(\frac{\pi t}{\tau}\right)\right], 0 \leqslant |t| \leqslant \tau$$

取参数 $A=1, \tau=\pi$,用 MATLAB 编程,绘制该信号及其采样信号的时域和频域波形。要求采用不同的采样频率对该信号进行采样,观察和分析信号欠采样、临界采样和过采样情况下,信

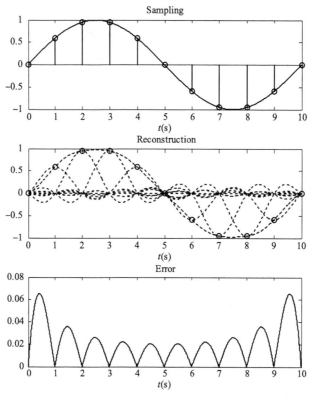

图 8-51 信号的采样与重构

号的频谱有何变化。

(2)采用 MATLAB 编程实现如下信号的采样与重构

$$x(t) = Sa(t) = \frac{\sin t}{t}$$

分别比较临界采样、欠采样和过采样情况下,重构信号与原始信号的误差,观察实验结果分析临界采样、欠采样和过采样对信号重构有什么影响?

四、实验报告要求

①简述实验目的和实验原理。

②列出完成各项实验内容所编写的程序代码并给出实验结果,程序代码中在必要的地方应加上注释,对实验结果进行详细分析和总结。

③总结实验中遇到的问题及解决方法,谈谈你的收获和体会。

实验 10 无失真传输系统

(设计型实验)

一、实验目的

①加深理解和掌握无失真传输的概念和条件。

② 掌握无失真系统的分析和仿真方法。

二、实验原理与方法

对于无失真传输系统,其输出信号与输入信号相比,只是在信号幅度和出现时间上有变化,波形上无任何变化。设无失真系统的输入信号和输出信号分别为 $x(t)$ 和 $y(t)$,无失真系统的时域和频域特性分别为

$$y(t) = Kx(t-t_0) \tag{8-66}$$
$$H(\omega) = K\mathrm{e}^{-\mathrm{j}\omega t_0} \tag{8-67}$$

即无失真传输系统的幅度响应和相位响应分别为

$$|H(\omega)| = K, \ \theta(\omega) = -\omega t_0 \tag{8-68}$$

因此,从频域来看,无失真传输系统应满足两个条件:

(1) 系统的幅度响应 $|H(\omega)|$ 在整个频率范围内应为常数 K,即系统的带宽无穷大;
(2) 系统的相位响应 $\theta(\omega)$ 在整个频率范围内应与 ω 成正比,即具有线性相位特性。

无失真传输系统的幅度和相位响应如图 8-52 所示。

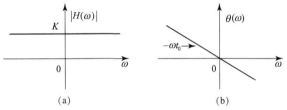

图 8-52 无失真传输系统的幅度和相位响应
(a) 幅度响应;(b) 相位响应

无失真的传输系统只是理论上的定义,在实际的物理系统中是无法实现的。但是可以将它作为一个理想的标准,实际的传输系统可以与它进行对比,指标与之越接近,实际的传输系统就越接近理想。在实际应用中,如果系统在信号带宽范围内具有比较平坦的幅度响应和正比于 ω 的相位响应,则可以将系统近似看做无失真传输系统。

三、实验内容

(1) 已知一 LTI 系统的频率响应为:

$$H(\omega) = \frac{1-\mathrm{j}\omega}{1+\mathrm{j}\omega}$$

① 绘制系统的幅度响应和相位响应曲线,并判断系统是否为无失真传输系统;
② 当系统输入为 $x(t) = \sin(t) + \sin(3t)$,求系统的响应,观察实验结果验证系统是否为无失真传输系统。

(2) 对于图 8-53 所示系统:

① 确定系统无失真传输的条件;
② 任意给定两种信号,绘出失真条件下的,输入信号和输出信号的时域波形及系统的频率响应特性;
③ 任意给定两种信号,绘出无失真条件下的,输入信号和输出信号的时域波形及系统的频率响应特性。

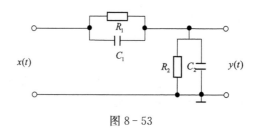

图 8 - 53

四、实验报告要求

①简述实验目的和实验原理。

②列出完成各项实验内容所编写的程序代码并给出实验结果,程序代码中在必要的地方应加上注释,对实验结果进行详细分析和总结。

③总结实验中遇到的问题及解决方法,谈谈你的收获和体会。

附录 A

MATLAB 基础

A.1 MATLAB 系统环境

MATLAB 是 Matrix Laboratory(矩阵实验室)的缩写,是由美国 Mathworks 公司推出的一种用于算法开发、数据可视化、数据分析以及数值计算的高级科学计算语言和交互式环境。MATLAB 集合了大量的计算算法,针对许多专门的领域都开发了功能强大的模块集和工具箱(单独提供的专用 MATLAB 函数集),解决了这些应用领域内特定类型的问题,使得它在许多科学领域中成为计算机辅助设计和分析、算法研究和应用开发的基本工具和首选平台,是当今最优秀的科技应用软件之一。

A.1.1 MATLAB 桌面工作环境

MATLAB 为用户提供了交互式的桌面工作环境,了解和熟悉这些工作环境是使用 MATLAB 的基础。启动 MATLAB 后进入如图 A-1 所示的用户界面,包括菜单栏、工具栏、【Start】按钮及若干个工作窗口。

图 A-1 MATLAB 桌面环境

1. 【Start】按钮、菜单栏和工具栏

在用户界面的左下角有一个【Start】按钮，顶端是菜单栏和工具栏，选择其中的命令可以执行 MATLAB 的各种功能和工具。

2. 命令窗口(Command Window)

命令窗口是 MATLAB 的主要交互窗口，用于输入各种命令并显示命令的执行结果。例如我们用 MATLAB 实现一个简单的计算，在命令窗口中输入：

>>x = 1;
>>y = 2;
>>z = x + y

输入每个语句后按回车键执行，最后显示结果为：

z =
    3

观察上述语句，执行第一句和第二句语句时，命令窗口中并没有输出结果，而执行第三句语句后，却在命令窗口输出了计算结果。这是因为，MATLAB 语句以分号";"作为语句的结束，则执行该语句后不输出执行结果，如果没有以分号结束，则立即在命令窗口中显示该语句的运行结果。一般情况下，MATLAB 语句应以分号结束，因为在程序运行阶段，大量显示中间结果则会降低程序运行速度，但是在 MATLAB 程序调试阶段，显示某些语句的运行结果有助于程序的调试。

执行 clc 命令或通过【Edit】菜单→【Clear Command Window】，可以清除命令窗中的内容。

3. 工作空间(Workspace)

工作空间用于显示当前 MATLAB 工作内存中所有变量的名称、类型、数据结构、大小等信息。用户可以选中某个变量，单击鼠标右键可以选择对变量进行打开、保存、复制、删除等操作。此外，MATLAB 提供了一些管理和查看工作空间中变量的命令。

1) clear 命令

clear 命令用于删除工作空间中的变量，用法如下：

clear 变量名　清除工作空间中的指定变量，变量名可以是一个或多个。

clear 清除工作空间中的所有变量。

2) save 命令和 load 命令

使用 save 命令可以将工作空间中的指定变量或所有变量保存到 mat 文件中，相应的使用 load 命令从文件中将数据调入工作空间：

save 文件名　将工作空间中所有变量保存到名为"文件名.mat"的文件中。

save 文件名 变量名　将工作空间中变量名所列的变量保存到名为"文件名.mat"的文件中，变量名可以是一个或多个。

load 文件名　将保存在"文件名.mat"文件中的所有变量调入到工作空间。

3) who 命令和 whos 命令

who 查看工作空间中的变量名。

whos 查看工作空间中的变量的变量名、大小、类型和字节。

whos 变量名　查看指定变量的变量名、大小、类型和字节。

4. 历史记录窗口(Command History)

历史记录窗口记录了用户在命令窗口中运行过的所有命令，同时记录了命令运行的日期

和时间。用户可以对已执行命令进行操作,选择某条命令单击鼠标右键,在展开的菜单中可以选择需要的操作,如剪切、复制、执行等。

5. 当前目录窗口(Current Directory)

当前目录窗口显示当前的工作目录及该目录下的所有文件,选中其中某个文件,单击鼠标右键进行可以进行需要的操作,如打开、复制、删除、执行等。在当前目录窗口上方和工具栏右方各有一个当前目录设置区,用于设定当前目录。

A.1.2 MATLAB 帮助系统

MATLAB 为用户提供了丰富的帮助功能,用户可以轻松地获得帮助信息,并通过帮助系统学习和掌握 MATLAB。MATLAB 可以通过帮助命令(help 命令)、帮助窗口、Demo 演示等方式获得帮助。

1. 帮助命令(help 命令)

在 MATLAB 的命令窗口中直接输入 help 命令将会显示当前帮助系统中所包含的所有帮助项目。如果准确知道函数名称,则可以通过输入 help 加函数名称来获取该函数的帮助信息,例如用户如果对 sinc 函数的用法不了解,则可以通过执行 help sinc 命令来获取帮助信息。

```
>>help sinc
 SINC Sin(pi*x)/(pi*x)function.
    SINC(X)returns a matrix whose elements are the sinc of the elements
    of X, i.e.
        y = sin(pi*x)/(pi*x)    if x ~= 0
          = 1                    if x == 0
    where x is an element of the input matrix and y is the resultant
    output element.

    % Example of a sinc function for a linearly spaced vector:
    t = linspace(-5,5);
    y = sinc(t);
    plot(t,y);
    xlabel('Time(sec)');ylabel('Amplitude'); title('sinc Function')

    See also square, sin, cos, chirp, diric, gauspuls, pulstran, rectpuls,
    and tripuls.

    Reference page in Help browser
       doc sinc
```

2. 帮助窗口

MATLAB 的帮助窗口能够提供友好的交互式帮助界面,供用户浏览帮助信息。通过【Help】菜单→【Products Help】可以进入帮助窗口,如图 A-2 所示。

帮助窗口左侧导航栏中列出了所有的帮助信息目录,只要单击相关内容,逐级查找就可以找到相应的帮助信息。此外,导航栏上方有一个搜索工具条,用户可以输入关键字查询感兴趣的帮助信息。

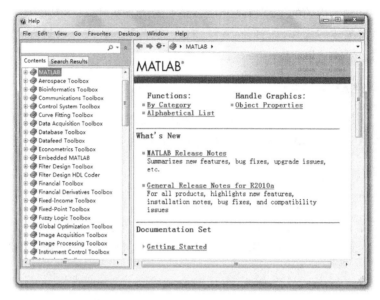

图 A-2 MATLAB 帮助窗口

3. Demo 演示

MATLAB 提供了一些很好的演示程序,这些程序由交互式界面引导,操作方便,示范作用强,是学习和掌握 MATLAB 的有效途径。Demo 演示程序可以从【Help】菜单→【Demos】或帮助窗口左侧导航栏的【Demos】选项卡启动。

从窗口左侧导航栏显示的 Demo 演示程序目录中可以选择要查询的内容,例如选择【ToolBoxes】→【Signal Processing Toolbox】→【Transforms】→【Chirp-z Transform】,右侧浏览器窗口中显示 Chirp-z 变换 Demo 演示程序相关信息(如图 A-3)。点击浏览器窗口左上角的"Open cztdemo.m in the Editor"链接,可以在 MATLAB 文件编辑器中查看该 Demo 演示程序的代码,而点击浏览器窗口右上角的"Run this demo"链接,可以启动 Demo 演示程序,如图 A-4 所示。

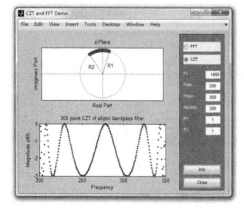

图 A-3 Demo 演示程序信息显示窗口

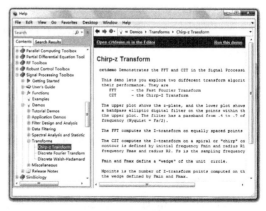

图 A-4 Demo 演示程序运行界面

A.2 MATLAB 的变量与数据类型

A.2.1 变量

MATLAB 的变量的命名需要遵循如下规则：
◆ 变量名区分大小写，例如 A 和 a 表示两个不同的变量。
◆ 变量名最多不超过 63 个字符（根据 MATLAB 版本的不同，这个数字会有所变化）。
◆ 变量名开头必须是英文字母，后面可以接英文字母、下划线、数字，但不能使用空格和标点符号。
◆ 不能使用系统函数名和系统保留字。

不同于其他传统编程语言，MATLAB 不要求事先对变量进行声明，也不需要定义变量类型，MATLAB 会根据赋予变量的值或对变量所进行的操作，自动生成变量并确定变量的数据类型和大小。在赋值过程中如果赋值变量已存在，MATLAB 将使用新值替代旧值，并以新值类型替代旧值类型。

MATLAB 赋值语句的基本结构为

$$变量 = 数、表达式或函数；$$

这一过程把等号右边的数、表达式运算结果或函数执行结果赋给左边的变量。例如，在命令窗口中执行如下语句：

>>x = sqrt(5) - 1

执行结果如下：

x =

   1.2361

这里，函数 sqrt 表示开方运算，在执行这个语句时，MATLAB 自动生成变量 x，并将"sqrt(5)-1"的计算结果赋值给 x。

此外，如果没有指定赋值变量，则结果将赋值给 MATLAB 默认的变量 ans，例如在命令窗口中直接输入表达式"sqrt(5)+1"，执行结果如下：

>>sqrt(5) + 1

ans =

   3.2361

MATLAB 提供了一些预先定义好数值的变量，定义了编程和应用中经常用到的数据（如虚数单位、圆周率等），这些特殊的变量称为常量，表 A-1 列出了这些常用的特殊变量。

表 A-1 MATLAB 特殊变量表

变量名	基本意义
ans	默认变量名，MATLAB 将没有指定输出变量的计算结果保存到 ans 变量中
eps	浮点数的相对误差，如果某个量的绝对值小于 eps，可以认为这个量是 0
Inf 或 inf	无穷大，负无穷可以表示为 -Inf
i 或 j	虚数单位，即 $\sqrt{-1}$

续表

变量名	基本意义
pi	圆周率
NaN 或 nan	非数值(Not a Numbeu),例如由 0/0、inf/inf 运算所得出的结果
realmax/realmin	最大/最小正实数
nargin/nargout	函数输入/输出变量数目
computer	计算机类型
version	MATLAB 版本字符串

A.2.2 数据类型

MATLAB 支持多种数据类型,包括数值、字符、逻辑、元胞、结构和函数等类型,所有类型的数据都以矩阵的形式保存。

数值类型包括整数型(有符号整数型和无符号整数型)和浮点型(单精度浮点型和双精度浮点型)。MATLAB 中数值的默认数据类型是双精度浮点型。对于复数,则由实部和虚部两个部分组成,用 i 或 j 表示虚数单位,例如可以通过如下命令创建一个复数:

```
>>x = 1 + 2i
x =
    1.0000 + 2.0000i
```

字符类型用来表示字符和字符串,一般用在字符数组中,每个字符都有对应的 ASCII 数值,用一个 16 位数据表示。MATLAB 中字符串用单引号引用到程序中,例如创建一个字符串的代码及执行结果如下:

```
>>str = 'An example of String'
str =
    An example of String
```

逻辑类型是用 0 和 1 表示逻辑假和逻辑真。

元胞类型是 MATLAB 中比较特殊的一种数据类型,是元胞数组的基本单位,元胞可以是不同类型和大小的数据,这样可以将不同类型的数据集中在一个变量中。例如,创建一个 2×2 的元胞数组,其中 4 个元胞分别为标量、数值类型数组、字符串和元胞数组:

```
>>A = {1,ones(3);'string',cell(2,2)}
A =
    [    1]    [3x3 double]
    'string'   {2x2 cell  }
```

用 {} 可以访问元胞的值,例如 A{1,2} 表示元胞数组 A 第 1 行第 2 列的元胞

```
>>A{1,2}
ans =
    1    1    1
    1    1    1
    1    1    1
```

结构类型也是 MATLAB 中比较特殊的一种数据类型,和元胞数组有许多类似之处,两者都可以在同一个变量中存放不同类型数据。结构采用". "来访问数据,例如创建一个名为 family 结构来保存家庭信息,代码及执行结果如下:

```
>>family.name ='my family';
>>family.number = 3;
>>family.people ='father,mother,me'
family =
      name:'my family'
    number: 3
    people:'father,mother,me'
```

函数句柄用于间接调用一个函数的 MATLAB 值或数据类型,创建函数句柄后,可以通过句柄来实现函数功能。

A.3 矩 阵

正如 MATLAB 一词的本意(Matrix Laboratory,矩阵实验室),MATLAB 的最大特色是强大的矩阵计算功能,矩阵是 MATLAB 进行数值计算最基本的运算单元。

A.3.1 矩阵的建立

1. 直接输入法

对于较小的简单的矩阵,可以通过直接输入矩阵的元素来创建矩阵,输入时矩阵的元素必须包含在方括号中,同一行中各元素之间以逗号或空格分开,不同行则以分号隔开。例如:

```
>>A = [1 2 3;4 5 6]
A =
    1    2    3
    4    5    6
```

矩阵中元素也可以用表达式代替,例如:

```
>>X = [-1.3,sqrt(4),(1+2+3)/5*4]
X =
   -1.3000    2.0000    4.8000
```

2. 由已知矩阵进行运算或拼接

可以由已知矩阵运算生成新的矩阵,例如对于上述 X 矩阵:

```
>>Y = 2 * X
Y =
   -2.6000    4.0000    9.6000
```

多个已知矩阵可以拼接成一个新的矩阵,例如:

```
>>Z = [X;Y]
Z =
   -1.3000    2.0000    4.8000
```

        -2.6000   4.0000   9.6000

3. 通过函数生成

MATLAB 提供了多个特殊矩阵的生成函数,下面列出一些常用的特殊矩阵函数。

1) 单位矩阵

主对角线元素为1,其他元素均为0。

A＝eye(n)返回一个 n×n 阶的单位矩阵。

A＝eye(m,n)返回一个 m×n 阶的单位矩阵。

A＝eye(size(B))返回一个大小与 B 一样的单位矩阵。

例如:

>>A = eye(3)

A =

    1   0   0
    0   1   0
    0   0   1

2) "0"矩阵

矩阵或数组所有元素为0。

A＝zeros(n)返回一个 n×n 阶的 0 矩阵。

A＝zeros(m,n)返回一个 m×n 阶的 0 矩阵。

A＝zeros(d1,d2,d3,…)　返回一个 d1×d2×d3×…阶的 0 矩阵。

A＝zeros(size(B))返回一个大小与 B 一样的 0 矩阵或数组。

例如:

>>A = zeros(3,2)

A =

    0   0
    0   0
    0   0

3) "1"矩阵

矩阵或数组所有元素为1。

A＝ones(n)返回一个 n×n 阶的 1 矩阵。

A＝ones(m,n)返回一个 m×n 阶的 1 矩阵。

A＝ones(d1,d2,d3,…)　返回一个 d1×d2×d3×…阶的 1 矩阵。

A＝ones(size(B))返回一个大小与 B 一样的 1 矩阵或数组。

例如:

>>A = ones(2,3)

A =

    1   1   1
    1   1   1

4) 随机矩阵

其元素是随机产生的。

rand 函数,产生元素在[0,1]之间服从均匀分布的随机数数组或矩阵。

randn 函数,产生元素服从均值为 0,方差为 1 的正态分布的随机数数组或矩阵。

rand 函数与 randn 函数调用格式相同,这里以 rand 为例来说明其用法。

A=rand(n)返回一个 n×n 阶的随机数矩阵。

A=rand(m,n)返回一个 m×n 阶的随机数矩阵。

A=rand(d1,d2,d3,…) 返回一个 d1×d2×d3×…阶的随机数矩阵。

A=rand(size(B))返回一个大小与 B 一样的随机数矩阵或数组。

例如:

```
>>A = rand(3)
A =
    0.8147    0.6324    0.9575
    0.9058    0.0975    0.9649
    0.1270    0.2785    0.1576
```

5) 线性间隔向量

产生线性增量的向量。

V=linspace(a,b) 产生一个在 a,b 间线性间隔的 100 点行向量。

V=linspace(a,b,n)产生一个在 a,b 间线性间隔的 n 点行向量。

例如:

```
>>V = linspace(1,10,6)
V =
    1.0000    2.8000    4.6000    6.4000    8.2000   10.0000
```

6) 对数间隔向量

产生对数增量的向量;对于产生频率向量特别有用。

V=logspace(a,b) 产生一个在 a,b 间的 50 个对数间隔点的行向量。

V=logspace(a,b,n)产生一个在 a,b 间的 n 个对数间隔点的行向量。

V=logspace(a,pi) 产生一个在 a,pi 间的 50 个对数间隔点的行向量。

例如:

```
>>V = logspace(1,5,6)
V =
  1.0e+005 *
    0.0001    0.0006    0.0040    0.0251    0.1585    1.0000
```

A.3.2 冒号表达式

在 MATLAB 中冒号":"是一个特殊的运算符,利用它可以产生行向量。冒号表达式的一般格式为 x=n1:n0:n2,表示产生一个从 n1 开始到 n2 结束,步长为 n0 的向量,n0 可以为负数。如果略去式中 n0 一项,此时默认步长为 1。例如:

```
>>x = 1:2:11
x =
    1    3    5    7    9   11
```

```
>>x = 5: -1:1
x =
    5    4    3    2    1
>>x = 1:5
x =
    1    2    3    4    5
```

A.3.3 矩阵的拆分

1. 矩阵元素

MATLAB 允许对矩阵的单个元素进行赋值和操作,矩阵的元素可以通过元素的下标来访问,例如 A(a,b)表示矩阵 A 的第 a 行第 b 列元素,向量用一个下标,例如 x(a)表示向量 x 的第 a 个元素。这里需要特别注意的是,MATLAB 的下标从 1 开始,例如矩阵 A 的第 1 行第 1 列元素为 A(1,1),而不是 A(0,0)。

2. 矩阵拆分

MATLAB 中可以利用冒号表达式对矩阵进行拆分获取子矩阵:

A(:,b)表示取矩阵 A 第 b 列的元素。

A(a,:)表示取矩阵 A 第 a 行的元素。

A(a:a+m,:)表示取矩阵 A 第 a 行至第 a+m 行的元素。

A(:,b:b+n)表示取矩阵 A 第 b 列至第 b+n 列的元素。

A(a:a+m,b:b+n)表示取矩阵 A 第 a 行至第 a+m 行、第 b 列至第 b+n 列范围内的元素。

我们来看几个例子:

```
>>A = [1 2 3;4 5 6;7 8 9]
A =
    1    2    3
    4    5    6
    7    8    9
>>   B = A(1,:)
B =
    1    2    3
>>C = A(:,[1,3])
C =
    1    3
    4    6
    7    9
>>D = A(2:3,:)
D =
    4    5    6
    7    8    9
```

其中 A(1,:)中"1"表示矩阵 A 的第 1 行,":"表示所有列;A(:,[1,3])中":"表示矩阵 A 的所有行,"[1,3]"表示第 1 列和第 3 列;A(2:3,:)中"2:3"表示矩阵 A 的 2 到 3 行,":"表示所有列。

A.3.4 矩阵的运算函数

MATLAB 提供了多种关于矩阵运算的函数,表 A-2 列出了一些常用的矩阵运算函数。

表 A-2 常用的矩阵运算函数

函数名	功能	函数名	功能
length	返回向量的长度	size	返回矩阵各维的大小
det	计算矩阵的行列式	fliplr	矩阵翻转
inv	矩阵求逆	svd	矩阵的奇异值分解
rank	计算矩阵的秩	max	矩阵元素求最大值
trace	计算矩阵的迹	min	矩阵元素求最小值
eig	矩阵的特征值和特征向量	sum	矩阵元素求和
poly	矩阵的特征多项式	mean	矩阵元素求平均值

A.4 MATLAB 数值运算

A.4.1 算术运算

MATLAB 提供了一系列运算符用于算术运算,如表 A-3 所示。

表 A-3 算术运算符

运算符	功能	运算符	功能
+	加法	-	减法
*	乘法	.*	点乘
/和\	右除和左除	./和.\	点除
^	乘方	.^	点乘方
'	转置		

1. 加减法

运算符"+"和"-"用于实现加法和减法运算,进行加法和减法的两个矩阵必须有相同的维数,除非其中一个是标量。标量可以任意维数的矩阵相加或相减,表示标量与矩阵的每一个元素相加或相减。例如:

>>A=[1 2 3;4 5 6];
>>B=[2 3 4;5 4 3];
>>A+B
ans=

```
    3    5    7
    9    9    9
>>A - B
ans =
    -1   -1   -1
    -1    1    3
>>A - 1
ans =
     0    1    2
     3    4    5
>>1 + A
ans =
     2    3    4
     5    6    7
```

2. 乘法

"*"用于乘法运算,矩阵相乘与线性代数中的定义一致,设 A 为 m×n 矩阵,B 为 n×r 矩阵,则 A 与 B 的乘积 C 为 m×r 矩阵。若矩阵与标量相乘,表示标量与矩阵的每一个元素相乘。

```
>>A = [1 2 3;4 5 6];
>>B = [2 3 4;5 4 3;5 6 7];
>>C = A * B
C =
    27   29   31
    63   68   73
>>D = 3 * A
D =
     3    6    9
    12   15   18
```

3. 除法

左除法(\)   A\B 表示 $A^{-1} * B$。

右除法(/)   A/B 表示 $A * B^{-1}$。

4. 乘方

乘方的运算符为"^",对于矩阵的乘方运算可以表示为 A^x,要求 A 为方阵,x 为标量。对于标量 a,a^x 表示 a 的 x 次方。

5. 点运算

MATLAB 中专门设计了一种点运算,点运算符有".*"、"./"、".\"和".^",两个矩阵进行点运算表示它们的对应元素进行相关运算,要求进行运算的两个矩阵维数相同。例如对于矩阵 A 和 B:

```
>>A = [1 2 3;4 5 6];
>>B = [2 3 4;5 4 3];
```

```
>>A.*B
ans =
    2    6   12
   20   20   18
```

如果矩阵与标量进行点运算,则表示矩阵每一个元素分别与标量进行相应的运算,例如:
```
>>x=[2 3];
>>y=x.^2
y =
    4    9
```

6. 转置

实矩阵的转置用运算符"'"来实现。例如:
```
>>A=[1 2 3;4 5 6];
>>A'
ans =
    1    4
    2    5
    3    6
```

对于复矩阵,运算符"'"表示复共轭转置。

A.4.2 关系运算和逻辑运算

关系运算符主要用于比较两个对象之间是否满足某种关系,若满足则比较结果为真,返回数值1,若不满足则比较结果为假,返回数值0。表A-4列出了MATLAB的关系运算符。

表A-4 关系运算符

运算符	功能	运算符	功能
==	等于	<=	小于等于
<	小于	>=	大于等于
>	大于	~=	不等于

逻辑运算在计算机语言中也是普遍存在的,主要功能是判断参与比较的对象之间的某种逻辑关系,表A-5列出了MATLAB中的逻辑运算符及函数。

表A-5 逻辑运算符和逻辑运算函数

项目	逻辑"与"	逻辑"或"	逻辑"非"	逻辑"异或"
逻辑运算符	C=A & B	C=A | B	C=~A	
逻辑函数	C=and(A,B)	C=or(A,B)	C=not(A)	C=xor(A,B)
说明	当A,B同时为真时,C为真;否则C为假	当A,B中至少有一个为真,C为真;否则C为假	若A为真,C为假;否则C为真	当A,B中只有一个为真,C为真;否则C为假

除了以上的逻辑运算符及函数以外,MATLAB还提供了其他的一些逻辑函数,具体的函数和说明如表 A-6 所示。

表 A-6 常用逻辑函数

逻辑函数	说　　明
all	检查向量中的元素是否全为真,如果是则返回 1,否则返回 0;对于矩阵,则按列进行检查,返回元素为 0 或 1 的行向量
any	检查向量中是否有非 0 元素,如果有则返回 1,否则返回 0;对于矩阵,则按列进行检查,返回元素为 0 或 1 的行向量
isifinite	检查元素是否为有限值,如果是则返回 1,否则返回 0
isnan	检查元素是否为 NAN,如果是则返回 1,否则返回 0
isinf	检查元素是否为无限值,如果是则返回 1,否则返回 0

A.4.3 复数及其运算

一个复数可以表示为 $x = a + jb$,其中 a 称为实部,b 称为虚部,j 表示虚数单位。MATLAB 中用 i 和 j 表示虚数单位,可以用实部虚部的形式直接构造复数,例如:

>>x = 1 + 2 * i

x =

  1.0000 + 2.0000i

将复数作为矩阵元素构造的矩阵称为复数矩阵,例如:

>>A = [1 + i 1 - i;1 + 2 * i 1 - 2 * i]

A =

  1.0000 + 1.0000i　1.0000 - 1.0000i
  1.0000 + 2.0000i　1.0000 - 2.0000i

MATLAB 提供了一些方便的函数用于复数的操作,包括实部虚部分解、求模、求相角等,具体的函数和说明如表 A-7 所示。

表 A-7 常用的复数操作函数

函数名	功能	函数名	功能
real	求复数或复数矩阵的实部	abs	求复数或复数矩阵的模
imag	求复数或复数矩阵的虚部	angle	求复数或复数矩阵的相角
conj	求复数或复数矩阵的共轭		

A.4.4 多项式运算

1. 多项式的 MATLAB 表示

在 MATLAB 中,多项式由一个行向量表示,行向量由多项式的系数按降幂的次序排列组

成。例如多项式

$$A(s)=a_ns^n+a_{n-1}s^{n-1}+\cdots+a_1s+a_0$$

可以用向量 $A=[a_n,a_{n-1},\cdots,a_1,a_0]$ 表示。

2. 多项式的运算

1）多项式加减法

如果表示两个多项式的向量长度相同，即两个多项式阶次相同，直接使用"＋""－"运算符实现加减运算。如果两个多项式阶次不同，必须先将表示低阶多项式的向量补零，使之与高阶多项式具有相同的阶次，然后进行加减运算。

例如求多项式 s^2+2s+1 与 s^3-s^2+2s+3 的和可以表示为：

>>p1 = [0 1 2 1];
>>p2 = [1 -1 2 3];
>>p3 = p1 + p2
p3 =
    1   0   4   4

即运算结果为 s^3+4s+4。

2）多项式相乘

函数 conv 用于求两个多项式的乘积多项式，调用格式为 C＝conv(A,B)，其中 A 和 B 为表示多项式的行向量，C 返回乘积多项式的系数向量。

例如求多项式 s^2+3s+2 与 s^2+2s+1 的乘积可以表示为：

>>A = [1 3 2];
>>B = [1 2 1];
>>C = conv(A,B)
C =
    1   5   9   7   2

即运算结果为 $s^4+5s^3+9s^2+7s+2$。

3）多项式相除

函数 deconv 用于求两个多项式的相除运算，调用格式为 [A,t]＝deconv(C,B)，其中 C 为被除多项式，B 为除数多项式，A 为商多项式，t 为余数多项式。

4）多项式求根

多项式求根可以由函数 roots 实现，调用格式为 r＝roots(A)，其中 A 为表示多项式的行向量，r 返回由列向量表示的多项式的根。例如，求多项式 s^2-3s+2 的根，可以执行如下命令：

>>A = [1 -3 2];
>>r = roots(A)
r =
    2
    1

函数 poly 可以用于由给定的根，创建多项式，调用格式为 A＝poly(r)，其中 r 为行向量或列向量表示的多项式的根，A 返回多项式系数向量，例如：

```
>>r = [2;1];
>>A = poly(r)
A =
    1    -3     2
```

可见,roots 和 poly 互为逆运算。

5) 多项式求值

函数 polyval 用来计算多项式的值,调用格式为 y=polyval(p,x),此时返回由向量 p 表示的多项式在 x 处的值,x 也可以为向量或矩阵,函数 polyval 把 x 的元素逐个代入多项式求值。例如求多项式 $2s^2+3s+4$ 当 $s=2$ 时的值可以通过如下命令实现:

```
>>p = [2 3 4];
>>y = polyval(p,2)
y =
    18
```

A.4.5 数学函数

常用的基本数学函数见表 A-8。

表 A-8 基本数学函数

函数名	功能	函数名	功能
abs	实数的绝对值和复数的模	exp	指数
acos	反余弦	fix	朝 0 方向取整
acosh	反双曲余弦	floor	朝负无穷方向取整
acot	反余切	gcd	最大公因子
acoth	反双曲余切	imag	取出复数的虚部
acsc	反余割	lcm	最小公倍数
acsch	反双曲余割	log	自然对数
angle	相角	log2	基为 2 的对数
asec	反正割	log10	常用对数
asech	反双曲正割	mod	求余
asin	反正弦	nchoosek	求矢量元素的全部的组合
asinh	反双曲正弦	real	复数的实部
atan	反正切	rem	除法的余数
atanh	反双曲正切	round	四舍五入取整

续表

函数名	功能	函数名	功能
atan2	四象限反正切	sec	正割
ceil	朝正无穷方向取整	sech	双曲正割
conj	复共轭	sign	符号函数
cos	余弦	sin	正弦
cosh	双曲余弦	sinh	双曲正弦
cot	余切	sqrt	平方根
coth	双曲余切	tan	正切
csc	余割	tanh	双曲正切
csch	双曲余割		

A.5 MATLAB 符号运算

科学计算中,除了数值计算之外,计算式中带有变量或表达式的抽象运算也占了相当的比例,MATLAB 的符号数学工具箱提供了符号运算的功能来解决这一类问题,其运算对象为符号对象,例如符号常量、符号变量和数学表达式等。

这里,我们通过一个例子来初步了解符号运算。例如,对于函数 $f(x) = \sin x$,用 MATLAB 求解它的微分解析表达式。这时我们用前面介绍的数值计算方法是无法实现的,而 MATLAB 的符号运算提供了一种新的符号对象数据类型,用来储存符号表达式。我们来看看这个例子如何利用符号运算解决：

```
>>f = sym('sin(x)');    %定义符号函数 f(x)
>> dif = diff(f)        %求 df(x)/dx
dif =
cos(x)
```

可以求得 $f(x)$ 的微分为 $\cos(x)$,上述运算的特点是严格按照代数、微积分的计算法则、公式进行计算,并尽给出解析表达式,它的运算是以推理解析的方式进行的。

A.5.1 符号对象

MATLAB 中 sym 命令用于创建符号对象,其调用格式为：

符号对象名＝sym(符号字符串)

符号字符串可以是常量、变量、函数或表达式。我们先通过一个实例来看看符号对象和数值的区别。例如,我们采用数值计算的方式来计算 $\sqrt{3}$：

```
>> sqrt(3)
```

ans =
    1.7321

然后我们来看采用符号对象的结果,采用 sym 命令创建符号对象,然后使用 sqrt 函数
```
>> x = sym(3)
x =
3
>> y = sqrt(x)
y =
3^(1/2)
```
可以看到得到的是一个符号表达式而不是数值,这个表达式是用字符串来存储的,要获得该符号表达式的数值结果,可以执行如下操作:
```
>> double(y)
ans =
    1.7321
```
下面的例子中采用 sym 命令分别创建了一个符号变量、一个表达式和一个符号方程:
```
>> x = sym('x')
x =
x
>> f = sym('x^2 + 1')
f =
x^2 + 1
>> f = sym('x^2 + 2*x + 1 = 0')
f =
x^2 + 2*x + 1 = 0
```
创建符号表达式以后可以对它进行各种计算,例如:
```
>> g = sym('x^2 + 1');
>> f = g^2
f =
(x^2 + 1)^2
```
syms 命令是建立符号变量的一种简洁方法,syms 命令的调用格式为:

$$\text{syms var1 var2}\cdots$$

多个变量之间要用空格隔开,上述命令等同于:

var1 = sym(var1);
var2 = sym(var2);⋯

例如:
```
>> syms x
```
等同于
```
>> x = sym('x');
```
多个变量时:

```
>>syms x a
```
等同于
```
>> x = sym('x');
>>a = sym('a');
```
使用已定义的符号变量可以组成符号表达式或符号方程,例如:
```
>> syms a b c x;
>> f = a * x^2 + b * x + c
f =
a * x^2 + b * x + c
```

A.5.2 符号的基本运算

1. 算术运算

在 MATLAB 中,符号运算的运算符和基本函数,与数值计算中的运算符和基本函数几乎完全相同,例如"＋""－""＊""/""^"等都可以直接使用,一些数学函数也可以直接使用。例如求符号表达式 ax^2+bx+c 和 x^2+x+1 的和:

```
>> syms a b c x;
>> f1 = sym('a * x^2 + b * x + c')
f1 =
    a * x^2 + b * x + c
>> f2 = sym('x^2 + x + 1')
f2 =
    x^2 + x + 1
>> f3 = f1 + f2
f3 =
    c + x + b * x + a * x^2 + x^2 + 1
```
求 e^{x^2+x+1}:
```
>> f4 = exp(f2)
f4 =
    exp(x^2 + x + 1)
```

2. 符号微积分运算

符号表达式微分运算可以由命令 diff 来实现,积分运算可以由命令 int 来实现,调用格式分别如下:

diff(f)　　符号表达式 f 对默认变量进行微分运算。

diff(f,x)　　符号表达式 f 对指定变量 x 进行微分运算。

diff(f,n)　　计算符号表达式 f 对默认变量或指定变量的 n 阶微分运算。

diff(f,x,n)符号表达式 f 对指定变量 x 进行 n 阶微分运算。

int(f)　　符号表达式 f 对默认变量的积分。

int(f,x)　　符号表达式 f 对指定变量 x 的积分。

int(f,a,b)　　符号表达式 f 对默认变量的积分,积分区间为[a,b],a、b 为数值。

int(f,x,a,b)　符号表达式 f 对指定变量 x 的积分，积分区间为[a,b],a、b 为数值。

例如对符号表达式 ax^2+bx+c 求微分：

>> syms a b c x;
>> f = a * x^2 + b * x + c
f =
a * x^2 + b * x + c
>> g = diff(f,x)
g =
b + 2 * a * x

对符号表达式 $\sin(s+3x)$ 求 $[\pi/2,\pi]$ 区间的积分：

>> syms x s;
>> f = sin(s + 3 * x)
f =
sin(s + 3 * x)
>> g = int(f,pi/2,pi)
g =
cos(s)/3 + sin(s)/3

3. 查询符号对象中的符号变量

MATLAB 提供了 findsym 函数用于查询符号对象中包含的符号变量,调用格式为：

findsym(s,n)返回符号对象 s 中的 n 个符号变量,如果不指定 n,则返回 s 中的全部符号变量。

例如：

>> syms a b c x;
>> f = a * x^2 + b * x + c;
>> findsym(f)
ans =
a,b,c,x

可见,符号表达式 f 中使用了 4 个符号变量,分别为 a、b、c 和 x。

4. 提取有理式的分子和分母

如果符号表达式是一个有理式或可以展开为有理式,可利用 numden 函数来提取符号表达式的分子或分母,其调用格式为

[n,d]＝numden(s)分别提取符号表达式 s 的分子和分母,存放在 n 和 d 中。

例如：

>> syms x y　　　　% 创建符号变量
>> f = x/y + y/x;　　% 创建符号表达式
>> [n,d] = numden(f)% 提取有理式的分子和分母
n =
x^2 + y^2
d =

x * y

5. 因式分解与展开

factor(s)对符号表达式 s 分解因式。

例如：

```
>> f = sym(x^2 + 3 * x + 2)
f =
x^2 + 3 * x + 2
>> f = factor(f)
f =
(x + 2) * (x + 1)
```

expand(s)对符号表达式 s 进行展开。

例如：

```
>> syms a x y;
>> f = sym('a * (x + y)')
f =
a * (x + y)
>> f = expand(f)
f =
a * x + a * y
```

collect(s)对符号表达式 s 合并同类项。

collect(s,v)对符号表达式 s 按变量 v 合并同类项。

例如：

```
>> syms x;
>> f = sym('(x - 1) * (x - 2) * (x - 3)')
f =
(x - 1) * (x - 2) * (x - 3)
>> f = collect(f)
f =
x^3 - 6 * x^2 + 11 * x - 6
```

6. 符号表达式化简

simplify(s) 应用函数规则对 s 进行化简。

simple(s)调用 MATLAB 的其他函数对表达式 s 进行综合化简,并显示化简过程。

例如：

```
>> syms x;
>> f = sym('sin(x)^2 + cos(x)^2')
f =
sin(x)^2 + cos(x)^2
>> f = simplify(f)
f =
```

1
7. 变量替换

subs 命令用于符号表达式中进行变量替换,调用格式为:
subs(f,x,y)表示将符号表达式 f 中的 x 替换 y。
例如:
≫ syms x s;
≫ f = sym('x^2 + 1')
f =
    x^2 + 1
≫ f = subs(f,x,s)
f =
    a^2 + 1

A.6 MATLAB 数据的图形可视化

科学计算中常常需要以图形的形式对数据进行显示和分析,MATLAB 在数据可视化方面提供了强大的功能,可以给出数据的二维、三维的图形表现,通过对图形线型、立面、色彩、渲染、光线、视角等的控制,可把数据的特征表现得淋漓尽致。

A.6.1 图形绘制基本函数

1. 二维图形绘制

1) plot 函数

plot 函数是 MATLAB 中最基本且应用最广泛的绘图函数,其基本格式如下:

plot(x)　　当 x 为向量时,以该向量元素下标为横坐标,向量元素为纵坐标绘制连续曲线;当 x 为矩阵时,表示分别为每列元素绘制曲线。

plot(x,y)　　当 x,y 为同维向量时,以 x 的元素为横坐标,y 的元素为纵坐标绘制连续曲线;当 x 为向量,y 为有一维与 x 等维的矩阵,绘制出多条不同色彩的曲线,曲线数目与 y 的另一维维数相同,这些曲线都以 x 的元素为横坐标;当 x 为矩阵,y 为与 x 的一维等维的向量,情况相似,只是曲线都以 y 的元素为纵坐标;当 x、y 为同维数矩阵,则以 x、y 的对应列为横、纵坐标分别绘制曲线。

plot(x,y,'s')　　字符串 s 设定曲线的线型和色彩,表 A-9 列出了设定线型和颜色的字符串,利用表中这些选项可以把同一窗口中不同的曲线设置为不同的线型和颜色,这些字符串可以单独使用也可以组合使用,例如字符串'g'表示采用绿色绘制曲线,'- -r'表示绘制红色的虚线,':yx'表示绘制黄色点线,同时用叉号标记数据点。当不指定该参数时则使用默认值,线型和色彩由 MATLAB 的默认设置来确定。

plot(x1,y1,'s1',x2,y2,'s2',…)　　为每一组(x,y,'s')绘图,每一组数据的绘图规则与上述介绍相同。

表 A-9 颜色、线型与数据点标记符号设定字符串

颜色		线型		数据点标记符号			
字符串	说明	字符串	说明	字符串	说明	字符串	说明
'r'	红色	'—'	实线	'.'	点号	's'	小正方形
'g'	绿色	'— —'	虚线	'*'	星号	'd'	菱形
'b'	蓝色	':'	点线	'o'	圆圈	'v'	下三角
'y'	黄色	'—.'	点划线	'x'	叉号	'^'	上三角
'm'	洋红			'+'	加号	'<'	左三角
'c'	青色					'>'	右三角
'w'	白色					'h'	六角形
'k'	黑色					'p'	五角形

以下为使用 plot 命令绘图的一个实例：
\>\> t = 0:0.1:2*pi;
\>\>x = sin(t);
\>\> plot(t,x);
上述代码执行的结果如图 A-5 所示。

2) stem 函数

stem 命令用与绘制离散序列的杆状图形，常用的形式有：

stem(x)   以向量 x 的下标为横坐标绘制离散序列的杆状图形，图上数据点以圆圈标出。

stem(x,y)   以向量 x 为横坐标，绘制离散序列 y 的杆状图形。

stem(x,y,'filled')   用填充图的方式绘制离散序列的杆状图形。

stem(x,y,'s')   用选定的线型绘制离散数据序列图形，字符串 s 的含义与上述 plot 函数中的介绍相同。

例如：
\>\>n = 0:10;
\>\> stem(n,exp(-n));

结果如图 A-6。

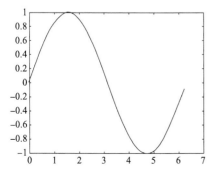

图 A-5 plot 函数绘图实例

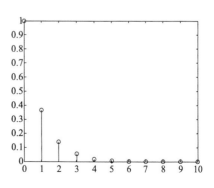

图 A-6 stem 函数绘图实例

3) ezplot 函数

ezplot 命令用于绘制二维符号函数的图形,主要有以下几种调用格式:

ezplot(f)对于符号函数 f=f(x),绘制 f=f(x)的图形,x 的默认范围为[−2∗pi,2∗pi],对于符号函数 f=f(x,y),绘制 f(x,y)=0 的图形,x 和 y 的默认范围均为[−2∗pi,2∗pi]。

ezplot(f,[a,b])绘制符号函数 f=f(x)的图形,x 的范围为[a,b]。

ezplot(f,[xmin,xmax,ymin,ymax])绘制符号函数 f 的图形,x 的范围为[xmin,xmax],y 的范围为[ymin,yman]。

我们来看一个简单的例子,

>> f = sym('cos(x)');

>> ezplot(f);

结果如图 A-7 所示。

4) fplot 函数

对于一元函数 y=f(x),MATLAB 提供了一个专门的画图函数 fplot,可以方便地画出函数的图形,其常用的形式为:fplot(f,[xmin,xmax,ymin,ymax]),表示在[xmin,xmax,ymin,ymax]坐标轴范围内绘制由 f 表示的一元函数波形。例如:

>> fplot('sin(x)',[0,2∗pi,−1.2,1.2]);

结果如图 A-8 所示。

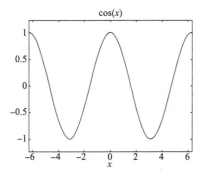

图 A-7 ezplot 函数绘图实例图

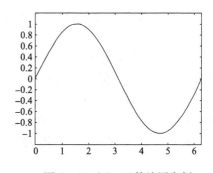

图 A-8 fplot 函数绘图实例

2. 三维图形绘制

1) plot3 函数

plot3 函数是三维绘图的基本函数,其使用格式有:

plot3(x,y,z)

plot3(x,y,z,'s')

plot3(x1,y1,z1,'s',x2,y2,z2,'s',…)

当 x、y、z 为长度相同的向量时,plot3 函数将绘出一条以向量 x、y、z 为 x、y、z 轴坐标值的空间曲线。当 x、y、z 均为 m×n 的矩阵时,plot3 函数将绘出 n 条曲线,第 i 条空间曲线以分别以矩阵 x、y、z 的第 i 列为 x、y、z 轴坐标值。's'选项的含义与 plot 函数类似。

我们可以通过下面的例子来了解函数 plot3 的用法。

>> x = 0:0.1:5;

>> y = sin(x);

>> z = x + y;

```
>> plot3(x,y,z);
```
结果如图 A-9 所示。

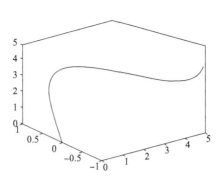

图 A-9 plot3 函数绘图实例

2) mesh 函数

mesh 函数与 plot3 函数的区别在于它绘出的不是单根曲线,而是以网格的形式绘出某一区间内的曲面。其使用格式如下:

mesh(z)

mesh(x,y,z)

其中,x、y 必须均为向量,若 x、y 的长度分别为 m 和 n,则 z 必须是 m×n 的矩阵。若参数中不提供 x、y,则将(i,j)作为 z 矩阵元素的坐标值。

例如:

```
>> [x,y] = meshgrid(-12:0.5:12);
>> r = sqrt(x.^2 + y.^2) + eps;
>> z = sin(r)./r;
>> mesh(z);
```

结果如图 A-10 所示。

3) surf 函数

三维表面函数 surf 与函数 mesh 的用法及其使用格式相同,不同之处在于绘得的图形是一个真正的曲面,而不是用网格来近似表达的。例如对于上一个例子中的 z,采样 surf 绘出图形如图 A-11 所示。

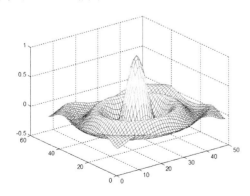

图 A-10 mesh 函数绘图实例

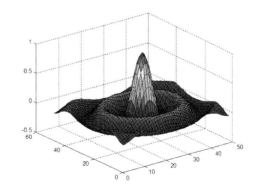

图 A-11 surf 函数绘图实例

A.6.2 图形控制函数

1. 图形标示函数

1) 添加坐标轴标注

命令 xlabel、ylabel、zlabel 为 x、y、z 坐标轴添加标注。以函数 xlabel 为例,其调用格式为:

xlabel('string')

xlabel('string','property1',propertyvalue1,'property2',propertyvalue2,…)

其中'string'为要添加的标注文本,'property'指该文本的属性,propertyvalu 为相应的属性值。该命令把文本'string'按照指定的格式添加到 x 轴下方。可以设置的属性有很多,例如'FontWeigh'(字体粗细)、'FontName'(字体名称)、'FontSize'(字体大小)等。

2) 添加图形标题

命令 title 给图形添加标题,调用格式和 xlabel 类似:

title('string')

title('string','property1',propertyvalue1,'property2',propertyvalue2,…)

title 命令把文本'string'添加到图形上方。

3) 添加文本

使用命令 text 可以在图形窗口的任何位置加入文本字符串。该函数调用格式为:

text(x,y,'string')

这里 x、y 用于指定加入字符串的位置,'string'是需要添加的字符串。

4) 添加图例

在 MATLAB 中,为了便于对图形的观察和分析,用户可以使用 legend 命令为图形添加图例。legend 函数的一般调用格式为:

legend('string1','string2','string3',…)

只要指定标注字符串,该函数就会按顺序把字符串添加到相应的曲线线型符号之后。

图例在缺省情况下自动置于图形的右上角,并自动把线型和标注字符串按顺序排列到一起。MATLAB 还允许很方便地对图例进行调整:用鼠标左键点住图例拖动即可移动图例到需要的位置;用鼠标左键双击图例中的某个字符串就可以对该字符串进行编辑。

在 legend 命令中还可以加入一个参数对图例的位置作出设置,它的使用格式如下

legend('string1','string2','string3',…,'Location',LOC)

表 A-10 列出了上式中 LOC 的取值及含义。

表 A-10 legend 命令 LOC 参数格式

字符串	说明	字符串	说明
'North'	坐标系上方	'SouthOutside'	坐标系底部外侧
'South'	坐标系底部	'EastOutside'	坐标系右方外侧
'East'	坐标系右方	'WestOutside'	坐标系左方外侧
'West'	坐标系左方	'NorthEastOutside'	坐标系右上角外侧
'NorthEast'	坐标系右上角	'NorthWestOutside'	坐标系左上角外侧

续表

字符串	说明	字符串	说明
'NorthWest'	坐标系左上角	'SouthEastOutside'	坐标系右下角外侧
'SouthEast'	坐标系右下角	'SouthWestOutside'	坐标系左下角外侧
'SouthWest'	坐标系左下角	'Best'	坐标系中最佳位置
'NorthOutside'	坐标系上方外侧	'BestOutside'	坐标系外最佳位置

5) 特征字符串

图形标示函数中,我们需要提供要标示的文本作为参数,然而有一些特殊字符,我们无法从键盘直接输入,例如 π、∞、Ψ 等。这些字符可以由特征字符串来表示。表 A-11 列出了一些常用的特征字符串。

表 A-11 常用特征字符串

特征字符串	字符	特征字符串	字符	特征字符串	字符
\alpha	α	\upsilon	υ	\rho	ρ
\beta	β	\phi	φ	\sigma	σ
\gamma	γ	\chi	χ	\varsigma	ς
\delta	δ	\psi	ψ	\tau	τ
\epsilon	ε	\omega	ω	\equiv	≡
\zeta	ζ	\Gamma	Γ	\cap	∩
\eta	η	\Delta	Δ	\supset	⊂
\theta	θ	\Theta	Θ	\int	∫
\vartheta	ϑ	\Lambda	Λ	\forall	∀
\iota	ι	\Xi	Ξ	\exists	∃
\kappa	κ	\Pi	Π	\infty	∞
\lambda	λ	\Sigma	Σ	\approx	≈
\mu	μ	\Upsilon	Υ	\subseteq	⊇
\nu	ν	\Phi	Φ	\in	∈
\xi	ξ	\Psi	Ψ	\oplus	⊕
\pi	π	\Omega	Ω	\cup	∪

下面给出了图形标注应用的一个例子:

```
%Eg_A_1.m
x = 0:0.1:2*pi;
plot(x,sin(x),':',x,cos(x));
axis tight;
xlabel('x(0~2\pi)');
```

ylabel('y');
title('sin(x)and cos(x)','Fontsize',13,'FontWeight','Bold','FontName','宋体');
text(pi,0,'\leftarrowsin(\pi) = 0');
text(0.1, -0.8,['Date:',date]);
text(0.1, -0.95,['MATLAB Version:',version]);
legend('Sin Wave','Cos Wave','Location','NorthEast');

运行结果如图 A-12 所示。

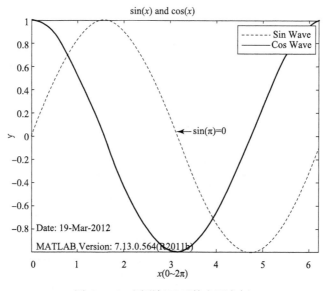

图 A-12 图形标示函数应用实例

2. 坐标轴控制函数

1) axis 函数

MATLAB 的绘图命令可以根据要绘制曲线数据的范围自动选择合适的坐标系,使得曲线尽可能清晰地显示出来,所以一般情况下用户不必自己选择绘图坐标。但对有些图形,如果用户觉得自动选择的坐标不合适,则可以用手动的方式调整坐标系。手动调整坐标系的工作可以由 axis 命令来完成,这里介绍该命令的部分功能:

axis([xmin xmax ymin ymax]) 设置各坐标轴的最大和最小值,其中 x 轴的范围为 xmin ~ xmax,y 轴的范围为 ymin ~ ymax。

axis tight 把坐标轴的范围定为所绘制数据的范围,即坐标轴中没有多余的部分。

axis off 关闭所用坐标轴上的标记、格栅和单位标记。

axis on 显示坐标轴上的标记、单位和格栅。

axis fill 将坐标轴取值范围分别设置为绘图所用数据在相应方向上的最大值和最小值。

axis auto 坐标轴范围采用缺省设置。

2) grid 函数

grid 函数用于打开或关闭坐标系中的网格线,具体使用格式如下:

grid on 对当前坐标加上网格线。

grid off 撤销网格线。

3) hold 函数

hold on　保持当前的图形所有的坐标特性以在已存在的图形上再添加其他图形。

hold off　删除前面的图形返回到缺省状态,在绘制新的图形以前重设所有坐标特性。

我们通过一个实例来说明上述函数的使用方法：

```
>>t = 0:0.1:4 * pi;
>>plot(t,sin(t));
>>hold on;
>>plot(t,cos(t),'- -');
>>grid on;
>>axis([0 4 * pi -1.2 1.2]);
```

运行结果如图 A-13,在这个例子里使用 hold 函数将两条曲线绘制在同一个坐标系中,同时将 x 轴的范围设定为 $0\sim 4\pi$,将 y 轴的范围设定为 $-1.2\sim 1.2$,并打开坐标系的网格线。

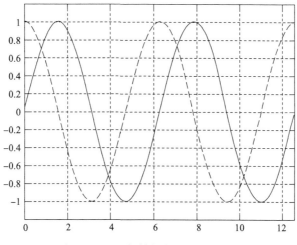

图 A-13　坐标轴控制函数应用实例

3. 窗口控制函数

1) 图形窗口函数

figure　创建一个图形窗口并返回它的句柄。

figure(H)　使 H 成为当前窗口,位于最上端并处于可视状态。如果窗口 H 不存在,则将创建一个句柄为 H 的图形窗口。

2) 图形窗口分割函数

函数 subplot 的调用格式为:subplot(m,n,i)或 subplot(mni),它的含意是把图形窗口分割为 m 行 n 列子窗口,然后选定第 i 个子窗口为当前窗口。例如命令 subplot(2,2,3)或 subplot(2,2,3)指的是把图形窗口分为 2 行 2 列共四个子窗口,选择第 3 个(即第 2 行第 1 列)子窗口为当前子窗口进行操作。这里通过一个实例来说明:

```
>>t = 0:0.1:2 * pi;
>>subplot(221);
>>plot(t,sin(t));
>> title('sin(t)');
```

```
>>subplot(222);
>>plot(t,cos(t));
>> title('cos(t)');
>>subplot(223);
>>plot(t,t+2);
>> title('t+2');
>>subplot(224);
>>plot(t,2*t);
>> title('2*t');
```

运行结果如图 A-14 所示。

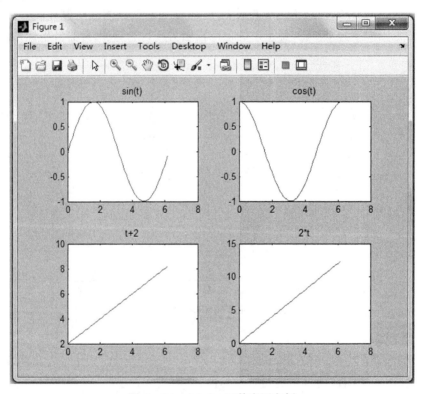

图 A-14　subplot 函数应用实例

A.7　MATLAB 程序设计基础

MATLAB 除了在命令窗口逐句输入命令执行外，作为一种高级应用软件，MATLAB 还提供了自己的编程语言和编程环境。

A.7.1　MATLAB 文件

MATLAB 的命令窗口为用户使用 MATLAB 解决问题带来了很大的方便，对于很多简单的问题，用户可以通过在命令窗口输入一组命令来解决。然而当要解决的问题所需的命令较多且命令结构复杂，或需要经常修改参数进行算法调试的时候，直接在命令窗口输入命令的方法就显得繁琐和笨拙了。这时候我们通常把解决问题所需的命令写成一个由多行语句组成的文本文件中,让 MATLAB 来执行这个文件,这个文本文件以扩展名".m"结尾,我们称之为 MATLAB 文件。MATLAB 文件分为两种,一种称为脚本文件,另一种称为函数文件。

1. 文件编辑器(Editor)

在 MATLAB 环境中 MATLAB 文件的编写需要通过 MATLAB 文件编辑器来进行。默认情况下 MATLAB 文件编辑器不会随 MATLAB 的启动而开启,需要编写 MATLAB 文件时,可以通过【File】菜单→【New】→【M-File】启动 MATLAB 文件编辑器,用户界面如图 A-15 所示。MATLAB 文件编辑器中不仅可以编辑 MATLAB 文件,还可以对 MATLAB 文件进行调试,MATLAB 文件编辑器自动用不同颜色区别程序的不同内容,容易检查发现错误,使用非常方便。

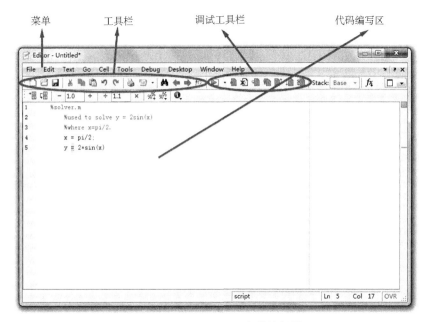

图 A-15　MATLAB 文件编辑器

2. 脚本文件

脚本文件是按照 MATLAB 语言语法写成的 MATLAB 命令的集合,将解决问题所需的一系列 MATLAB 命令语句按顺序写在一个 MATLAB 文件中,脚本文件不接受输入和输出参数,是最简单的 MATLAB 文件。脚本文件与 MATLAB 工作空间共享变量空间,脚本文件运行结束后,产生的所有变量都会保存在 MATLAB 工作空间中,可以对这些变量继续进行操作和运算。

下面是一个求解已知表达式的脚本文件。

% solver.m

% used to solve y = 2sin(x)

% where x = pi/2.

x = pi/2;

y = 2 * sin(x)

每一行中%后面部分为注释内容。我们在 MATLAB 文件编辑器中输入上述语句,然后

将其保存为文件名为 solver.m 的文件,这样就成功创建了一个脚本文件。脚本文件有两种执行方式:

◆ 在命令窗口中输入脚本文件文件名,执行该文件。

◆ 通过 MATLAB 文件编辑器上方【Debug】菜单→【Save File and Run】或工具栏中的运行按钮执行。

例如,我们在命令窗口中只要输入文件名 solver 并回车,即可执行该文件:

>> solver

y =

 2

3. 函数文件

另一种 MATLAB 文件我们称之为函数文件,用于扩充 MATLAB 函数库时使用,可以接受参数输入和输出。函数文件具有独立的内部变量空间,函数文件运算中产生的变量都保存在函数本身的临时变量空间中,不会与 MATLAB 工作空间中的变量相互覆盖。函数文件一般处理输入参数传递的数据,并把处理结果作为函数输出参数返回给 MATLAB 工作空间中的指定接收变量。

函数文件在文件开头以关键字 function 声明,格式为:

function [返回值1,返回值2,…]=函数名(参数1,参数2,…)

…函数体语句…

例如,编写一个 MATLAB 函数用于求解 x^2+y^2,在 MATLAB 文件编辑器中编写如下代码:

function z = my_fun(x,y)

% z = my_fun(x,y)

% Used to solve z = x^2 + y^2

z = x^2 + y^2; % solve, and return the result

保存函数文件时,文件名与函数名相同,例如上述代码应保存为文件"my_fun.m"。在命令窗口中输入命令调用该函数:

>> a = 2;

>> b = 3;

>> c = my_fun(a,b)

c =

 13

在函数文件中到第一个非注释行为止的注释行是帮助文本,使用 help 命令查询 my_fun 函数的帮助信息时返回这些文本。需要帮助时返回该文本。例如使用 help 命令查询 my_fun 函数的帮助信息:

>> help my_fun

z = my_fun(x,y)

Used to solve z = x^2 + y^2

需要注意的是,MATLAB 文件命名时文件名必须以英文字母开头,后面可以接字母、数字、下划线,中间不能有空格,且应避免与系统函数名和系统保留字相同。

4. MATLAB 函数的类型

MATLAB 的函数可以分为主函数和子函数、嵌套函数、私有函数、匿名函数等。

1) 主函数和子函数

MATLAB 允许一个函数文件包含多个函数,其中第一个出现的函数称为主函数,其他函数称为子函数,保存时文件名与主函数名相同。主函数可以在该文件之外调用(如在命令窗口或其他 MATLAB 文件中),子函数只能在主函数和该 MATLAB 文件的其他子函数中调用。例如在 MATLAB 文件编辑器中编写如下代码:

```
function [avg,med] = my_stats(x,y)
% avg 返回 x 和 y 的平均值,med 返回 x 和 y 较大的值
avg = average(x,y);
med = median(x,y);

function z = average(x,y);
% 求平均值
z = (x + y)/2;

function z = median(x,y)
% 求 x 和 y 较大的值
if x > y
    z = x;
else
    z = y;
end
```

将以上代码保存为文件"my_stats.m",在命令窗口中输入如下命令调用该函数:

```
>> [a,m] = my_stats(2,4)
a =
    3
m =
    4
```

2) 嵌套函数

在一个 MATLAB 函数内部可以定义一个或多个函数,这种在其他函数内部定义的函数成为嵌套函数。嵌套可以多层发生,即一个函数内部可以嵌套多个函数,而这些嵌套函数内部可以继续嵌套函数。

嵌套函数的格式如下:

```
function x = fun1(p1,p2,…)
…
…
    function y = fun2(r1,r2,…)
    …
```

```
        end
    ...
    ...
end
```

使用嵌套函数时,父函数和嵌套函数都需要以 end 表示函数结束。我们来看嵌套函数的一个实例:

```
function x = my_nest(p1,p2)
p3 = my_nest1(p1);
    function y = my_nest1(r)
    y = 3 * r;
    end
x = p2 + p3;
end
```

保存该函数文件为"my_nest.m",在命令窗口调用该函数:

```
>> x = my_nest(1,2)
x =
    5
```

在多层嵌套函数中,嵌套函数的互相调用与嵌套的层次密切相关,例如:

```
function A(x,y)         % 外层函数 A
B(x,y);
D(x)
    function B(x,y)     % A 的嵌套函数(第一层嵌套)
    C(x);
    D(y);
        function C(x)   % B 的嵌套函数(第二层嵌套)
        D(x);
        end
    end
    function D(x)       % A 的嵌套函数(第一层嵌套)
    E(x);
        function E(x)   % D 的嵌套函数(第二层嵌套)
        ...
        end
    end
end
```

一个函数可以调用自己的下一层嵌套函数,但不能调用更深层次的嵌套函数(A 可以调用 B 和 D,但不可以调用 C 和 E);嵌套函数可以调用同一个父函数下与自己相同层次的其他嵌套函数(B 和 D 可以互相调用);嵌套函数可以调用与其父函数相同层次的其他嵌套函数,但不能调用与其父函数相同层次的嵌套函数的更深层次嵌套函数(C 可以调用 D,但不可以调用 E)。

3) 私有函数

私有函数是具有限制性访问权限的函数,这些函数在编写上与普通函数一样,但是需要保存在以"private"命名的目录下。私有函数只能被 private 目录的父目录下的 MATLAB 文件访问,在其父目录之外没有访问权限。

4) 匿名函数

匿名函数是 MATLAB 函数的一种简单形式,通常只由一句很简单的声明语句组成,不要求有 MATLAB 文件。可以在 MATLAB 命令窗口或 MATLAB 文件中定义和调用它。创建匿名函数的语法如下:

fhandle=@(参数列表)表达式

"@"符号是 MATLAB 中创建函数句柄的操作符,由参数列表和表达式确定的函数创建句柄,并返回给 fhandle,之后可以通过 fhandle 来调用函数。

我们以求解函数为例来说明匿名函数的使用:

```
>> my_solver = @(x,y)x^2 + y^2;
>> z = my_solver(1,2)
z =
    5
```

A.7.2 MATLAB 程序流程控制

同其他计算机编程语言一样,MATLAB 也提供了多种经典的程序结构控制语句,如循环结构(for 循环、while 循环)和条件分支结构(if else 条件分支结构、switch case 条件分支结构),下面分别进行介绍。

1. for 循环结构

for 循环语句的一般格式为:

```
for var = array
    statements
end
```

这里的:

var: 循环控制变量。
array: 循环控制向量。
statements: 要重复执行的程序代码。
end: 循环结束的关键字(要与 for 成对使用)。

例如下面的 for 循环将执行 6 次:

```
% Eg_A_2.m
for i = 1:6
    x(i) = i^2;
end
disp(x);
```

执行上述 MATLAB 文件,结果如下:

```
>> Eg_A_2
```

```
    1     4     9    16    25    36
```

for 循环可以根据需要嵌套多次。例如下面的程序为矩阵 A 赋值：

```
%Eg_A_3.m
for i = 1:5
    for j = 1:5
        A(i,j) = i + j;
    end
end
disp(A)
```

执行上述 MATLAB 文件，结果如下：

```
>> Eg_A_3
    2     3     4     5     6
    3     4     5     6     7
    4     5     6     7     8
    5     6     7     8     9
    6     7     8     9    10
```

2. while 循环结构

while 循环语句的一般格式为：

```
while expression
    statements
end
```

当表达式为真时，执行 while 和 end 语句之间的程序代码。与 for 循环不同的是，while 循环不能指定循环的次数，每次执行语句后再判断表达式的值是否为真，如果是继续执行 while 和 end 语句之间的程序代码，如果不是则跳出循环体。

例如，使用 while 循环实现 $n=5$ 时 $s=1+2+4+\cdots+2^n$ 的求和计算代码如下：

```
%Eg_A_4.m
s = 0;
n = 0;
while n <= 5
    s = s + 2^n;
    n = n + 1;
end
disp(['s = ' num2str(s)]);
```

执行上述 MATLAB 文件，结果如下：

```
>> Eg_A_4
s = 63
```

3. if-else 条件分支结构

if 语句的基本格式为：

```
if logical_expression
```

        statements
    end

如果 if 语句所跟逻辑表达式为真,执行 if 和 end 之间的程序代码,如果该逻辑表达式为假,跳过 if 和 end 之间的所有程序代码,继续执行下面的代码。

if 语句常见的格式还有:

if expression
    statements_1
else
    statements_2
end

或者

if expression
    statements_1
elseif expression
    statements_2
elseif
    ...
else
    statements_n
end

上述语句首先判断 if 语句后的表达式,当为真时,执行 statements_1,否则跳到 else 语句或 elseif 语句,判断其后的表达式,若为真,执行相应的命令,若为假,继续条转到下一条,直到 if 语句结束。

例如,生成一个长度为 10 的序列,前 5 个元素为 1,后 5 个元素为 -1,可以使用 if-else 语句实现如下:

```
% Eg_A_5.m
for i = 1:10
    if i <= 5
        x(i) = 1;
    else
        x(i) = -1;
    end
end
disp(x);
```

执行上述 MATLAB 文件,结果如下:

```
>> Eg_A_5
    1    1    1    1    1    -1    -1    -1    -1    -1
```

4. switch case 条件分支结构

switch-case 语句的一般格式为:

```
switch    expression
  case value1
    statements_1
  case value2
    statements_2
  ...
  otherwise
    statements_n
end
```

当 expression 与 case 语句后的任何一个分支相匹配,则相应执行该 case 语句后的程序代码,如果与所有的分支都不匹配,则执行 otherwise 后的程序代码。

例如下面的代码可以实现根据 n 的不同取值,生成不同的矩阵:

```
switch n
  case 1
    A = ones(3,3);
  case 2
    A = zeros(3,3);
  otherwise
    A = rand(3,3);
end
```

上述程序表示:当 n=1 时,生成一个 3×3 的"0"矩阵;当 n=2 时,生成一个 3×3 的"1"矩阵;当 n 为其他值时,生成一个 3×3 的随机矩阵。

5. 其他程序流程控制指令

1) pause 命令

用于暂停程序的运行,调用格式如下:

pause 暂停程序运行,按任意键后继续。

pause(n) 暂停程序运行,等待 n 秒后继续。

2) break 命令

用于实现 for 循环或 while 循环的终止,当执行到 break 语句时跳出循环结构,不必等到循环自然结束。

3) continue 命令

用于 for 循环或 while 循环结构中,表示忽略此次循环的其他语句,直接进入下一各循环。

4) input 命令

用于程序执行过程中通过键盘交互式输入数据,调用格式如下:

a = input(str) 将通过键盘输入的内容赋值给变量 a,str 表示显示的提示信息。

a = input(str,'s') 将通过键盘输入的内容作为字符串赋值给变量 a。

例如,执行如下命令:

>> a = input('请输入参数 a 的值:')

命令行窗口中会显示提示信息:

请输入参数 a 的值：

此时输入内容，例如输入数字"10"，则运行结果为：

a =

    10

5) disp 命令

用于输出数据到命令窗口，调用格式为：

disp(x)表示将变量 x 的内容显示到命令行窗口中。

A.7.3 MATLAB 程序调试

MATLAB 提供了程序调试功能，可以对 MATLAB 文件进行调试。MATLAB 程序出错主要为以下两类：

- ◆ 语法错误，通常为函数名拼写错误，括号遗漏等。
- ◆ 算法错误，逻辑上出错，而语法上是正确的，这类错误不易查找。

MATLAB 程序出错时，命令窗口中会输出错误提示信息，指出错误发生在哪一行。对于语法错误，可以根据错误提示信息很容易地发现并更正错误，而算法错误则需要依靠一些其他的调试方法或工具实现。

MATLAB 程序调试有直接调试和工具调试两种方法。

直接调试法指在 MATLAB 文件中添加一些输出，以便分析和发现可能的错误。例如，将某些语句结尾的分号去掉或在适当位置添加输出某些关键变量值的语句，使程序输出一些中间计算结果。

工具调试指利用 MATLAB 的调试器(Debugger)进行调试，主要通过 MATLAB 文件编辑器【Debug】菜单下的子项进行。

【Debug】菜单下的常用子项及功能如下：

- ◆【Open M-File when Debugging】 用于调试时打开 MATLAB 文件。
- ◆【Step】 用于单步调试程序。
- ◆【Step In】 用于单步调试进入子程序。
- ◆【Step Out】 用于单步调试从子程序跳出。
- ◆【Save File and Run】 保存文件并运行。
- ◆【Go Until Cursor】 运行到当前 MATLAB 文件光标所在行。
- ◆【Set/Clear Breakpoint】 设置或清除断点。
- ◆【Set/Modify Conditional Breakpoint】 设置或修改条件断点。
- ◆【Enable/Disabled Breakpoint】 设置断点为有效或无效。
- ◆【Clear Breakpoints in All Files】 清除所有 MATLAB 文件中的断点。
- ◆【Exit Debug Model】 退出调试模式。

上述子项有对应的快捷工具按钮，位于 MATLAB 文件编辑器的上方的工具栏中，如图 A-16 所示。

图 A-16　调试工具栏

附录 B

Simulink 建模与仿真基础

Simulink 是 MATLAB 软件的扩展，它是实现动态系统建模和仿真的一个软件，是一个可视化的建模仿真平台。Simulink 采用框图建模的方式，更加贴近工程习惯，并且使用户能够把更多的精力投入到系统模型的构建而非语言编程上。

B.1 Simulink 仿真环境

B.1.1 启动 Simulink

启动 Simulink 之前必须先启动 MATLAB，在 MATLAB 命令窗口中输入"simulink"或者点击快捷工具栏中的 Simulink 启动按钮 即可启动启动 Simulink。启动 Simulink 之后会打开如图 B-1 所示的 Simulink Library Browser 窗口。

图 B-1 Simulink Library Browser 窗口

Simulink Library Browser 窗口左侧树状视图显示的是已经安装的 Simulink 模块库，这些模块按功能分类。右边窗口中显示的是当前选中的库中的所有模块。

B.1.2 Simulink 模块库

从图 B-1 所示界面左侧可以树状视图可以看到，整个 Simulink 模块库是由各个用途不同的模块组成的。可以看出，在标准 Simulink 模块库中包含了：常用模块库(Commonly Used Blocks)、连续模块库(Continuous)、非连续模块库(Discontinuities)、离散模块库(Discrete)、逻辑与位操作模块库(Logic and Bit Operations)、查询表模块库(Lookup Tables)、数学运算模块库(Math Operations)、模型检测模块库(Model Verification)、模型扩充工具箱模块库(Model-Wide Utilities)、端口和子系统模块库(Ports & Subsystems)、信号属性(Signal Attributes)、信号线(Signal Routing)、接收器模块库(Sinks)、输入源模块库(Sources)、用户自定义函数模块库(User-Defined Functions)、附加模块库(Additional Math & Discrete)等。

此外，Simulink 还包含了和各个工具箱与模块集之间联系构成的专用模块组，可以实现不同研究领域的功能，例如：通信系统工具箱(Communication System Toolbox)、计算机视觉系统工具箱(Computer Vision System Toolbox)、控制系统工具箱(Control System Toolbox)、数字信号处理系统工具箱(DSP System Toolbox)、神经网络工具箱(Neural Network Toolbox)等。

B.1.3 新建和打开模型

从 Simulink Library Browser 窗口的【File】菜单→【New】→【Model】，可以打开 Simulink 编辑窗口，如图 B-2 所示。在 Simulink 编辑窗口可以建立、打开和编辑仿真模型。

建立模型需要的模块可以直接从 Simulink Library Browser 窗口中用鼠标拖动到 Simulink 模型编辑窗口中，由基本功能模块构成仿真模型。建立的仿真模型保存为以".mdl"为扩展名的文件。

打开已有的 Simulink 模型，可以从 Simulink Library Browser 窗口或 Simulink 模型编辑窗口的【File】菜单→【Open】打开，图 B-3 所示是一个已经完成的系统模型。

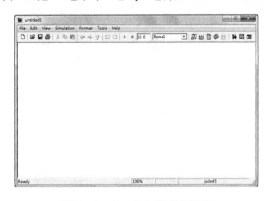

图 B-2　Simulink 模型编辑窗口

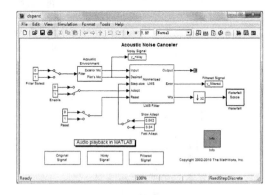

图 B-3　Simulink 模型

B.1.4 Simulink 模型操作

在建模过程中需要对模型进行一系列操作，例如选定、复制、删除、调整、连线、命名、参数设定等，这里我们简单说明一下对 Simulink 模块的一些基本操作。

选中模块：用鼠标单击要选定的模块即可选中该模块；或按住鼠标任意键，在 Simulink 模

附录 B Simulink 建模与仿真基础

型编辑窗口拖动,此时会出现一个虚线框,让虚线框包含需要选中的模块,放开鼠标键后,即可选中虚线框所包含的模块。被选中模块的角上会出现黑色小方块。

复制:选中模块后按住鼠标右键进行拖曳,或者选中模块后按住【Ctrl】键进行拖曳,就可以复制同样的一个功能模块。

删除:选中模块,按【Delete】键。

移动:选中模块,用鼠标拖动到需要的地方放开鼠标键即可。

改变大小:选中模块,用鼠标选择模块角上 4 个黑色小方块的任意一个进行拖曳,直至需要的大小后放开鼠标键。

旋转:选择【Format】菜单→【Flip Block】即可旋转 180°,选择【Format】菜单→【Rotate Block】即可顺时针旋转 90°。或者按住【Ctrl+F】组合键执行 Flip Block,【Ctrl+R】组合键执行 Rotate Block。

模块连线:用鼠标可以直接在模块上连线。连线时如果需要分支,按住鼠标右键,在需要分支的地方直接拉出即可。

模块命名:用鼠标单击模块名称,出现一个编辑框,此时可以在编辑框中更改模块名称。

参数设定:用鼠标双击需要设置参数的模块,即可打开参数设定窗口。

属性设定:选中模块,选择【Edit】菜单→【Block Properties】。

在模型窗口或模块上单击鼠标右键,会弹出命令菜单(如图 B-4 和图 B-5),可以对模型或模块进行操作和设置。

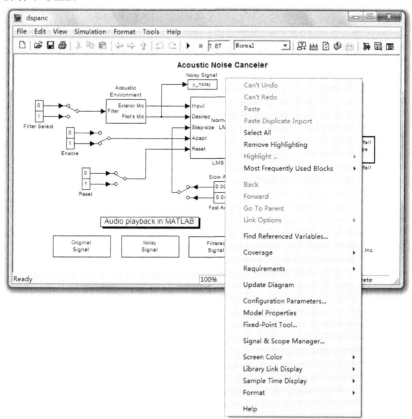

图 B-4 鼠标指向模型窗口空白处的右键命令菜单

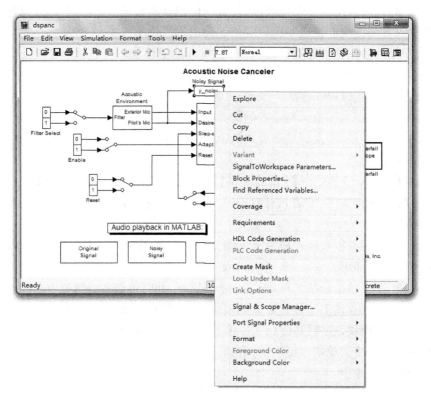

图 B-5 鼠标指向模块的右键命令菜单

B.2 Simulink 建模与仿真的基本方法

这里我们通过一个实例来学习采用 Simulink 进行建模和仿真的基本方法。已知连续系统可以由如下微分方程描述

$$y''(t) + 2y'(t) + y(t) = x(t)$$

求该系统在如图 B-6 所示激励信号下的输出信号。

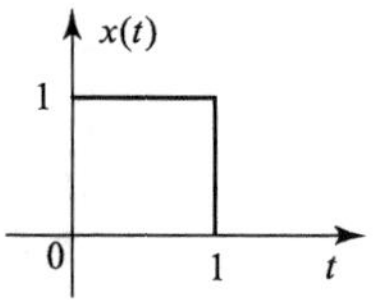

B.2.1 建立仿真模型

本例中输入信号可以表示为

$$x(t) = u(t) - u(t-1)$$

图 B-6 激励信号

系统的传递函数为

$$H(s) = \frac{1}{s^2 + 2s + 1}$$

系统模型需要由三个部分组成,即信号发生、信号传输及信号接收。在输入源模块库(Sources)我们没有找到可以直接表示输入信号的模块,但是我们发现有阶跃信号发生模块(Step),所以我们可以由两个阶跃信号运算得到输入信号,所以我们需要两个 Step 模块。两个信号相互运算需要一个加法器(Add),在数学运算模块库(Math Operations)中可以找到 Add 模块。已知系统可以用一个连续时间传递函数模块来实现,在连续模块库(Continuous)

附录 B Simulink 建模与仿真基础

中可以找到 Transfer Fcn 模块。最后我们需要用接收器模块库(Sinks)中的示波器(Scope)来观察输入和输出信号。将上述模块从 Simulink Library Browser 窗口直接拖到 Simulink 编辑窗口中,调整位置并连线,搭建的模型如图 B-7 所示。

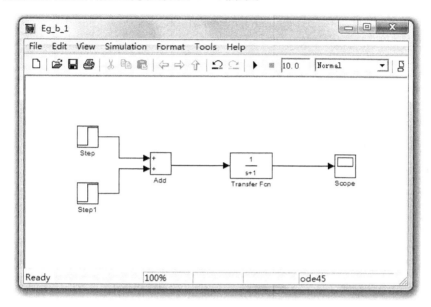

图 B-7 搭建的仿真模型(参数未配置)

接下来我们来配置各模块的参数。首先是输入信号,双击 Step 模块,会弹出如图 B-8 所示的参数设定窗口,其中 Step time 表示发生跳变的时间,Initial value 和 Final value 分别表示跳变前后的值,Sample time 生成信号的抽样时间,如果需要了解参数设置的说明,可以在模块上点击鼠标右键,在弹出的菜单中选择【Help】。根据本例的要求,我们将两个 Step 模块分别设定为在 0 时刻从 0 跳变到 1 和 1 时刻从 0 跳变到 -1 的两个阶跃信号,这两个信号相加构成了输入信号。

接下来是连续时间传递函数模块 Transfer Fcn,双击该模块会弹出参数设置窗口如图 B-9 所示,其中前两个输入框分别用来输入传递函数分子和分母多项式的系数。根据本例系统的传递函数,在两个输入框分别输入"[1]"和"[1 2 1]"。

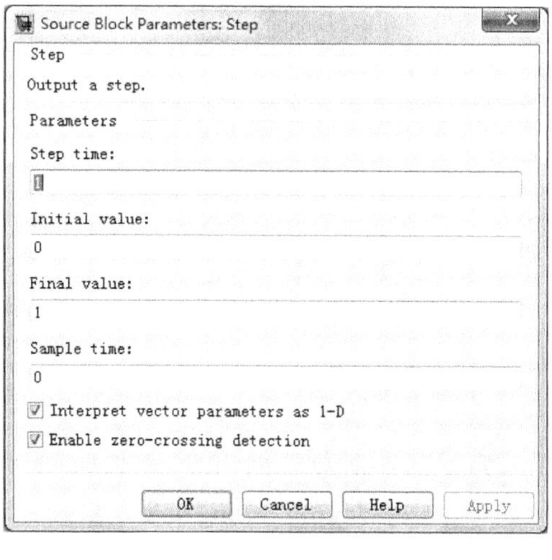

图 B-8 Step 模块参数设置窗口 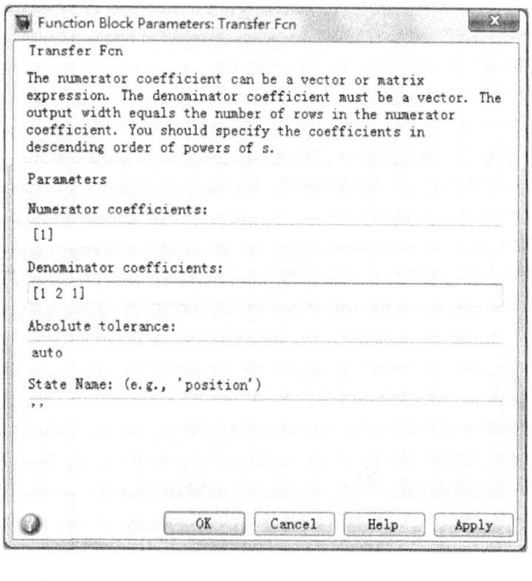   图 B-9 Transfer Fcn 参数设置窗口

最后是示波器，双击模块后显示如图 B-10 所示窗口，由于我们需要同时观察输入和输出的波形，点击工具条上第二个按钮，在弹出示波器属性设置窗口中设置 Number of axes 为 2，这时示波器界面上变成了上下两个坐标系，如图 B-11 所示。我们重新连线，把 Transfer Fcn 模块的输入和输出分别连接到 Scope 的两个端口上。

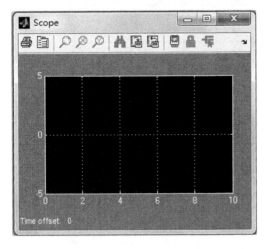 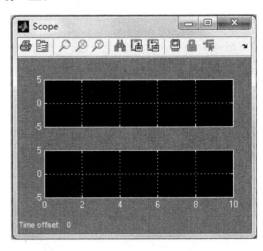

图 B-10　Scope 窗口（包含一个坐标系）　　　　图 B-11　Scope 窗口（包含两个坐标系）

最终建立的模型如图 B-12 所示，把它保存为一个模型文件，这样就完成了模型的建立。

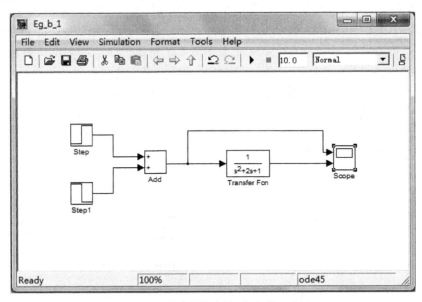

图 B-12　搭建的仿真模型（参数已配置）

B.2.2　运行仿真模型

建立仿真模型后就可以准备运行仿真，Simulink 默认从零时刻开始仿真，结束时间可以在 Simulink 编辑窗口右上角的输入框中输入，单位是秒。选择【Simulation】菜单→【Start】或者用鼠标点击工具栏上的开始仿真按钮▶启动仿真，仿真过程中该按钮变成灰色，仿真结束后该按钮重新变亮。仿真结束后双击 Scope 打开示波器,就可以看见如图 B-13 所示的仿真结果。从仿真结果可以看出本例中 RC 电路对矩形脉冲的响应为先充电后放电的过程。

如果坐标显示刻度不合适,可以在坐标系上点击鼠标右键,从弹出的菜单上选择【Axes Properties】选项,在弹出的设置窗口中设定,图中两个坐标系的标题也是在这里添加的。

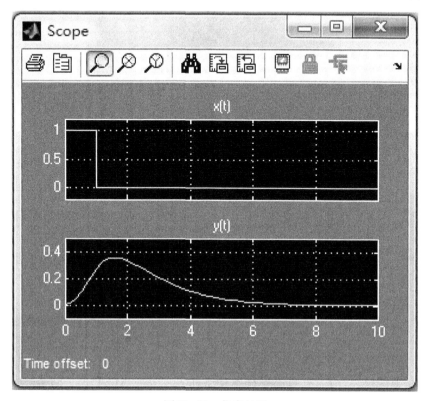

图 B-13 仿真结果

参 考 文 献

[1] Alan V Oppenheim,Alan S Willsky,Hamid Nawab S. Signals and Systems[M]. 北京:清华大学出版社,1999.
[2] 陆哲明,赵春晖. 信号与系统[M]. 北京:科学出版社,2004.
[3] 宋琪,陆兰兰. 信号与系统辅导与习题详解[M]. 武汉:华中科技大学出版社,2009.
[4] 乐正友. 信号与系统例题分析[M]. 北京:清华大学出版社,2008.
[5] 王晓华,闫雪梅,王群. 信号与系统 概念题解与自测[M]. 北京:北京理工大学出版社,2007.
[6] 乐正友. 信号与系统[M]. 北京:清华大学出版社,2004.
[7] 曾禹村,张宝俊,沈庭芝,等. 信号与系统[M]. 北京:北京理工大学出版社,2002.
[8] 陈后金,胡健,薛健. 信号与系统[M]. 北京:清华大学出版社;北京交通大学出版社,2005.
[9] 梁虹,普园媛,梁洁. 信号与线性系统分析——基于MATLAB的方法与实现[M]. 北京:高等教育出版社,2006.
[10] 金波. 信号与系统实验教程[M]. 武汉:华中科技大学出版社,2008.
[11] 孟桥,董志芳,王琼. 信号与系统MATLAB实践[M]. 北京:高等教育出版社,2008.
[12] 谷源涛,应启珩,郑君里. 信号与系统——MATLAB综合实验[M]. 北京:高等教育出版社,2008.
[13] 葛哲学. 精通MATLAB[M]. 北京:电子工业出版社,2008.